군사교육학의 이론과 실제
개정판

군사교육학의 이론과 실제

2014년 8월 25일 초판 1쇄 발행
2016년 9월 10일 개정판 발행

지은이 | 고성진 · 박효선 · 최손환
교정교열 | 선우애림
펴낸이 | 이찬규
펴낸곳 | 북코리아
등록번호 | 제03-01240호
주소 | 13209 경기도 성남시 중원구 사기막골로 45번길 14
우림 2차 A동 1007호
전화 | 02-704-7840
팩스 | 02-704-7848
이메일 | sunhaksa@korea.com
홈페이지 | www.북코리아.kr
ISBN | 978-89-6324-501-0(93390)

값 20,000원

개정판

Military Education

군사교육학의 이론과 실제

Theory and Practices

고성진 · 박효선 · 최손환 지음

북코리아

추천사

군(軍)의 궁극적인 존재 이유는 전쟁에서 승리하기 위한 것이다. 이를 위해 군은 어떠한 전장상황에서도 임무를 완수하도록 교육훈련을 실시해야 한다. 오직 철저한 교육훈련을 통해서만 적과 싸워 이길 수 있는 부대를 육성하고 상시 전투준비태세를 유지할 수 있는 것이다. 그만큼 교육훈련은 군대의 '알파와 오메가'라고 할 수 있을 만큼 매우 중요한 과업이다.

지난 2014년 처음 발간된 '군사교육학의 이론과 실제'라는 저서는 군 교육훈련의 이론적 원리와 체계, 학습방법 등을 교육학의 학문적 기초 위에 보다 체계적이고 과학적으로 제시하고 설명해 줌으로써 군 교육훈련 혁신의 추동력을 제공해 주었다. 특히 본인이 육군 교육사령관으로 재직하면서 줄기차게 추진해 왔던 군 학교교육 혁신의 필요성과 나아갈 방향을 이론적으로 명확하게 뒷받침해준 군사교육학 저서의 효시라는 점에서 저자 분들께 먼저 심심한 감사를 드린다.

과거 군 교육훈련은 획일적으로 교관 중심 강의 위주 주입식 교육을 해왔다. 말 떼를 채찍으로 물가로 끌고 가서 물을 먹으라고 강요하는 식의 교육방법 이었다. 말이 먹는 물의 질과 양, 방법 그리고 먹은 후의 개개의 말의 상태와 효과에 대해서는 크게 관심을 기울이지 않았다. 물가로 말을 끌고 가는 것이 전부였다.

학습목표 달성을 위한 동기부여는 주로 서열을 중시하는 지식숙지(암기) 위주 상대평가를 통해 이를 진급에 반영하는 채찍과 당근을 사용해왔다. 그러나 이러한 지식축적 위주 교육훈련으로는 복합적인 현대 전쟁(Hybrid전)을 대비할 수 없다. 과학기술의 획기적 발전으로 첨단장비 운용이 갈수록 복잡해지고, 위험 · 육체적 고통 · 불확실성 · 우연성 등 전장의 마찰요인이 더욱 복합적으로 작용하기 때문이다. 이러한 군 교육훈련의 고질적인 문제점을 개선하기 위한 노력이 바로 학교교육 혁신이고, 이를 추진하는데 크게 기여한 것이 본 저서이다. 군 교육훈련의 새로운 패러다임이 필요하다는 저자 분들의 인식과 학교교육 혁신의 필요성이 정확하게 맞아 떨어진 점이 본 저서의 가치와 의미를 더욱 높여준다.

군 학교교육 혁신의 핵심은 교육훈련 목표를 지식 축적에 두지 않고, 전쟁에서 일어날 수 있는 다양한 상황을 극복할 수 있는 – 문제를 해결할 수 있는 – 능력 구비에 두고, 모든 교육훈련을 학생 중심 참여형 교육으로 전환하여 주도성과 창의성을 개발할 수 있도록 학생 주도 학습방법을 실천하는 것이다. 이러한 혁신의 바람이 군 학교교육에 완전하게 정착되고, 야전 부대훈련 분야에 확산될 때 전투준비태세가 확립된 강한 군대 육성이 가능할 것이다.

본인은 지난 40여년의 군 생활을 통해서 '군에는 다양한 다른 분야처럼 왜 교육학 박사(교육 전문가)들이 없는가?' 또 '사관학교에서 교육학에 대해서 정식적으로 왜 교육을 강화하지 않는가?'에 대해서 항상 의문을 가져왔고 이를 해결하기 위해 많은 노력을 경주해 왔다. 그 동안 군 차원에서 많은 공감과 투자를 하고 있는 것으로 알고 있지만 군 교육훈련의 중요성을 고려하면 아직도 목마름은 완전하게 해소되지 못하였다. 지난 2014년, 고성진 · 박효선 · 최손환 박사의 군사교육학 저서의 집필이라는 최초 시도와 용기에 본인은 육군 교육사령관으로서 무한한 찬사를 보냈었고 많은 관심으로 후원하였다. 그 후 2년의 시간이 흘러 그 동안 교육 현장에서 논의되고 더 깊게 연구한 내용을 보완하여 3판을 발간한다는 소식을 접하고 군에 대한 애정과 군사교육학 발전에 대한 집념에 다시 한 번 머리 숙여 감사를 드린다.

앞으로 재 발간되는 '군사 교육학의 이론과 실제'는 교육학과 군 교육훈련을 학문적 차원에서 연결하여 융합해주는 핵심적 역할을 충실하게 할 것으로 확신한다. 군 간부는 전 · 평시 계급 고하를 막론하고 교관의 역할을 수행해야 한다. 교관으로서의 기본적인 자질을 구비하는데 본 저서는 교육훈련의 본질을 이해하고 교관으로서 '무엇을, 어떻게 준비하고 시행할 것인가'를 제시해주는 등대 역할을 할 것이다. 군에서 양성 및 초 · 고군(급) 과정, 학교기관의 교관, 그리고 부대훈련 성과 제고를 위해 고민하는 지휘관 및 참모의 필독서로써 반드시 일독하고 활용해 주길 간곡히 기대한다.

본 저서가 재 발간되기까지 수고해주신 모든 분들께 진심어린 감사를 드리며 우리 국군의 영원한 발전을 기원합니다.

2016년 8월

전 육군 교육사령관 중장

김종배

머리말

우리 군은 지난 반세기 동안 국가방위의 임무를 훌륭하게 수행해 왔으며, 우리나라가 남북분단과 군사적 대치상황 속에서도 경제적 고도성장과 발전을 이룩하는 토대를 제공해왔다. 최근에는 과학기술의 획기적 발전에 따라 정보 · 기술 중심의 첨단전력이 전쟁의 승패를 좌우하고, 이를 운용하는 사람의 능력향상에 대한 관심이 높아지고 있다. 따라서 안보환경과 인적자원개발의 전략화 추세 등을 고려할 때, 우리 군의 교육훈련에 대해 지속적인 발전이 요구되고 있는 것이다.

그동안 군의 교육훈련은 개인훈련과 부대훈련으로 대별해 나름의 체계를 가지고 있었다. 그러나 '훈련'과 '교육', '개발'이 혼재된 상태에서 학문적 접근은 시도되지 못했다. 미국 등 선진국에서는 이미 HRD(Human Resources Development)의 관점에서 부서의 명칭을 '인적자원사령부(U.S. Army Human Resources Command)' 등으로 바꾸면서 사회적 학문의 변화를 수용하고자 노력하고 있다. 이에 한국군도 군조직의 조직원이 성인이라는 관점에서 교육학의 학문적 기초 위에 군교육훈련을 보다 체계적이고 과학적으로 학습하는 것이 필요한 시점이다.

과거 우리는 획일적이고 형식적인 교육을 통해서 대규모의 학생들을 수용과 주입이라는 관점에서 가르쳐왔던 경험이 있다. 이러한 교육방법은 전근대적이고 비인간적이라는 비판을 받아 왔다. 결국 학습자 중심의 참여형 학습과 맞춤형 또는 눈높이 학습이 그 대안으로 나타났다. 이러한 측면에서 최근 교육계에서 화두가 되고 있는 보편적 교육이라는 것은 어떻게 보면 과거로의 회귀가 아닌가 하는 생각마저 든다. 모두에게 똑같은 형태로 똑같은 수준으로 교육을 하려면 정말 엄청난 교수인력이 필요하며, 아니면 획일적으로 교육을 할 수밖에 없기 때문이다. 따라서 우리의 학교교육은 보편적이고 평준화된 교육보다는 학생의 수준과 역량에 맞는 수준별 학습 또는 차별화된 교육이 주가 되어야 한다. 그리고 이를 위해서는 교수자의 수준 향상은 물론, 수업에 사용되는 교재도 동일한 형태와 수준으로 하기보다는 교육의 목적과 대상에 맞게 차별성을 두어야 할 것이다.

이러한 관점에서 이 책은 군 간부가 되고자 하는 생도들과 후보생 및 군사학과 학생들이 사용하는 교육학 교재를 염두에 두고 저술되었다. 특히, 평시 군의 임무가 경계작전과 교육훈련에 있는 만큼, 군의 리더가 되고자 하는 생도나 후보생 및 학생들의 교육적 소양을 키우기 위한 교육학 수업은 그 어떤 과목보다도 중요하다. 그런데 이렇게 중요한 교육학 수업을 일반 학생들이 사용하는 일반 교육학 서적으로 진행하고 있어 늘 안타깝게 생각해왔다. 이에 이들에게 맞춤형 교재, 즉 군의 특성과 여건을 반영한 교육학 서적의 필요성에 공감한 필자들은 각자의 위치에서 고민하고 연구한 산물로서 『군사교육학의 이론과 실제』를 발간하였고, 이번에 교수학습법과 관련한 실습내용을 보강하고 제반 과정을 새롭게 구성한 개정판을 발간하게 되었다.

이 책은 군사교육학의 이론과 실제를 접목하여 군교육훈련의 새로운 패러다임을 형성해야 한다는 인식에서 출발하였다는 점에서 의의가 있다. 이 책에서 다루는 주요문제는 군사교육학의 이론과 실제라는 제목에 맞게 첫째, 군조직의 특성과 군에서 교육의 의미 등을 제일 먼저 고찰하였으며 둘째, 교육학 관련 기초 이론체계를 살펴보았으며 셋째, 야전에서 실제로 활용할 수 있는 교수법 관련 주요 내용들을 실증적으로 담아 체계적으로 군사교육학을 익힐 수 있도록 구성하였다. 그러나 아직은 미흡하고 거친 부분이 많고, 이론을 중시하는 면이 있을 수 있다. 하지만 교육학자이면서 동시에 오랜 시간 군에서 인적자원개발과 교육관련 임무를 수행해온 필자들이 정성으로 만든 만큼 학생들과 이를 가르치는 각급 군사교육기관의 교관요원들에게 작은 도움이 되리라고 생각한다.

이 책은 군사교육기관 및 일반대학에서 군사학을 전공하는 학생들의 교육방법과 철학에 관심이 많으신 육군 교육사령관 김종배 중장님과 그동안 군사학 분야의 교재 발간에 있어 최고를 자랑하는 북코리아 출판사 이찬규 사장님의 후원이 큰 힘이 되어 발간되었다. 특히 교육학 분야의 학문적 업적이 뛰어나신 영남대 김병주 교수님과 중앙대 이희수 교수님의 가르침이 이론적 토대를 갖추는 데 큰 힘이 되었기에 지면을 통해 감사의 마음을 전하고 싶다.

아무쪼록 본 책자를 통해 장차 임관 후 군 간부이면서 동시에 장병교육을 담당해야 하는 생도 및 후보생과 학생들을 비롯하여 군사교육기관의 교관들이 교육학 이론과 소양을 잘 쌓아 군에서 신뢰받고 존경받는 교관이 되기를 바라는 마음 간절하다.

2016년 8월 31일

고성진 · 박효선 · 최손환

목차

제1장

군조직의 특징과 교육

본 장에서는 군조직의 특징과 교육에 대한 개념을 이해하고 군에서 교육의 역할에 대해서 알아보고자 한다. 군에서의 교육훈련은 군 본연의 임무수행을 위한 군사력 배양의 필수적 요소이며, 국가적인 차원에서는 제2의 사회교육집단으로서 건전한 시민육성 교육도장의 역할을 하고 있다. 따라서 제1절에서는 군조직의 특징과 기능을 이해하고, 제2절에서는 교육훈련의 개념과 유형을 살펴보며, 제3절에서는 군교육의 특수성을 이해하고, 제4절에서는 군에서 교육의 역할에 대해 고찰하였다.

학습내용

- 제1절 군조직의 특징과 기능
- 제2절 군교육훈련의 개념과 유형
- 제3절 군교육의 특수성 이해
- 제4절 군에서 교육의 역할

제1절
군조직의 특징과 기능

1. 군조직의 특징

조직의 본질에 대한 개념은 연구자의 관점에 따라 다양하게 정의되고 있다. 마치(James G. March)와 사이먼(H. A. Simon)은 조직이란 고도로 특성화된 구조와 조정체계 내에서 상호작용하는 인간의 집합체이며, 사회제도를 구성하는 요소라고 주장하였다(1958). 또한 블라우(Blau)와 스콧(Scott)은 특정한 목적을 달성할 분명한 의도로 공식적으로 설립된 사회단위(1962)로 보았으며, 카츠(Katz)와 칸(Kahn)은 그 조직의 외부로부터 에너지(인력, 자원, 기술지식 등)를 투입받아 주어진 목표대로 처리하여 그 산출을 외부로 보내는 기능을 수행하면서 환경과 상호 거래하는 개방체제(1990)로 정의하였다.

모든 조직이 고유의 문화를 형성해왔듯이 군조직도 사회의 다른 어떤 조직 못지않게 그 역사가 길며 독특한 문화를 갖고 있다. 군대조직은 본질적인 면에서 규범적인 승복에 의존하면서도 목표달성을 위한 조직의 운영과 통제는 강제적 승복의 성격이 강하다(Etzioni, 1962). 또한 헌팅턴(Hungtington, 1957)은 집단적 결속력을 군문화의 특징으로 들었고, 야노비츠(Janowitz, 1964)는 목적의 절대성을 갖는 군조직을 강력하고 철저한 권위주의적 위계에 의한 명분체 조직으로 설명하고 있다. 군조직의 모든 활동은 국방이라는 확고부동한 목표에 집중되어 있으며 목표달성을 위하여 상당한 강제력과 통제력이 행사되고 또한 그것을 당연히 받아들이면서 한편으로는 가치, 명령, 규범의 중요성이 강조된다. 따라서 내부적으로 높은 정도의 결속력을 가지면서 조직 전체가 추구하는 목표를 위하여 동일한 이념을 갖는다. 즉 일반 조직과 구별되는 군조직의 특성은 목표달성을 위해 규범에 의한 강제성, 집단적 결속력, 상하계급에 의한 위계성, 목적의 절대성이 강조되는 집단이라고 할 수 있다.

이와 같이 군조직은 실체적 차원에서 "국방목표를 달성하기 위하여 활동하는 구성원들로 조직된 집단"이라 할 수 있으며, 조직화 차원에서는 "국방목표를 효율적으로 달성하기 위하여 과업을 조직 · 구성원들에게 할당하고 조정하는 과정 또는 방법"이라고 정의할 수 있다(군사학연구회, 2014).

이러한 군조직은 일반 사회조직과는 다른 특성을 가지고 있다. 그것은 국방조직의 임무, 규모, 체계 구성 등이 사회조직과 비교할 때 독특하기 때문이다. 그 특성을 살펴보면 다음과 같다(군사학연구회, 2014).

첫째, 군조직은 군이라는 특수집단을 건설 · 유지 · 운용하여 사활적 이익에 해당하는 국가안보 수호를 사명으로 하고 있다. 이를 위해 평시에는 전쟁을 억제하고 대비하며, 억제 실패 시에는 반드시 승리를 달성해야 하는 조직이다. 그러나 이러한 중요성을 인식하지 못할 경우, 군조직은 국가예산을 낭비하는 소비 집단으로 인식되기 쉽다.

둘째, 군조직을 건설하고 유지하기 위해서는 막대한 예산이 소요된다. 이에 따라 국가 재정에서 국방예산이 차지하는 비중이 매우 크다. 효율적인 국방운영은 국가 전체의 가용자원을 타 분야로 배분할 여력을 제공할 수 있다는 점에서 효율성, 경제성, 합리성 등이 요구된다.

셋째, 군조직은 그 규모가 방대하며, 대체로 관료주의적 운용방식을 채택하고 있다. 특히 조직의 구성원이 민 · 군으로 혼합되어 있으며 기구의 구성도 전투부대, 행정 · 교육 및 지원기관 등 다양하다.

넷째, 군조직은 다단계 지휘계선으로 광범위하게 분산되어 있어 신속한 의사결정 전달체계 및 정보 · 통신체계 활용이 매우 중요하다. 또한 군의 일사불란한 지휘체제를 보장하기 위해 각 단위부대의 지휘관에게 권한이 집중되어 있다. 따라서 효율적 의사결정 및 부대지휘의 성과는 지휘관의 역량에 의해 영향을 받게 된다.

2. 군조직의 기능

군조직은 '군정'과 '군령'의 두 기능으로 구분된다. 군정(軍政, military administration)은 국방목표 달성을 위하여 군사력을 건설 · 유지 · 관리하는 기능으로, 국방정책의 수립, 국방관계 법령의 제정 · 개정 및 시행, 자원의 획득, 배분과 관리, 작전지원 등을 의미한다. 또한 전시 또는 이에 준하는 사태하에서, 군정은 법률의 원리 · 원칙 및 전쟁규칙에 의거하여 군 지휘관이 점령지역에서 입법 · 사법 · 행정 권한을 행사하는 통치기능을 포함한다. 군령(軍令, military command)이란 국방목표 달성을 위하여 군사력을 운용하는 기능으로 군사전략기획, 군사력 건설 소요제기, 작전계획의 수립, 작전부대에 대한 작전지휘와 운용, 통합작전능력 강화를 위한 훈련 · 교육 · 전비태세검열 등을 의미한다(합동참모본부, 2011).

이 중에서 군정이란 군대가 용병작전을 수행할 수 있도록 지원하는 행정(인사, 교육 등)과 군수 분야의 업무를 의미하는 것으로, 교육훈련이 여기에 해당된다.

제2절

군교육훈련의 개념과 유형[1]

1. 군교육훈련의 개념

군대교육은 국방에 관한 특수 전문교육으로서, 개인 및 부대의 잠재능력을 국방임무 수행에 적합토록 계발하기 위하여 의도적, 계획적, 조직적으로 행하는 교육활동을 말한다. 그럼에도 불구하고 한국군에서 교육에 관한 용어는 군교육 · 군대교육 · 군사교육 등이 혼재되어 사용되고 있다. 군사교육에 대해 국방부에서는 "장병을 대상으로 전술상황에 대한 분석력과 판단력을 포함하여 지식, 기술, 업무수행 능력을 함양하는 체계적인 교수 및 숙달과정"으로 정의하고 있다(국방부, 1993). 또한 육군본부에서는 "개인이나 부대에 대하여 군사 전문기술을 가르쳐 이를 숙달시키기 위한 실천적 활동"으로 정의하고 있다(육군본부, 1999). 그리고 합동참모본부에서는 군교육을 "군사요원에게 군사지식과 기술을 부여하며, 지적능력, 덕성, 체력을 함양하기 위한 교수 및 학습활동"으로 정의하고 있으며, 광의의 군교육에는 훈련을 포함시키고 있다.

교육훈련은 교육과 훈련을 포함하는 포괄적인 개념이다. 국방교육훈련은 "국방을 위하여 장병 및 국방부 산하기관에 근무하는 자와 위

1 안성훈 외(2008), 『부대유형별 상시학습 시행방안』, 한국교육개발원, 15-23쪽의 일부를 발췌하여 수록하였음.

탁교육자(수탁교육자를 포함)를 대상으로 하는 학교교육과 부대훈련"을 말한다(국방부, 1993). 군에서 실시하는 훈련은 일반사회에서 통용되는 훈련의 개념과 같은 포괄적인 내용을 가지면서도 강한 의미를 띠고 있다. 국방부의 경우 훈련을 "개인 및 부대가 부여된 임무를 효과적으로 수행할 수 있도록 기술적 지식과 행동을 체득하는 조직적 숙달과정"으로 정의하여 적용하고 있다(국방부, 1993).

합동참모본부에서는 군사훈련을 "체득한 지식과 기술을 통하여 부여된 임무를 효과적으로 수행할 수 있도록 전술, 전기 등의 기실능력을 조직적으로 숙달시키는 과정"으로 정의하고 있다(합동참모본부, 2010: 286). 육군의 경우 훈련을 "개인이나 부대에 대하여 군사 전문기술을 가르쳐 이를 숙달시키기 위한 실천적 활동"으로 정의하고 있다(육군본부, 1999: 391). 또한 연습을 "교육과 훈련의 결과로 주어진 지식과 기술 등을 토대로 군사이동이나 모의적인 전투작전을 통해 전투, 전투지원, 전투근무지원 절차와 교리를 적용하여 전술적인 상황을 해결해보는 전

표 1-1 군교육과 관련된 용어

구분	용어 정의
교육	군사요원에게 군사지식과 기술을 부여하며, 지적 능력, 덕성, 체력을 함양하기 위한 교수 및 학습 활동을 말하며, 광의의 교육에는 훈련이 포함됨
훈련	개인 및 부대가 부여받은 임무를 효과적으로 수행할 수 있도록 기술적 지식과 행동을 체득하는 조직적 숙달과정을 말함
교육훈련	교육과 훈련을 포함하는 포괄적인 개념
국방교육 훈련	국방을 위하여, 장병 및 국방부 산하기관에 근무하는 자와 위탁교육자(수탁교육자 포함)를 대상으로 하는 학교교육과 부대훈련을 말함
군사교육	장병을 대상으로 전술상황에 대한 분석력과 판단력 등을 포함하여 지식, 기술, 업무수행 능력을 함양하는 체계적인 교수 및 숙달과정을 말함
연습	교육과 훈련의 결과로 주어진 지식과 기술 등을 토대로 군사이동이나 모의적인 전투작전을 통해 전투, 전투지원, 전투근무지원 절차와 교리를 적용하여 전술적인 상황을 해결해보는 전투시행 훈련을 말함

투시행훈련"으로 정의하고 있다. 〈표 1-1〉은 군교육과 관련된 용어를 정리한 것이다.

이와 같이 군에서 교육훈련은 명확한 구분 없이 통상 함께 묶어서 사용하고 있다. 국방부에서는 국방교육훈련을 "국방을 위하여 장병 및 국방부 산하기관에 근무하는 자와 위탁교육자 및 수탁교육자를 대상으로 하는 학교교육과 부대훈련"으로 정의하고 있다.

2. 군교육의 유형

1) 목적에 따른 분류

군교육훈련의 형태는 목적에 따라 교육과 훈련의 2개 축을 중심으로 훈련형, 교육형, 개발형, 동원형의 네 가지 유형으로 구분할 수 있다(최병욱, 2002). 군 인적자원개발은 조직의 발전과 구성원의 성장을 고려하는 것으로서 교육, 훈련, 직무수행의 연계와 반복적 순환을 고려하여 구성원의 군사임무 수행능력과 일반 능력의 향상을 도모하고 있다. 최근 군 인적자원개발은 군의 교육훈련체계와 일반사회의 교육훈련체제와의 연계를 모색하여 지식기반 사회에서 능력의 계발과 활용을 모색하는 관리체제로 지향하고 있는 추세이다. 목적에 따른 군 인적자원개발 유형을 좀 더 구체적으로 살펴보면 첫째, 훈련형은 개인의 잠재력 향상을 위한 교육적 역할의 수행보다는 개인의 단기적 임무수행 능력을 향상시키는 데 초점을 두고 있다. 또한 훈련형은 긴급한 안보역할의 수행을 우선과제로 설정하고 전투력 향상을 적극적으로 모색하고 있다. 둘째, 교육형은 개인의 잠재력 향상을 통하여 장기적으로 임무수행의 질을 제고하는 것을 지향하고 있다. 교육형은 군조직의 장기발전을 지향하고 나아가 구성원이 국가사회의 정치적 · 경제적 · 사회적 요구를 적극적으로 수용하도록 하고 있다. 셋째, 개발형은 조직의 성장과 구성원의 성장을 함께 고려하여 교육-훈련-직무의 연계와 반복적 순환을 통하여 구성원의 군사임무 수행능력과 일반 능력을 향상시키는 것이다. 이를 위해 군은 군사교육, 군사훈련, 직업훈련, 그리고 지역사회의 자원을 체계적으로 연계시켜나가고 있다. 넷째, 동원형은 군에서 필요한 인원을 동원하여 배치시키는 것으로, 군조직의 입장에서 교육과 훈련을 위한 비용을 수반하지 않으면서 필요한 인적자원을 활용할 수 있다는 점에서 군 인력형성체계에서 외부인력 활용(out-sourcing)의 관점을 시사하고 있다. 〈그림 1-1〉은 군 인적자원 개발체계의 분류를 나타낸 것이다.

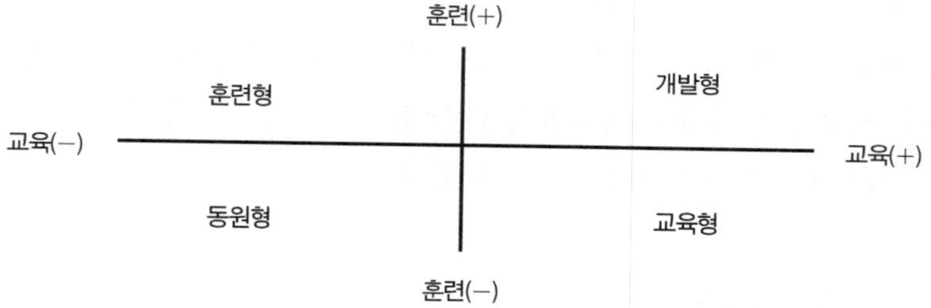

그림 1-1 **군 인적자원개발의 형태(최병욱, 2002: 113)**

2) 내용에 따른 분류

군교육훈련은 내용에 따라 정신교육, 학술교육, 기능교육, 전술교육, 체력단련, 그리고 내무교육 등의 여섯 가지로 구분할 수 있다(육군본부, 1992, 33-40쪽). 군 인적자원 개발을 내용에 따라 좀 구체적으로 살펴보면 다음과 같다. 첫째, 정신교육은 국가와 민족이 생존권을 수호하기 위하여 군인 및 군대가 견지해야 할 가치관을 확립하기 위한 교육으로서, 그 내용은 국군의 이념과 사명에 입각한 국가관의 확립과 임무에 헌신할 수 있는 필승의 군인정신을 포함한다. 둘째, 학술교육은 장병의 지능을 계발하기 위한 이론교육으로서 그 목적은 직무수행에 필요한 일반 및 군사지식을 부여하여 지혜와 판단력을 배양하고 직무수행에 필요한 기초를 제공하는 내용을 포함한다. 셋째, 기능교육은 각 개인으로 하여금 사격술, 총검술 등과 같은 전투기술과 무기 및 장비의 조작, 정비 그리고 기술적 · 전술적 운용요령 등에 관한 재능을 길러 이를 습관화할 수 있는 내용을 포함한다. 넷째, 전술훈련은 전장에서 임무를 수행하는 데 필요한 전술지식과 기술을 연마하는 훈련으로서 그 형태와 내용 및 정도는 교육대상에 따라 다르게 구성한다. 다섯째, 체력단련은 육체적 단련을 통하여 운동기능과 아울러 강인한 정신력을 길러 전장에서 당면하게 될 어떠한 위험과 고난도 능히 극복할 수 있는 강인한 체력을 육성하는 내용을 포함한다. 여섯째, 내무교육은 병영생활을 통하여 군인정신을 함양하고 군인복무규율에 익숙하도록 하는 한편, 전우애 배양과 더불어 체력을 단련하여 유사시 전투임무에 즉시 임할 수 있는 준비를 갖추는 내용을 포함한다.

3) 장소에 따른 분류

군교육훈련을 실시하는 장소에 따라 학교교육, 부대훈련으로 구분할 수 있다. 첫째, 학교교육은 학교 및 교육기관에서 정해진 교육목표에 따라 계획적, 단계적, 집단적으로 실시하는 개인교육으로서, 원칙에 입각해 교육하며, 창의력을 계발하고 적응능력을 부여하는 교육이다. 학교교육의 목표는 장병 각 개인에게 장차 부대 구성원의 일원으로서 임무수행에 필요한 기본지식과 기술을 습득케하고, 잠재능력을 계발하는 데 있다. 학교교육 체계는 군사교육을 위한 양성교육과 보수교육, 그리고 전문지식 육성을 위한 전문교육으로 구분된다.

① 양성교육은 민간인을 군인화하는 교육으로 군에 입대하는 장병을 군대규율에 익숙하게 하고, 군인 기본자세와 투철한 군인정신을

함양하고 강인한 체력 및 불굴의 투지력을 배양하며, 기초적 전기전술을 습득케 하고, 잠재능력을 계발하는 것이다. 양성교육은 신분에 따라 장교 양성교육, 부사관 양성교육, 병 양성교육으로 구분한다. 그리고 장교 양성교육은 사관생도과정, 학군(ROTC)사관 후보생과정, 학사사관 후보생과정, 특수사관 후보생과정, 그리고 간부사관 후보생과정으로 구분한다. ② 보수교육은 계급과 직책에 상응하는 임무수행 능력을 부여하는 교육으로서, 해당 병과 및 주특기에 대한 기초 및 전문지식을 습득시키고, 정신전력 지도, 지휘통솔 및 부대관리 능력을 배양하며, 교육훈련 수행 직책을 고려한 참모업무와 통합 전투력 발휘능력 부여에 중점을 둔다. 보수교육은 장교 보수교육, 부사관 보수교육으로 구분되며 장교 보수교육은 초등군사반, 고등군사반, 각 군대학, 합동참모대, 그리고 국방대학 과정으로 구분한다. 부사관 보수교육은 초급반, 중급반, 그리고 고급반 과정으로 구분한다. ③ 전문교육은 해당분야 군사전문가 육성을 목적으로 특수직위에 근무하거나 전문지식이 필요한 자에게 국내외 군사대학, 일반대학, 연구기관, 기타 관련된 교육기관에서 일정기간 동안 필요한 군사학이나 일반학문을 이수하도록 하는 교육이다. 전문교육은 전문학위교육, 직무향상교육, 그리고 능력계발교육으로 구분하여 실시하고 있다.

둘째, 부대훈련은 부대의 전투임무 수행능력 배양을 위하여 "싸우는 방법대로 훈련하고, 훈련한 대로 싸운다"는 데 목표를 두고 필수 임무과업 위주로 조건반사적 전투행동 숙달과 통합전투력 발휘를 위하여 실시하는 훈련이다. 부대훈련의 목표는 개인 및 집체훈련을 숙달시켜 전투에서 승리할 수 있는 부대를 육성하여 항시 고도의 전투준비를 유지하는 데 있다. 부대훈련체계는 장병 개인의 특기능력 배양을 위한 개인훈련과 부대임무 수행을 위해 조직화된 부대육성을 위한 집체훈련으로 구분된다. ① 개인훈련은 장교, 부사관, 병이 부대 구성원의 일원으로서 각자의 주특기와 직책에 관계되는 특정임무와 과업수행을 위한 능력 배양에 중점을 두고 실시한다. 개인훈련은 병과, 직능, 특기에 구분 없이 공통적으로 필요한 기본 전투행위 능력을 배양하기 위한 기본훈련과, 전 장병이 주특기별로 전문화된 개인임무 수행능력을 구비하기 위하여 지휘관 책임하에 실시하는 특기훈련으로 구분한다. ② 집체훈련은 부여된 고도의 전투준비태세 유지에 초점을 두고 부대임무를 효과적으로 수행하는 데 필요한 조직화된 부대를 육성하기 위하여 실시한다. ③ 병과훈련은 병과 또는 기능별로 전문분야 및 기술분야를 숙달하는 훈련으로서 병과별 훈련(육군), 직별 훈련(해군), 특기별 훈련(공군)을 포함한다. ④ 제병협동훈련은 각 군의 병과 또는 기능별 전투요소를 조직화하여 통합된 전투력을 발휘하는 것을 목표로 실시하며, 제병과훈련(육군), 제직별 훈련(해군), 작전지원체계 훈련(공군)을 포함한다. ⑤ 합동훈련은 육 · 해 · 공군의 합동작전 능력 향상을 목표로 2개 군 이상이 통합된 군사 활동을 위하여 상호협조체제에 의하거나 단일 지휘관의 지휘통제하에 실시한다. ⑥ 연합훈련은 연합전력을 극대화하여 전쟁 수행능력을 향상시키는 것을 목표로 단일 임무수행을 위하여 공동행동을 취하는 2개 또는 그 이상 국가의 군대가 실시하는 훈련이다.

제3절

군교육의 특수성 이해

1. 투자목적에 따른 특징

인적자원개발과 관련된 교육형태에 대한 분류는 자본의 투자동기와 투자형태에 따라 투자형 공교육, 투자형 사교육, 복지형 공교육, 복지형 사교육으로 분류할 수 있다. 먼저 투자동기 중 사회투자적 동기는 국가 혹은 사회적 조직체가 그 자체의 존속과 유지와 발전을 가능하게 하는 사회적 힘을 생산하기 위하여 공적인 사업으로 교육을 계획하고 운영할 때의 동기를 뜻한다. 사회복지적 동기는 국가 혹은 조직체가 구성원들의 삶의 질을 향상시키는 데 필요한 자질을 기르는 일에 봉사하기 위하여 교육을 계획하고 운영할 때의 동기를 뜻한다. 그리고 투자형태 중 사적자본으로 운영되는 사교육체제란 교육을 직접적으로나 간접적으로 국가의 통제하에 두지 않고 가정에서 맡게 하거나 사회구성 집단의 자발적 활동에 맡기는 교육체제이다. 공공자본으로 운영되는 공교육체제란 국가가 어떤 방식으로든지 통제하고 지원하는 형태로 이루어지는 교육체제를 말한다. 〈그림 1-2〉는 인적자원 개발형태의 구분 모형을 나타낸 것이다.

이러한 관점에서 볼 때 군 인적자원개발은 교육형태 측면에서 국가가 군조직의 존속과 발전을 위하여 공공자본을 투자하여 통제하고 지원하는 '투자형 공교육체제'로 볼 수 있다. 또한 군 인적자원개발은 개인의 요구보다는 조직이 요구하는 능력을 배양한다고 볼 수 있으며, 군에서 배양된 군 인적자원의 능력은 사회에서 광범위하게 활용되고 있다.

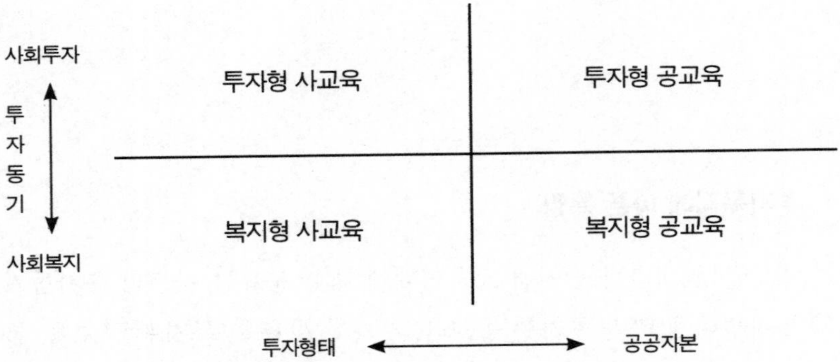

그림 1-2 **인적자원 개발형태의 구분 모형(이돈희, 1992, 336-342쪽)**

2. 조직 요구에 따른 특징

군조직은 다른 사회조직과는 달리 국민적 의무라는 타율에 의하여 개인의 의사와는 무관하게 구성된 조직체로서 목표 또한 국토 · 국민 · 주권의 수호를 제일의 지상목표로 삼는 국가적인 특수조직이다. 군조직의 특성을 사회체계, 임무수행, 기능수행, 계층구조, 기술수준, 인원구성, 집단성격, 가치기준, 조직관리, 직업형태, 업무수행, 그리고 조직환경 등의 측면에서 좀 더 구체적으로 제시해보면 다음과 같다.

첫째, 사회체계 측면에서 군조직은 사회와 독립적으로 존재하기보다는 사회체계의 하위체계로서 다른 체계와 끊임없이 상호작용을 하며 존재하는 개방적 체계이다.

둘째, 임무수행 측면에서 군조직은 국토 · 국민 · 주권의 수호라는 주어진 임무를 완수할 수 있도록 편성된 조직체이며, 전투에서 승리하기 위하여 부대원의 교육훈련은 물론이거니와 부하의 복지 · 후생 · 단결 · 군기 · 사기 등을 향상시키며, 장비를 편제하고 시설장비 등을 효율적으로 관리함으로써 항상 고도의 전투태세를 유지하는 것을 주요한 임무로 삼고 있다.

셋째, 기능수행 측면에서 군조직은 기본적 기능이라고 볼 수 있는 국가보위 기능과 파생적 기능이라고 할 수 있는 국민에 대한 교육 및 사회화 기능을 수행한다고 볼 수 있다.

넷째, 계층구조 측면에서 군조직은 엄격한 계급과 직위 및 권한을 바탕으로 하는 위계적 집단으로서, 지휘계통을 통한 상급자의 합리적인 명령에 절대 복종할 것을 요구하고 있다.

다섯째, 기술수준 측면에서 군조직은 군에서 사용되는 기술은 복잡성, 동태성, 그리고 상호의존성이 낮은 대신에 전투에서 승리를 보장하는 전투기술과 이를 지원하는 제반 기술적 요소로 구분된다.

여섯째, 인원구성 측면에서 군조직은 장교, 부사관, 병 등의 신분계층으로 구성되어 있으며 각각의 신분에 따라 군복무 동기 및 군생활 형태가 다르다.

일곱째, 집단성격 측면에 군에서는 개인의 욕구보다 조직의 욕구가 우선되며 명령과 통제가 일반 사회에서보다 더욱 보편화되어 있어 탈개성적 집단이라고 볼 수 있다.

여덟째, 가치기준 측면에서 군조직은 국가우위의 사고를 바탕으로 국가이익에 배치되는 개인의 욕구나 목표는 허용되지 않으며, 구성원의 후생복지보다는 임무수행 추구에 큰 비중을 두고, 물질환경의 만족이나 개성의 발휘보다는 단체의 일원으로서 노력하는 자세가 필요하다. 조직문화 측면에서 군조직은 물질적 측면, 규범적 측면, 인지적 측면 등의 구성요소가 서로 상호작용하면서 발전하고 있으며, 조직적인 차원과 구성원의 개인적 차원에서 서로 다른 요소들이 양립하는 양상을 띠고 있다.

아홉째, 조직관리 측면에서 군조직의 구성원들은 부대관리 및 병영생활을 통해 장기간의 규율습득과 교육훈련 과정에서 통일적 가치체계를 형성해나가고 있다.

열째, 직업형태 측면에서 군이라는 직업은 소명직 · 전문직 · 생업직의 성격을 가지며, 직업적 특성면에서 군사전문직은 책임성 · 전문성 · 단체성을 요구하고 있다.

열한째, 업무수행 측면에서 병과와 직책에 따라 다양하며 크게 교육훈련, 근무, 그리고 작업으로 분류된다. 교육의 내용은 사회에서 재활용되고 응용될 기회가 희박한 군대 특유의 지식과 능력이기 때문에 장병들의 학습의욕이 일반사회에 비하여 낮다고 볼 수 있다.

열두째, 조직환경 측면에서 군조직은 장병들이 전투에서 목숨까지도 희생을 요구하는 임무와 중요성, 급변하는 상황, 공포감, 고통, 죽음 또는 부상 등의 악조건에서 명령을 수행하게 된다.

3. 군교육의 특징

군 인적자원은 일반 조직과 다른 몇 가지의 특성을 지니고 있다. 첫째, 군의 인적자원은 전투 위주로 구성되어 있으며, 직무 또한 전투를 위한 것으로, 일반 사회와는 다른 특기가 필요하다. 이러한 전투 위주의 특기는 일반적인 학교나 사회에서는 양성이 불가능하다. 이에 따라 최근에는 국방부와 협약하여 개설된 군 특성화 고등학교나 군 · 학 제휴 협약 대학에 군사학과를 개설하여 입대 전에 군에서 필요한 인력을 양성하는 추세로 발전하고 있다.

둘째, 대부분의 인적자원 구성이 단기 순환성의 특징을 지니고 있다. 군 인적자원의 90% 이상이 법적으로 징집되는 병사들로서, 이들의 의무복무 기간은 2013년 현재 육군 21개월, 해군 23개월, 공군 24개월이다. 이들 중 부사관으로 지원하는 소수 인원을 제외하고 대부분 의무복무 기간을 마치면 전역하게 되므로 이들이 복무하는 직위는 매년 순환 교체되고 있다. 따라서 이들이 해당 직위에 근무하게 되는 기간은 1년 6개월 남짓이기 때문에 숙련도와 업무의 연계성에 많은 어려움이 있는 것이 사실이다. 이러한 문제점은 고기능과 고지식을 요구하는 첨단장비를 운용하거나 정비하는 직위에서 더욱 심각하게 나타나고 있다.

셋째, 군 인적자원은 의무적이며 강제적으로 배분 · 관리를 한다. 군에 입대하는 대부분의 인력은 본인의 의사와는 상관없이 인력 소요와 계획에 의해 배분되고, 인사관리체제에 의해 관리되고 있다. 때로는 개인의 자질이나 적성이 무시되기도 하는데, 이것은 일반적인 조직과는 다른 군조직의 특성 때문이다.

넷째, 제한된 연령층과 짧은 사회경력 및 인력 수급 계획의 단순성을 갖고 있다. 군에 입대하는 자원의 대부분인 사병은 대체로 만 19세부터 23세 사이에 입대해 21개월에서 24개월까지 복무한다. 이들은 고등학교를 졸업했거나 대학 재학 중에 입대하는 인원이 대부분으로 사회경험이 전혀 없는 상태다. 그리고 인력 수급 계획의 단순성으로 인해 군대에서 가졌던 개인별 특기와 사회의 연계가 떨어지고 있다. 이러한 점은 개인적으로나 국가적으로 큰 손실이기 때문에 군복무 경험이 사회적으로 인정될 수 있는 방안에 대한 관심이 보다 증대되어야 한다(박효선, 2014). 따라서 군교육의 특성을 좀 더 구체적으로 제시해보면 다음과 같다.

첫째, 군교육은 기본적으로 전투력 배양에 주안을 두고 있다. 군교육훈련의 궁극적 목표는 전투에서 승리할 수 있는 전투력을 육성하는데 있다. 전쟁에서 부대가 필승의 전투력을 발휘하기 위해서는 우수한 교리, 편성, 장비, 물자뿐만 아니라 교육훈련이 잘 된 개인과 부대가 있어야 한다. 따라서 군교육은 개인 및 부대로 하여금 전쟁임무 수행에 필요한 자질과 능력을 배양하여 전투력을 강화시키고 있다.

둘째, 군교육은 장병들로 하여금 행동화된 숙달을 요구하고 있다. 군교육에서 배운 내용은 개인의 정신 속에 동화되고 체질화되어 조건 반사적으로 무력행사를 할 수 있을 정도로 행동화된 숙달의 경지에 도달하여야 한다. 따라서 군교육에서 숙달된 행동으로 전투를 할 수 있는지 여부는 생존과 직결되기 때문에 군교육훈련은 지속적인 반복훈련을 통하여 극대화된 전투력을 유지할 수 있도록 강도 높게 실시해야 한다.

셋째, 군교육은 극한의 전투환경 극복능력을 요구하고 있다. 전장의 실상은 우리가 예측하고 판단하고 대비한 것과는 달리 시시각각으로 위험, 고통, 공포, 불확실성, 우연성의 연속으로 극한적 전투상황을 수반하게 된다. 따라서 전장에서 전개되는 극한 상황을 극복하기 위해서는 위험과 공포를 극복할 수 있는 용기, 육체적 고통을 극복할 수 있는 정신력과 체력, 불확실성을 극복할 수 있는 결단성 및 침착성 등의 배양에 교육훈련의 주안을 둘 것이 요구되고 있다.

넷째, 군교육은 실제 전투상황하에서 실행이 불가능하다. 사회교육의 경우는 대부분이 실습이나 체험이 가능하나 군교육의 경우는 실제 전투상황을 실습한다거나 견학할 수 없는 것이 특징이다. 군교육에서 전장의 실상을 직접 경험할 수 없기 때문에 이러한 한계성을 극복하기 위하여 다양한 방법으로 실전에 가까운 상황을 인위적으로 조성하거나, 타인의 경험을 자기의 것으로 만들어 전투시 발생 가능한 모든 상황을 간접적으로 경험하도록 하는 실전적 교육이 중요시되고 있다.

제4절
군에서 교육의 역할

1. 군교육의 역할 및 기능

군대의 역할에 대해 연구한 대표적인 학파는 '폭력의 관리(management of violence)'를 주장하는 헌팅턴(Hungtington) 학파와 '국가경찰군(constabulary force)'의 역할을 강조하는 자노비츠(Janowitz) 학파가 있다. 헌팅턴 학파의 경우 군대의 역할은 전쟁에서의 승리가 주된 목적이므로 적을 이기기 위해서 군인은 전투수행에 필요한 군사지식과 군사기술을 보유해야 한다는 입장이다. 이와 같이 헌팅턴 학파는 군사력 배양의 필수요소로서 군사 교육훈련의 본질적 기능을 강조한다. 반면, 자노비츠 학파의 경우 전투 역할뿐만 아니라 전쟁을 억제하는 역할 등 비전투 역할의 중요성에 대해서 역설하고 있다. 이들은 전쟁에서의 승리는 군대가 수행해야 할 최소한의 역할임을 강조하면서 군인은 군사활동과 함께 비군사활동을 수행할 수 있도록 육성되어야 한다는 입장이다. 자노비츠 학파의 경우 군사 교육훈련의 본질적 측면뿐만 아니라 민주시민 도장으로서의 비본질적 기능 측면을 포함하고 있음을 알 수 있다.

고도의 과학기술에 의하여 수행되는 현대전 및 미래 전장에서 교육훈련은 군사력 건설과 운용의 주체가 인간이라는 점에 주목해야 한다. 따라서 인적자원의 개발과 확보는 무기나 장비 등의 개발과 증강에 선행되는 필수요소라고 볼 수 있다. 또한 군교육훈련은 생애주기 차원에서 군복무 중에도 개인, 사회, 국가에서 요구되는 지식, 기술, 태도가 배양의 기회를 제공하는 역할을 수행한다고 볼 수 있다. 다시 말해서 군대에서 교육훈련은 전투력 구성요소가 제대로 발휘될 수 있도록 보장해주고, 미래에 요구되는 전투력을 창출하며, 이들을 통하여 전투력의 상승효과를 발휘케 하여 궁극적으로 전쟁에서 승리하는 개인 및 부대를 육성하고 있다. 즉 군교육훈련은 군사력 배양기능과 국가 인적자원 개발기능을 동시에 수행한다고 볼 수 있다. 군교육의 기능은 다음과 같다.

첫째, 군교육훈련은 군사력 배양의 필수 기능을 수행한다. 군조직은 목표, 임무, 기술, 인원, 가치, 그리고 업무 등의 측면에서 일반사회 조직과 차별화된 특성을 지니고 있다. 군대는 적과 싸워 반드시 이겨야 하고, 교육훈련의 정도가 전쟁의 승패를 좌우한다고 볼 때, 군대생활은 곧 교육훈련의 연속이라고 볼 수 있다. 군교육훈련은 군의 전투력 향상과 효율적인 군조직 운영을 지향하고 있다. 미래 전장 패러다임의 변화는 '전투능력 발휘를 위한 훈련'과 '전투능력 계발을 위한 교육'을 동시에 요구하고 있다. 군의 본질적 역할 측면에서 볼 때, 평시의 교육훈련은 군대생활의 전부이며, 이는 곧 전시의 전투임무와 같다. 전쟁에서 부대가 필승의 전투력을 발휘하기 위해서는 우수한 교리, 편성, 장비, 물자가 필요할 뿐만 아니라, 개인 및 부대의 교육훈련이 잘 되어 있어야 한다. 즉 군사력을 유형전력(무기, 장비, 병력 등)과 무형전력(정신전력, 운용전력, 기술전력 등)으로 구분할 때 교육훈련은 무형전력의 질을 향상시키는 역할을 한다. 교육훈련은 직접적으로 무형전력을 향상시키나 이를 통해 유형전력의 가치를 향상시키는 것으로 군사력 건설과 운용에 있어서 핵심적인 역할을 한다. 〈그림 1-3〉은 군사력 구성요소로서 교육훈련의 위상을 나타낸 것이다.

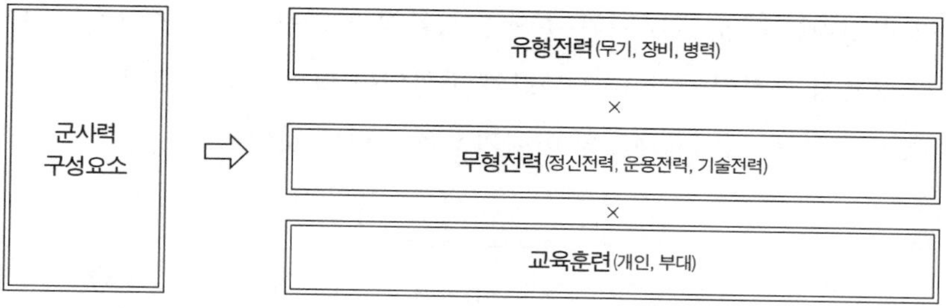

그림 1-3 **군사력 구성요소로서 교육훈련의 위상**

군사력 배양의 필수요소로서의 군교육훈련의 기능을 좀 더 구체적으로 제시해보면 전력증강 기능, 전력창조 기능, 그리고 전력통합 기능의 세 가지 기능으로 구분할 수 있다(육군본부, 1992: 13). ① 전력증강 기능은 개인 및 부대로 하여금 전쟁임무 수행에 필요한 자질과 능력을 배양케 하여 전투력을 증강시키는 것이다. ② 전력창조 기능은 창의적인 연구활동을 통하여 새로운 전력을 개발하고 군사전통을 창조적으로 계승 · 발전시키는 것이다. ③ 전력통합 기능은 교육훈련을 통하여 정신전력, 물자전력, 기술전력과 더불어 전력증가 및 전력창조 기능을 유기적으로 통합하는 것이다.

둘째, 군교육훈련은 국가 인적자원 개발기능을 수행한다. 국가 인적자원 개발기능은 군대가 하나의 거대한 교육기관으로서 군에서 복무하는 성인들에게 인격적, 도덕적 가치를 완성하고 지식 및 기술을 연마하며, 강인한 체력단련을 하는 등 지덕체를 골고루 갖추도록 평생교육 차원의 전인교육을 실천하는 것이다. 군은 전체 사회의 하위체계로서 일반사회의 변화 및 산업발전에서 격리될 수 없다. 군의 모든 구성원들은 사회 각 계층으로부터 유입된 사회구성요소이다.

즉, 이들은 일정기간 군복무를 마친 후에는 다시 사회로 환원되어 사회의 구성원으로서 직업을 가지거나 각종 사회활동을 전개한다. 따라서 장병들은 군복무 기간 중에도 사회와 지속적인 상호작용을 하면서 군조직 구성원인 동시에 사회의 구성원이 되고 있다. 〈그림 1-4〉는 학교-군복무-직업세계로의 이행과정을 나타낸 것이다.

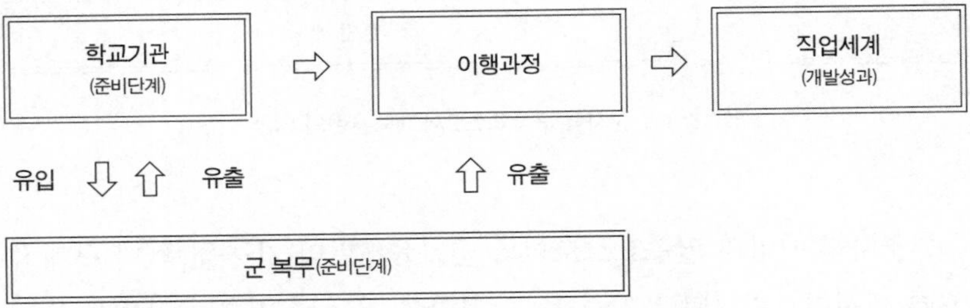

그림 1-4 학교 - 군복무 - 직업세계 이행과정

군대교육은 군인으로서 필요한 자질과 능력을 함양하는 것이지만 사회적으로도 중요한 의미를 지니고 있다. 우리나라의 경우 모든 국민들이 국방의 의무를 지니는 국민개병제를 채택하고 있기 때문에 우리 군대는 청년기의 장병들에 대한 평생교육적 기능을 수행하고 있다고 볼 수 있다. 우리 군은 군복무를 위해 입대하는 청소년들에게 군대라는 조직에 필요한 책임성, 단체성, 전문성, 군인정신 등과 같은 가치와 규범을 교육할 뿐만 아니라, 더 나아가 군대 내에서 습득한 국가공동체 의식, 사회적 책임성, 자아정체성, 인간관계, 개인적 덕성 등의 성숙은 이들이 전역 후 사회생활을 할 경우 우리 사회의 발전에 순기능적 역할을 하게 될 것이다. 그동안 우리 군은 사회발전 추세에 따라 문맹퇴치 교육, 국가 산업기술인력 양성, 시민의식 교육 등 평생교육기관의 역할을 수행하여 국가 인적자원개발에 기여해왔다고 볼 수 있다.

2. 군교육의 목표 및 중점

한국군은 창군 이래 지금까지 많은 역경과 시련을 극복하면서 군의 전투력 창출을 위한 교육훈련의 발전을 적극적으로 이룩해왔다. 그 결과 선진 정예군 건설을 위해 정예화, 과학화, 자주화, 그리고 정보화의 추진과정에서 양적 · 질적으로 괄목할 만한 성과를 거두었다. 그 동안 한국군의 교육은 육 · 해 · 공군 중심의 각기 다른 교육훈련체계를 유지하면서 발전되었다. 그러나 국방부 차원에서 통합 전투력 발휘를 극대화할 수 있는 종합적이며 체계적인 교육훈련 정책의 발전은 다소 미흡하였다고 볼 수 있다.

군교육훈련의 목적은 개인 및 부대로 하여금 군의 사명에 따라 부여받은 임무를 수행할 수 있도록 그 능력을 향상 및 발전시키는 데 있다. 국방부에서는 교육훈련의 목적을 "적과 싸워 이길 수 있는 개인 및 부대를 육성하는 데 있으며, 이를 위하여 각 개인은 임무수행에 필요한 능력과 자질을 배양하고, 부대는 조직체로서의 기능을 최대한 발휘할 수 있도록 인적 · 물적 요소를 효율적으로 통합하여 임전필승의 전투력을 완비하도록 하는 것"으로 설정하고 있다(국방부, 2002: 제5~6조). 군은 필승의 정예부대를 육성하여 국가 교육이념과 목적, 그리고 군의 교육목적을 구현할 수 있도록 교육훈련의 목표를 설정하여 적용하고 있다. 국방부의 경우 군부대의 구성원으로서 임무수행에 필요한 자질을 배양할 수 있도록 개인에 대한 교육훈련의 중점을 '창의적 군사전문가', '강인한 전투군인', 그리고 '건전한 민주시민' 등의 세 가지로 설정하고 있다. 또한 부대에 대해서는 조직체로서의 기능을 최대로 발휘할 수 있도록, 인적 · 물적 요소를 효율적으로 통합하여 임전필승의 전투력을 발휘할 수 있는 능력을 배양할 수 있도록 '통합 전투력 발휘 훈련', '실전적 훈련', 그리고 '기술집약적 교육훈련'의 세 가지로 설정하고 있다.

참고문헌

국방부, 「국방 교육훈련 중장기 기획서」, 서울 국방부, 1993.

______, 「국방교육훈련규정」, 서울: 국방부, 2002.

군사학연구회, 『군사학개론』, 서울: 플래닛미디어, 2014.

박효선, 『한국군의 인적자원개발』, 학이시습, 2014.

안성훈 외, 『부대 유형별 상시학습 시행방안』, 한국교육개발원, 2008.

육군본부, 「교육훈련요강」, 충남: 육군본부, 1992.

______, 「교육훈련관리」, 『야전교범』 25-10, 1999.

이돈희, 『교육정의론』, 서울: 고려원, 1992.

최병욱, 「군교육훈련체제의 모형에 관한 탐색적 연구」, 서울대학교 박사 논문, 2002.

합동참모본부, 「합동 · 연합작전 군사용어집」, 서울: 합동참모본부, 2010.

Blau, Peter M. & Scott, Richard. W., *Formal Organizations*, San Francisco: Chandler, 1962.

Etzioni, Amitai, *A Comparative Analysis of Complex Organizations*, New York: The Free Press, 1962.

Huntington, Samuel P., *The Soldier and The State: The Theory and Politics of Civil-Military Relations*, Cambridge: Harvard University Press, 1957.

Kahn, Robert L. Organizational Theory and International Relations: Mutually Informing Paradigms, *in Organizations and Nation-States: New Perspectives on Conflict and Cooperation*, 1-15, eds. Robert L. Kahn and Mayer N. Zald. San Francisco: Jossey-Bass, 1990.

March, James G. & Simon, Herbert A., *Organizations*. New York: John Wiley. 1958.

제2장

교육의 철학적 기초

본 장에서는 교육의 가장 기본적이고 근원적인 문제를 탐구하는 교육철학을 다룬다. 이를 위해 먼저, 철학과 교육의 관계에 대한 고찰을 토대로 교육철학의 개념과 기능을 살펴본다. 교육철학은 교육문제를 철학적 수준에서 철학적 방법으로 논의하는 것이라 할 수 있으며, 그 목적은 실재, 지식, 가치와 같은 심층적이고 궁극적인 부분까지 교육적 논점을 탐색하는 것이다. 다음으로 전통적 철학과 교육의 관계를 살펴본다. 이를 위해 이상주의, 실재주의, 실용주의에 대해서 개괄하였으며, 마지막으로 현대 교육철학의 내용을 진보주의, 본질주의, 항존주의, 재건주의로 나누어서 개괄하였다.

학습내용

- 제1절 교육철학의 개념과 기능
- 제2절 전통적 철학과 교육
- 제3절 현대 교육철학

제1절
교육철학의 개념과 기능

철학은 지혜(sophia)를 사랑(philein)하는 학문이다. 지혜는 단순히 지식만을 보장할 수 없는 원숙한 식견이요, 안목이요, 이성을 뜻하는 것이다. 그렇다면 이 지혜의 일차적이며 궁극적인 목적은 무엇인가. 그것은 사람이며, 사람의 삶이다. 철학이란 인간의 본질에 대한 호기심과 이에 대해 해석하는 '지혜'를 사랑하는 것에서부터 시작되었기 때문이다(김경희 외, 1999).

임마누엘 칸트(I. Kant)는 "철학은 배울 수 있는 것이 아니다. 다만, 철학하는 것을 배울 수 있을 뿐이다"라고 하였다. 철학이란 자신이 철학함으로써 스스로 체득할 수 있는 학문이다. 즉 철학은 철학하는 사람 스스로 내가 어떤 존재인가에 관심을 갖는 데서 시작한다(이형행 · 권영성, 2010).

메이어(Meyer)가 "철학은 현실의 전체를 합리적으로 파악하려는 것이다"라고 한 것처럼, 철학은 다른 학문분야에서 이룩하여 놓은 성과들을 검증적으로 비판하고, 여러 과학적 성과의 종합적 시각에서 현실을 구성하는 내용의 상황에 "왜?"라고 묻는 것이며, 그 물음에 대한 해명은 현실내용을 지배하는 인간의 행동에 의미를 부여한다(정찬주 외, 1997; 김준권 외, 1998).

사실 철학은 매우 오래된 학문이다. 그만큼 연구한 학자도 많고 후대에 이름을 남긴 철학자도 많다. 하지만 철학에 대한 정의는 철학자의 수만큼 다양해 한마디로 정의하기는 어렵다. 그래도 그 속에 담긴 의미를 통해서 철학에 대해 우리의 생각을 정리할 수는 있을 것이다.

현대에 와서 철학은 여러 가지 의미로 이해되고 있다. 일반적으로 철학은 개인적인 신념이나 지혜를 가리키는 말로서 사용되는 경향이 있다. 전문적인 용어, 즉 학문체계로 사용될 때는 학문의 학문, 즉 체계적 학문, 일상 경험을 통해 설립된 모든 지식 · 이론 · 주장을 비판하고 체계화하는 학문을 가리키는 말로 이해된다.

전통적으로 철학은 존재론 혹은 형이상학과 인식론, 논리학, 가치론, 미학 등을 포함하고 있으며 하나의 조직과 같이 체계적으로 전개되었다. 그러나 현대에 와서는 철학을 하나의 지식의 체계로서 보지 않고 탐구의 과정으로 생각하고 있다. 즉 철학의 탐구적 기능은 언어의 명료성과 논리의 타당성을 기하는 분석적 기능, 어떤 가치기준 혹은 판단기준에 따라 이론이나 행위를 평가하는 규범적 · 평가적 기능, 새로운 이론이나 생각을 창출하는 사변적 기능을 포괄한다(김경희 외, 1999).

그렇다면 교육철학이란 무엇인가? 교육철학은 교육의 세계에서 철학적 작업을 수행하는 것으로서, 교육문제를 철학적 수준에서 철학적인 방법으로 논의하는 것이다. 그 목적은 실재, 지식, 가치와 같은 심층적이고 궁극적인 부분까지 교육적 논점을 탐색하는 것이다. 또한 교육철학은 교육학의 언어와 논리를 명료화하고 교육에 관한 주장들의 논리적 가정을 밝히며, 교육적 판단기준을 제시하고 교육의 이론과 원리를 비판하고 평가한다.

또 다른 의미로 교육철학은 교수학습활동에서 이루어지는 모든 변인들, 즉 교육목표, 교육내용, 교육과정, 교수학습과정, 교육방법 등에 대하여 새롭게 연구영역을 확장해야 하는 학문이다. 즉 교육철학은 현명한 이성과 비판정신으로 교육적 현상에 대해 답을 주면서 교육의 새로운 경지를 개척하는 학문으로 볼 수도 있다.

이러한 교육철학의 기능은 첫째, 교육의 목적, 목표, 준거 등을 제안하는 기능으로서 교육의 이론적 · 실천적 문제해결을 위한 새로운 아이디어와 대안을 제공하는 사변적 기능이 있다. 둘째, 교육의 제반 과정과 활동을 평가하고 규범적 원리를 제시하는 평가적 · 규범적 기능으로서 교육적 가치 판단에 관한 것으로서 이론의 타당성과 사실의 확실성 및 합리성을 어떤 준거에 의하여 밝히는 평가적 기능, 셋째, 교육의 논리에 사용되는 언어와 논리의 명료화를 가하고자 하는 분석적 기능, 즉 교육의 언어와 논리에 관한 것으로 교육의 실천이나 이론에서 사용되는 언어의 의미와 논리 혹은 주장들의 논리적 관계를 밝히는 분석적 기능, 넷째, 교육에 관한 현상이나 과정을 전체로서 파악하여 여러 부분이나 자원을 여기에 통합시키는 통합적 기능 등으로 대별된다(구광현 외, 2000; 신재흡, 2008).

제2절

전통적 철학과 교육

교육에 영향을 준 전통적 철학은 이상주의, 실재주의, 실용주의가 있다. 이들은 철학의 관심분야인 존재론(형이상학), 인식론, 가치론에 대한 견해의 차이에 따라 구분된다.

1. 이상주의

이상주의(idealism) 철학은 세계의 실체를 정신이나 관념이라고 주장하고 모든 현상을 정신적인 작용에 의하여 설명하려고 한다. 특히 플라톤은 정신적 가치란 영구불변한 것이며 만유성(萬有性)을 가진 것이라고 본다(김경희 외, 1999). 이상주의의 기원은 소크라테스와 플라톤에 있으며, 그 후 독일의 칸트(Kant), 괴테(Goethe), 프뢰벨(Fröbel) 등을 거쳐 오늘에 이르고 있다.

이상주의는 인식론에 있어서 지식이란 인간의 마음속에 잠재해 있는 관념의 재생이라고 주장하고 있으며, 존재론에 있어서는 궁극적 실재는 정신 또는 마음이라고 말한다. 또한 이들은 가치에 있어서는 정신적 가치를 절대적이고 보편적인 것이라고 생각하고 있다.

이와 같이 정신을 중시하는 이상주의에서 정신은 두 가지의 뜻이 있다. 하나는 생각하는 경험의 주체로서의 마음, 정신, 이성, 생명 등으로 우주의 섭리자, 절대자로서의 신과 관련된 것이다. 다른 하나는 존재하는 모든 실재는 최종적으로 분석될 때 심적이거나 정신적이라는 것이다. 따라서 이상주의자들은 가치와 윤리는 절대적인 것이라 간주하며 진선미(眞善美)는 시대나 사회에 관계없이 불변하고 본질상 영원하다고 주장한다(신재흡, 2008). 따라서 이상주의자들은 "가치는 시대상황에 따라 결정되거나 변화하는 것이 아닌 영구·불변의 것이기 때문에 물질적인 것은 그것의 부차적인 산물에 불과하다"라고 주장한다. 절대적 가치는 그 본질에서 영원한 것으로 인간에 의해 창조되는 것이 아니라 우주의 본질인 것이며, 이러한 우주의 정신적 질서는 교사가 학생에게 가르쳐야 할 내용인 것이다.

이와 같은 이상주의에 있어 교육을 보는 관점은 학자에 따라 다소의 차이가 있으나 그들의 공통적 견해를 정리하면 다음과 같다(김춘권 외, 1998).

첫째, 교육이 추구해야 할 목적은 새로운 세대로 하여금 정신적 가치를 깨닫게 하여 인격을 실현하는 도덕교육에 있다고 믿는다. 이는 신의 완전성에 비해 인간의 유한성과 미성숙한 불완전성을 교육의 힘에 의해 최고의 정신적 자아를 실현하도록 하여 절대의지의 모습으로 변모시킨다는 것이다.

둘째, 이상주의 교육관에 있어서 학습자는 절대가치를 지닌 개성으로서 존중된다. 그 이유는 인간이 비록 유한하고 불완전한 존재일지라도 신격에 도달할 수 있는 잠재적 능력이 있다고 믿기 때문이다. 교육은 이러한 잠재적 능력을 계발하는 것으로서 학생은 그것을 외부세계와 소극적으로 연결하지 않고, 적극적인 자아활동을 통해 소화하여 신의 형상에 도달할 수 있다. 그러므로 학습자는 교육을 통해 유한한 존재에서 무한한 존재로, 또 동물적 차원에서 신의 차원으로 승화하는 인격자로서 존중받아야 하는 것이다.

셋째, 이상주의자들의 교육목표는 개성의 완성을 구하는 것뿐만 아니라 사회발전도 함께 포함한다. 이상주의가 정신적 존재로서 개인의 인격완성을 강조함으로써 사회 또는 전체를 무시한다거나 철학적 보편주의로 말미암아 전체를 강조한다고 생각할 수도 있다. 그러나 이상주의에 있어서 개성과 전체성은 하나의 연속선상에 위치하여 정신적 유대관계로 맺어진 것이 전체요, 전체의 정신작용의 본질은 개성이라는 것이다.

넷째, 이상주의 교육은 주입식이 아닌 추출하는 작업으로 이루어져야 할 이상중심 교육과정을 목표로 한다. 이것은 백지상태의 아동에게 모종의 지식을 주입하는 방식의 교육이 아니라 이미 선천적으로 가지고 있는 정신세계의 영역을 개발할 수 있도록 돕는다는 것이다. 이런 측면에서 볼 때, 외부에서 지식이나 어떤 관념을 주입하는 것이 아니라, 아동의 내부에서 그것들을 끄집어내는 것이 교육이라는 소크라테스의 대화법이 가장 대표적인 이상주의 교육방법이라 할 수 있다.

2. 실재주의

실재주의에 의하면 이 세계는 인간의 마음이나 정신으로부터 독립하여 그 자체의 법칙에 의해 존재하고 변화하며 발전한다. 따라서 이 세계를 파악하고 이해하기 위해서는 절대적인 존재에 접근함으로써가 아니라 물질세계를 관찰하여 그 법칙을 발견함으로써 가능하다. 즉, 인식의 대상은 인식작용의 의식이나 주관에서 독립하여 존재하며 그것에 대한 객관적인 파악에 의해서만 참다운 인식이 성립한다는 것이다.

이와 같이 사물이 사람들의 지각과는 별개로 존재한다고 생각하는 실재주의의 인식론에 대한 입장은 객관적 지식을 강조하지만 사람은 방관자적 모습으로 존재한다고 보고 있으며, 존재론에 있어서는 우리가 인식이나 경험의 유무와 관계없이 사물의 세계가 독립적으로 존재한다는 점을 인정해야 한다고 주장한다. 또한 이들은 가치론에 있어서 최고의 가치는 물질계에서 일어나는 자연의 법칙이나 본질에 두고 있다(조용진 외, 1990).

이러한 실재주의에서는 인간 유기체를 포함하는 물질세계 속의 자연법칙을 발견하는 것과 모든 존재하는 것 속에서 질서와 조화를 발견해내는 인간의 지성을 중요시하고 있다. 따라서 실재주의자들은 인문학, 과학 교과들을 중심으로 한 교육과정을 중시하는 경향이 있다.

실재주의에서 공통적으로 바라보고 있는 교육에 대한 생각을 정리하면 다음과 같다(김춘권 외, 1998).

첫째, 교육은 우주의 이치를 깨달을 수 있는 핵심지식을 가르치는 일이다. 즉 아동에게 우주, 현세, 사회, 자아를 긍정적으로 이해시키고 교육에 있어서 형식이 되는 지식체계를 가르치는 것이 중요하다.

둘째, 아동은 고도의 지성을 발휘할 수 있는 자질을 충분히 가지고 있는 존재로 인정되어야 한다. 아동이 지니고 있는 지성이야말로 우주의 근본법칙을 깨달을 수 있는 힘인 것이다.

셋째, 교육의 목표는 아동의 이상적 자질의 발현을 구체화하는 데 있다. 즉, 교육은 아동이 자연의 법칙과 실재의 원리들을 통하여 자기결정, 자기실현, 자아통합의 이상을 자각하고 성취하도록 해야 한다.

넷째, 교육은 진리에 대한 끝없는 탐구와 지식욕을 불태우는 동기로 이루어져야 한다. 이를 위해 정선되고 체계화된 지식을 가르치도록 교사에게 권위와 주도권을 주어야 하며 감각교육이 중요하다.

3. 실용주의

실용주의는 우주를 움직이는 것은 물질이라고 보며 변화는 계속하여 확산되는 것이라고 주장한다. 실재는 변화하고 있을 뿐만 아니라 가치도 시간, 장소, 환경에 따라 상대적이라고 생각한다.

실용주의는 19세기 중엽 퍼스(Peirce)에 의해 시작되어 20세기 초 제임스(james)를 거쳐 듀이(Dewey)에 의해 완성되었다. 특히 실용주의는 다윈(Darwin)의 진화론에 의해 많은 영향을 받은 것으로 평가받고 있으며, 이로 인해 가치의 상대성뿐 아니라, 인류 및 사회의 발전과 진보를 중요한 논점으로 다루고 있다.

실용주의에서는 교육의 목적이나 방법이 계속적으로 개조될 수 있도록 개방성과 융통성을 가져야 한다고 주장한다. 이들은 교육의 목적은 개인의 성장 능력을 토대로 하여 설정해야지 교사 혹은 어떤 사회의 세력에 의해 결정되어서는 안 된다고 보고 있다. 즉, 교육의 목적은 개인의 경험이 반복되고 재구성되어감에 따라 융통성 있게 조절되어야 한다는 것이다. 또한 교육방법도 개인의 욕구와 흥미와 필요에 기초해서 설정되어야 한다고 보고 있다(조무남 외, 2001).

실용주의의 교육에 대한 생각을 정리하면 다음과 같다(김춘권 외, 1998).

첫째, 교육의 목적이나 수단은 합리적이며 과학적으로 추구되어야 한다. 듀이(Dewey)에 의하면 교육의 목적은 성장이다. 성장은 삶의 특징이므로 모든 삶은 성장과 일체가 되어야 한다. 따라서 교육은 생활의 준비가 아니고 생활 그 자체가 되어야 한다는 것이다.

둘째, 아동은 그에게 영향을 주는 세계를 학습해야 한다. 아동은 그가 생활하는 환경을 떠나서 생각될 수 없는 것처럼 학교는 생활 자체와 분리될 수 없다. 따라서 학교는 아동이 당면하고 사회가 해결해야 하는 문제와 관련된 것을 교육해야 한다.

셋째, 학습은 행동에 의해서 이루어져야 한다. 이는 학습이란 문자에 의한 것이 아니라 실천에 의해서 이루어진다는 점을 강조하는 것이다.

넷째, 아동의 흥미와 욕구를 존중하는 교육이어야 한다. 이는 아동이 제멋대로 하도록 방임하는 것을 의미하는 것이 아니라 아동의 흥미와 욕구가 학습동기의 기초로 사용되어야 한다는 것을 의미한다.

제3절
현대 교육철학

현대 교육에 영향을 준 교육철학은 진보주의, 본질주의, 항존주의, 재건주의로 나누어 살펴볼 수 있다. 이들은 상호비판적이면서도 공통 분모를 갖고 있다. 특히 진보주의는 항존주의와, 본질주의는 재건주의와 많은 면에서 공통점이 있다.

1. 진보주의 교육철학

진보주의가 사회적 모순을 극복하고자 변혁을 꾀하는 사상으로서 보수주의나 전통주의에 반하는 사상운동이라면, 진보주의 교육은 실용주의 사상을 기초로 하여 전통적 교육의 형식주의에 대한 반발에서 나온 민주적 · 과학적 교육운동이다. 아울러 근대 교육의 여러 관념을 종합적으로 구성하여 이것을 실천으로 옮겨보려는 교육개혁운동이라 할 수 있다.

진보주의 교육운동은 산업혁명 이후 과학기술의 발달, 민주주의의 성장 그리고 미국의 실용주의 환경 속에서 전통적 교육의 편협성과 형식주의가 낳은 비인간화에 대한 반발로 19세기 유럽과 20세기 미국에서 일어났다. 또한 근대사 측면에서 볼 때 루소의 『에밀(Emile)』이 보여 주었던 자유주의적 아동교육론으로 거슬러 올라가지만, 페스탈로치와 프뢰벨을 거쳐 미국의 듀이, 영국의 니일, 이탈리아 몬테소리 등 자유주의 아동중심 교육사상과 같은 맥락에서 발전하였다.

진보주의자들에 의하면 아동은 성인의 축소판이 아니며, 성인의 세계와는 다른 아동 나름대로의 고유한 세계를 가지고 있다. 아동의 진정한 성장이란 아동의 생활과 세계를 포기한 채 성인들의 생활과 미래의 생활을 준비함으로써 이루어지는 것이 아니라, 오히려 아동이 각 발달단계에 맞추어 훌륭하고 만족스럽게 생활하는 과정을 통해서 이루어지는 것이다. 따라서 교사는 아동의 특성과 그들의 욕구 및 필요 그리고 그들이 가지고 있는 흥미와 생활상의 문제점들을 파악하고, 그 결과를 토대로 하여 아동의 자연스러운 성장을 도울 수 있는 교육과정을 마련해야 한다. 바로 이러한 특성 때문에 진보주의 교육을 아동 · 경험 · 생활중심 교육이라고도 한다(이형행 · 권영성, 2010).

특히 시카고 대학에서 실험학교를 운영하던 듀이를 중심으로 한 진보주의자들은 1918년에 진보주의교육협회(Progressive Education Association)를 결성하여 전통적 교육환경을 개선하는 데 기여했다. 진보주의교육협회는 교육을 아동중심으로 전환하고자 7개항의 강령을 채택하여 선포하였다.

① 학생은 외적 권위에 의하지 않고 자신의 사회적 필요에 의하여 자연스럽게 발전할 자유를 누려야 한다.
② 흥미가 모든 학습활동의 동기가 되어야 한다.
③ 교사는 학생의 모든 활동을 고무하고 적절한 정보를 제공해주는 안내자여야 한다.
④ 학생에 대한 평가는 교과에 대한 평가뿐만 아니라 학생의 신체 · 지성 · 사회성을 포함하는 넓은 범위에서 이루어져야 하며, 학생의 지도를 돕는 자료가 되어야 한다.
⑤ 가장 중요시해야 할 것은 학생의 건강이며 따라서 학교의 시

설 · 환경 · 인적 조건은 밝고 명랑해야 한다.

⑥ 학교는 학생의 교육을 학부모와의 긴밀한 협조관계 속에서 수행해야 한다.

⑦ 진보주의 학교는 좋은 전통 위에 새 것을 첨가하는 실험학교로서 교육개혁운동의 중핵이 되어야 한다.

진보주의자들은 교사중심적으로 진행되어오던 전통주의적 교육을 아동중심으로 전환시키는 데 큰 공헌을 하였다. 그것은 이들이 강조한 교육원리를 통해서 잘 알 수 있다. 영국의 넬러(G. F. kneller)는 다음과 같이 요약하였다.

① 교육은 생활 그 자체이며 미래 생활을 위한 준비가 아니다. 교육은 경험의 재구성 과정이기 때문에 훌륭한 생활경험은 그대로 학습이 된다. 따라서 학교는 어린이가 장차 겪어야 할 생활환경과 비슷한 경험을 통해 교육을 해야 한다.

② 학습은 아동의 흥미에 직접 연결되어야 한다. 어린이는 전인으로 이해되고 교육되어야 한다. 학습과정은 개인 아동에 의해 주로 결정된다는 점에서 학교는 아동중심적이어야 한다. 어린이는 자기의 흥미와 관련된 학습을 하고 문제해결을 하고자 하는 자연적 성향을 갖고 있으며, 외부로부터 강요되는 일에 대해서 저항하게 되어 있다. 따라서 어린이는 자기가 원하고 필요해서 학습을 해야지 어른이 그래야 한다고 해서 공부하는 것으로는 만족하지 않는다.

③ 문제해결을 통한 학습이 교과내용의 주입보다 우선되어야 한다. 지식은 그 자체가 목적이라기보다 경험을 관리하는 도구이며, 계속해서 전개되는 새로운 삶의 사태에 대응하기 위해 사

용되는 것이다.

④ 교사의 역할은 지시하는 일이 아니라 조언해주는 일이다. 어린이들이 무엇을 공부할 것인가는 그들의 필요와 욕구에 따라 결정되는 것이므로 어린이들이 그들 자신의 발달을 계획하게 하고 교사는 그 학습을 도와주어야 한다.

⑤ 학교는 경쟁보다는 협동을 강조하고 격려해야 한다. 인간은 본래 사회적 존재이므로 다른 사람들과의 조화로운 관계에서 큰 만족을 얻는다. 사랑과 협력이 경쟁과 개인적 이득보다 더 교육에 합당하다.

⑥ 민주주의는 안배(按配)된 경험을 뜻한다. 민주주의의 성장과 교육은 서로 떨어질 수 없게 연관되어 상호작용한다.

이러한 교육원리를 기반으로 하는 진보주의협회는 1930년대 미국의 교육에 절대적 영향을 주면서 교육개혁 운동으로 발전하였고 이후 30년 이상 미국 내외에 영향을 미쳤다. 또한 우리나라에까지 영향을 미쳤다. 해방 후 미군정시대에 군정청은 한국 교육정책의 기본 이념으로 진보주의를 채택하였고, 이것은 1950년대 새교육운동으로 발전하기도 하였다.

한편, 진보주의운동이 풍미하던 1957년 소련은 미국에 앞서 인공위성 스푸트니크호를 발사하는 충격적인 일이 벌어졌다. 미국의 조야는 이로 인해 들끓었고 급기야 미국의 학력저하가 이 사건의 발생원인을 제공했다는 데 이르게 되었다. 이후 미국에서는 진보주의에 대항하여 본질주의, 항존주의 등의 새로운 교육사조가 발생했다.

지금도 진보주의 교육은 아동에게 지나친 자유를 부여하고 아동의 흥미나 욕구를 너무 존중하며 생활화를 중시하는 나머지 미래에 대한 준비를 소홀히 하고, 다수의 협동적 노력을 강조한 나머지 우수한 소수자의 지도성을 반영시키지 못했으며, 민주주의 이외의 사상체계에 대한 객관적 이해가 소홀하다는 비판을 받고 있다. 그러나 이와 같은 비판은 진보주의 사상 그 자체보다는 진보주의의 이름 아래 행해진 왜곡된 교육에서 기인했다고 보는 것이 타당할 것이다. 그리고 진보주의 교육은 많은 비판에도 불구하고 미국과 세계의 교육에 심대한 영향을 주었던 교육사상임은 주지의 사실이다.

2. 본질주의 교육철학

1930년대부터 정점을 이루었던 진보주의 교육에 반기를 들고 대항한 배글리(Bagley)를 중심으로 나타난 교육사조가 본질주의이다. 본질주의는 현대문화가 물려받은 전통적인 신조라든가 제도는 실질적일 뿐만 아니라 진리이며, 동시에 선하다는 생각에서 출발한다. 따라서 이들은 인류의 귀한 경험 즉, 가장 본질적인 것을 선정하여 다음 세대에 교육시켜야 한다고 주장한다.

또한 이들은 교사의 권위와 교재중심 교육과정의 가치를 강조하며 교육은 과거에서부터 발전해온 기본적 능력, 예술, 과학 등의 학습을 우선해야 한다고 주장했다. 여기서 기본적 능력이란 읽고, 셈하고, 쓰는 능력을 의미하며 이러한 기본적 능력은 초등학교에서 가르쳐야 하고, 예술, 과학과 같은 학문적 교과는 중등학교에서 가르쳐야 한다고 했다. 더불어 이런 교육과정을 따르는 교사는 교과 내용에 대해 권위를 가지고 있어야 하며 학생들을 가르치는 방법에도 정통해야 한다. 반면 학생들은 본질적인 교과들을 학습하기 위해 고된 훈련과 노력을 기울여야 한다고 주장한다(신재흡, 2008).

본질주의 교육운동은 1938년 배글리가 중심이 되어 창설한 본질파위원회(The Essentialist Committee for the Advancement of American Education)가 본

질파 선언을 선포하면서 시작되었다.

> 미국의 교육은 오래전부터 학문적 훈련이라는 어휘를 추방해버렸다. 진보주의자들은 미성숙한 어린이들에게 그가 무엇을 배워야 할 것인지를 선택할 권리를 주자고 소리 높여 외치고 있다. 어린이들은 교사가 부과한 모든 과제를 권위적이라고 배척하며 인류가 큰 희생을 치르면서 얻은 교과를 체계적으로 이수할 가치를 거부하고 있다. 어린이들은 흥미 없는 공부는 할 필요가 없다고 거부하며, 그러한 거부행위를 합리화하려고 든다. 결과적으로 그들은 힘도 안들이고 노력도 않게 되었다. 그들은 복종을 약자의 표시라고 낙인찍는다. 그런데 이 모든 것을 그들은 민주주의와 자유라는 신비스러운 이름으로 자행하고 있다.

이러한 본질주의자들의 교육원리에 대해 넬러(kneller)는 다음과 같이 요약하였다(이형행 · 권영성, 2010).

① 당장의 흥미보다는 장래의 목표에 충실할 것을 강조한다. 즉, 교과에 대한 흥미가 그 습득에 필요한 에너지를 창출해내는 데 큰 역할을 한다는 주장에 동의하면서도, 보다 고차원적이고 오래 지속될 수 있는 흥미는 학습 초기에는 잘 나타나지 않으며, 학습 초기부터 힘들여 공부해나가는 동안에 일어나게 된다는 것이다.

② 교육에 있어서 주도권은 학생이 아니라 교사가 가져야 한다. 즉, 교사의 역할은 성인의 세계와 아동의 세계를 연결시켜 중계해주는 일이며, 교사는 이일을 위하여 준비해왔기 때문에 아동의 성장을 돕는 일에 있어서 어린이보다는 훨씬 더 많은 자격을 갖추고 있기 때문이다.

③ 교육과정의 중심은 지정된 교과를 이해하고 소화시키는 데 있다. 이러한 관점은 인간에게 삶의 방식을 정해주는 것이 그를

둘러싸고 있는 물리적 · 사회적 환경이라고 주장하는 실재론자들의 관점과 일치한다. 본질주의자들은 교육이 인간의 자기실현을 도와줘야 한다는 생각에 동의하면서도, 자기실현이란 인간이 법칙에 복종해야 하는 세계, 즉 개인을 넘어서서 존재하는 세계 속에서 이루어진다고 주장한다. 왜냐하면 본질주의자들은 개인의 경험보다는 인류의 경험, 즉 사회적 유산을 더욱 중요시하기 때문이다.

④ 문제해결을 강조하는 진보주의적 교육방법의 장점을 인정하지만 그 방법을 모든 학습과정에 통용시킬 수는 없다는 입장을 취한다. 즉, 지식은 본질상 추상적이며 여러 가지로 단절된 구체적인 문제로 갈라놓을 수 없는 것들이다. 따라서 실천에 의한 학습이라는 진보주의의 학습원리는 어떤 학습 상황에서는 적절할 수 있으나, 그것이 모든 학습사태에 일반화될 수는 없다고 주장하였다.

아동중심의 교육인 진보주의를 비판하며 일어선 본질주의도 몇 가지 측면에서 허점을 노출하고 있다. 대체적으로 본질주의는 사회과학을 경시하고 참여의식을 고취시키지 못했으며, 항존성을 배척하였다. 또한 미래지향적 자세를 길러주지 못하였다는 비판을 받고 있다.

3. 항존주의 교육철학

1930년대 본질주의와 더불어 진보주의에 대항한 새로운 교육사조가 나타나는데 항존주의가 그것이다. 항존주의의 교육목적은 시대에 따라 변하지 않는다는 뜻에서 영원주의라고도 불린다.

항존주의에 앞서 등장한 본질주의는 여러 면에서 진보주의 교육의 장점을 인정하고 동조하는 가운데 진보주의의 모순을 시정하려 했던 교육철학이다. 반면 항존주의는 진보주의에 대한 본질주의의 공격이 미온적이고 철저하지 못한 데 불만을 품고 진보주의 교육과 그 사상의 기반인 실용주의 자체를 근본적으로 부정하면서 개혁하려는 특징을 보였다.

항존주의의 철학적 배경은 고전적 실재론에서 찾을 수 있으며, 대표적인 철학자로는 아리스토텔레스와 토마스 아퀴나스 등이 있다. 항존주의자는 아무리 진보주의 교육철학이 사회적인 변화를 내세우고, 현대사회가 급격하게 변화한다고 하더라도 영원성이라는 것이 변화보다는 좀 더 궁극적인 실체라고 주장한다. 그들에 의하면 인간의 본성이란 변화하지 않고 본질적으로는 동일하게 남기 때문에 교육의 기본원리도 변하지 않고 영원불변한 것이라고 주장한다(이형행 · 권영성, 2010).

이러한 항존주의의 특징은 대표적 학자인 허친스(Hutchins)가 그의 저서 『민주사회에서의 교육의 갈등』에서 "인간다운 인간의 모습은 인간의 본질에서 비롯되기 때문이다. 교육의 목적도 모든 시대와 모든 사회에 동일한 것이어야 한다. 왜냐하면 교육이란 인간을 인간답게 형성시키려는 것이기 때문이다"라고 한 것을 통해서도 잘 알 수 있다.

넬러(kneller)는 이러한 항존주의의 교육원리에 대해 다음과 같이 정리하고 있다.

① 인간의 본질이 불변하기 때문에 교육의 본질도 불변한다.
② 인간의 결정적인 특징은 이성이기 때문에 교육은 이성을 발달시키는 데 집중되어야 한다.
③ 적응형태 가운데 교육이 지향해야 할 유일한 것은 항구불변의 보편적인 진리에 대한 적응이다.

④ 교육은 생활의 복사가 아니라 생활을 위한 준비이다.
⑤ 학습자는 일종의 기본교과를 학습함으로써 정신적으로나 과학적으로 우주의 영원성에 접해야 한다.
⑥ 영원성은 고전을 통해서 가장 잘 체득할 수 있다.

진보주의에 대한 이들의 비판적 관점은 뜻있는 사람들의 마음을 울린바 있지만, 유일 · 절대적인 가치체계를 숭상하고 지적인 훈련을 지나치게 강조한 나머지 비민주적이라는 비판을 받고 있다. 또한 과거를 중시한 나머지 현실에 충실하고자 하는 모든 인간적인 노력과 활동을 과소평가하는 등 현실을 경시했으며, 모든 사람들에게 고전 속의 위대한 인물들처럼 생각하며 행동할 것을 기대하여 귀족적이라는 비판을 받았다.

4. 재건주의 교육철학

현대가 처한 인류와 문화의 위기는 교육을 수단으로 하여 극복해야 하며, 이를 통해 새로운 사회를 건설해야 한다는 교육철학이 재건주의이다.

재건주의 교육철학의 재창자인 브라멜드(Brameld)에 의하면 현대는 인류문화사적 측면에서 하나의 중대한 위기에 직면하고 있으며, 이 인류문화사적 위기를 극복하고 사회의 지속적 발전을 유지하기 위해서는 힘이 강한 교육이 필요한데, 바로 이 힘 있는 교육철학이 재건주의라는 것이다(이형행 · 권영성, 2010).

재건주의는 기존의 진보주의와 본질주의, 항존주의 교육철학을 비판, 절충, 중용, 종합하는 입장을 취하고 있기도 하다. 즉, 진보주의로부터 수단과 과정을 중시하는 사상을, 본질주의로부터 문화보존의 인류학적 가치를, 항존주의로부터 생의 목표를 추구하는 사실들을 수용하는 입장을 취했다.

이러한 재건주의는 사회적 자아실현을 그 목적으로 하고 이 목적의 실현을 통해서만 경제적 · 정치적 · 교육적 · 과학적 · 심미적 · 종교적 · 개인적 목적이 성취된다고 보고 있다.

한편, 넬러(kneller)는 이러한 재건주의의 교육원리에 대해 다음과 같이 정리하고 있다.

① 교육은 우리 문화의 기본가치를 충족시킬 수 있는 새로운 사회질서를 현재 우리가 살고 있는 사회 속에 창조함과 동시에 현대 세계의 정치, 경제, 사회적인 여러 세력과의 조화를 추구하는 일에 앞장서야 한다.

② 새로운 사회는 진정으로 민주주의 사회여야 하며, 그 사회의 제도와 자원은 국민에 의해 통제되어야 한다. 새로운 이상적인 사회는 민주사회이기 때문에 그 실현방법도 민주적이어야 한다.

③ 학교교육의 성격은 사회 · 문화적 여러 세력에 의해서 크게 영향 받고 결정된다.

④ 교사는 학생들이 재건주의자들의 문제해결방식의 긴급성과 타당성에 대한 확신을 갖도록 해야 한다. 그러나 교사는 민주적 절차를 신중히 고려하여 이를 수행해야 한다. 교사들은 공평하게 대안을 제시해야 하며, 학생들이 그 자신의 생각을 옹호할 수 있도록 허용해야 한다.

⑤ 교육의 목적, 내용, 방법은 오늘의 문화위기를 극복할 수 있는 방향에서 재구성되어야 하며, 행동과학적 연구가 발견해낸 여러 원리들에 맞는 것이어야 한다. 행동과학의 중요성은 그것이 우리로 하여금 인간에게 가장 가치 있는 것들을 발견할 수 있

도록 도와준다는 데 있다.

이러한 재건주의 교육철학도 몇 가지 측면에서 취약점을 드러낸다. 교육의 힘을 너무 과신하였을 뿐만 아니라, 미래의 설계를 그려 놓고 아동을 강제로 그 방향으로 몰고 갈 수 있다고 주장하였다는 점에서 비판을 받았다. 또한 행동과학적 지식을 교육의 유일한 기초과학 내지는 방법적 기준으로 여겼다는 측면에서 한계를 노출하였다.

참고문헌

구광현 외, 『교육학개론』, 양서원, 2000.
김경희 · 안영후 · 손영환 · 정태근, 『교육학』, 학지사, 1999.
김종서 외, 『최신교육학개론』, 교육과학사, 1997.
김준권 · 손충기, 『교육학 개론』, 동문사, 1998.
신재흡, 『신교육학의 탐구』, 도서출판 학이당, 2008.
이지헌 외, 『교육학의 이해』, 학지사, 2012.
이형행 · 권영성, 『교육학개론』, 공동체. 2010.
정찬주 외, 『교육철학 및 교육사』, 정민사, 1997.
조무남 외, 『교육사 · 교육철학 강의』, 동문사, 2001.
한기언, 『교육의 역사 및 철학적 기초』, 실학사, 1975.
한명희 · 고진호, 『교육의 철학적 이해』, 문음사, 2005.
Kneller, George. F., 정희숙 역, 『교육철학이란 무엇인가』, 서광사, 1998.
______, George. F., *Introduction to the philosophy of Education*, New York: John Wiley & Sons, Inc. 1971.

제3장

교육의 역사적 기초

본 장에서는 교육의 역사에 대해서 다룬다. 역사는 과거와의 대화라는 말이 있듯이 현재 발생하고 있는 교육의 문제를 해결하기 위해서는 과거 교육의 역사를 이해할 필요가 있다. 따라서 고대에서 현대까지 교육의 변천사에 대해서 살펴본다. 제1절에서는 한국의 교육이라는 주제로 삼국시대에서 근대교육까지, 제2절에서는 서양의 교육이라는 주제로 그리스 · 로마시대에서 현대까지의 교육에 대해서 고찰한다.

학습내용

- 제1절 한국의 교육
- 제2절 서양의 교육

제1절

한국의 교육

1. 고대 교육

원시시대에는 현대처럼 체계화된 교육이 실시되지는 않았다. 다만, 교육이 사회화의 의미를 지니고 있는 만큼, 원시시대에도 의식주의 획득과 같은 생존차원의 교육과 부족집단 유지를 위한 기본적인 교육들은 분명히 존재해왔을 것이다. 이런 원시시대 교육들은 의도되고 정교화되기보다는 단순 모방과 반복 숙달 차원에서 이루어지는 무의도적 교육이었을 것이다(김기석 외, 1999).

또한 지금도 아마존이나 아프리카에서 원시시대의 생활방식을 유지하고 있는 소규모 부족들은 성년식이라는 의식을 통해 청년들을 사회의 일원으로 받아들인다. 그런데 이들은 성년식을 치루기 전에 수 주에서 수 년간의 교육활동을 통해 충분히 자격을 갖추었다고 판단되는 청년만 성인식을 통과하도록 하고 있다. 따라서 성년식은 원시시대의 중요한 교육활동의 하나라고 말할 수 있다.

특히 청동기 시대에 접어들면서는 그 이전보다 체계적인 교육활동이 이루어졌음을 알 수 있다. 우리나라의 청동기 시대에 등장한 국가는 고조선이다. 삼국유사에 의하면 천제 환인의 아들 환웅은 세상을 그리워하고 다스리기를 희망하였다. 그래서 그는 아버지인 환인에게 자신의 뜻을 고하고 세상에 내려와 인간을 다스리고 본래 곰이었으나 인간으로 환생한 웅녀와 결혼하여 아이를 낳게 되는데, 그 아이가 바로 고조선의 건국시조인 단군왕검이 된다. 단군왕검은 널리 인간을 이롭게 한다는 '홍익인간'의 정신으로 건국을 하는데,[2] 이 홍익인간의 정신은 오늘날 우리나라의 교육이념으로 자리하고 있다.

또한 고조선에는 관습법으로서 팔조법금(팔조법)이 존재하였다. 이는 고조선이 이미 직제가 있는 부족국가로 성장했으며, 비록 성문법은 아니지만 일정한 법률에 의해 사회질서가 유지되고 있었음을 의미한다. 결국 고조선은 사회체제를 유지하기 위해서라도 교육행위가 이루어지고 있었다고 할 수 있다.

한편, 고대 교육은 첫째, 생존을 위해 생활 속에서 이루어졌던 생활교육이었으며 둘째, 계획적이고 형식화되기보다는 무의도적으로 교육이 이루어졌고 셋째, 모방과 경험 속에서 교육이 이루어졌다는 특징을 가지고 있다(한홍우 외, 1996).

2. 삼국시대의 교육[3]

우리나라의 삼국시대라 함은 고조선의 뒤를 이어 나타난 부여, 옥저, 동예, 삼한 등의 부족국가의 시대가 지나고 고구려, 백제, 신라가 고대국가의 틀을 갖추고 병립한 시대를 말한다.

이 삼국시대에 가장 먼저 교육기관이 등장한 국가는 고구려이다. 『삼국사기』에 의하면 고구려는 소수림왕 2년(372년)에 태학을 세워 자

---

2 고조선의 건국이념은 '홍익인간' 이외에도 '재세이화', '이도여치', '광명이세' 등이 있다. 이 중 '재세이화'는 세상에 있으면서 다스려 교화시킨다, '이도여치'는 도로써 세상을 다스린다, '광명이세'는 밝은 빛으로 세상을 다스린다는 뜻으로 대체적으로 교육적 의미를 담고 있어 통치행위를 통해서도 교육이 이루어졌음을 미루어 짐작할 수 있다.

3 삼국시대 교육은 '이지헌 외(2012), 김인회(2002), 이형행 · 권영성(2010)'에서 재정리하였음.

제를 교육했다는 기록이 나온다. 고구려는 중국과 인접한 관계로 국초부터 문자를 사용했으며, 중국의 앞선 문물을 받아들였다. 따라서 태학에서의 교육내용도 오경(시경, 서경, 주역, 예기, 춘추)과 삼사(사기, 한서, 후한서)가 주를 이루었으며, 귀족과 상류계층의 자제가 교육대상이 되었다. 한편, 고구려는 지방의 교육기관으로서 경당이 있었다. 경당은 태학과 달리 사학(私學)으로서 중국의 구당서와 신당서에 의하면 경당은 전국적인 교육기관이었다. 교육내용은 송경(경전을 암송하는 것)과 습사(활쏘기)로서 문무일치 즉, 군사적인 성격이 가미된 교육기관이었다. 교육대상은 평민자제부터 지방의 호족자제까지 다양했으며, 교육수준도 초등부터 중등까지 다양했던 것으로 알려져 있다.

백제는 660년 나당연합군에 의해 멸망할 때까지 교육기관을 세웠다는 기록은 없다. 하지만 박사 왕인과 고흥 등의 활동에 비추어볼 때 고구려의 태학과 같은 고등교육기관이 있었을 것으로 보인다. 특히 박사는 교학지임(敎學之任)을 맡은 관원들로서 주로 유학의 경전에 정통하고 이를 가르치는 임무를 수행했다. 또한 백제의 중앙관제에 해당하는 6좌평 중에는 '내법좌평(內法佐平)'이라 하여 의례를 관장하는 부서가 있다. 조선시대의 예조와 유사한 성격의 임무를 수행했던 기관으로 알려진 만큼, 백제에서도 국가차원에서 교육기관을 설립하고 정책적으로 관리했다는 것을 짐작할 수 있다. 따라서 백제의 관직과 중앙관제를 고려할 때 백제는 고구려에 못지않은 고등교육기관이 존재하였으며, 국가차원의 교육정책이 수행되었을 것이라고 여겨진다.

신라의 교육은 화랑도와 국학으로 대변된다. 먼저 화랑도는 삼국통일 이전에 존재했던 신라 전통의 교육기관이다. 『삼국사기』 진흥왕본기에 의하면 화랑도는 인재를 발굴하여 조정에 추천하는 데 직접적인 목적이 있었지만, 동시에 신라의 대외 팽창에 따라 무장된 관료를 양성하기 위해서 설립되었다. 이러한 화랑도는 관변문화와 민간문화가 조화된 반관반민의 성격을 띠었던 것으로 알려져 있다.

화랑도는 고구려의 경당이 송경, 습사하는 문무일치의 교육을 했던 것과 마찬가지로 신라 고유의 사상에다 유(儒)불(佛)선(仙) 등 외래사상을 받아들여 도의를 연마하고 가락을 즐기며 산수를 오유하는 문무일치의 청년교육단체로서 기능을 수행했다.

이들이 연마했던 도의는 원광법사의 세속오계(世俗伍戒)와 임신서기석(壬申誓記石)의 내용이 포함되었을 것으로 여겨지며, 가락은 도의 연마와 관련해서 청년들의 의기를 고무시키는 데 이바지했을 것이다. 산수의 유오는 화랑도의 본질적 습속으로서 주술적 종교행위를 통해 공동체 의식의 강화, 국가사회의 안정과 번영 기원, 자신들의 신념 및 가치관의 수업 등과 관련된다.

다음으로 국학은 신라가 삼국통일 이후에 당나라의 국자감을 모방하여 설립한 중앙의 교육기관이었다. 국학의 교육목적은 삼국 통일이후 봉건적 · 중앙집권적 사회제도의 확립과 왕권강화를 위한 관리양성에 있었으며, 교육내용은 유교의 윤리관을 확립하는 데 필요한 경전이 주가 되었다. 논어와 효경을 필수과목으로 하여 잡학교육으로서의 기술교육인 의학, 율학, 천문학, 산학 등을 가르치기도 하였다.

한편 신라 원성왕 4년(788년)에는 일종의 과거제도라 할 수 있는 독서삼품과를 두고 인재를 등용하였다. 독서삼품과는 국학에서 수학한 학생들의 성적을 세 등급으로 구분한 데서 유래하였으며, 이로 인해 신라에는 인물본위의 인재등용제도에서 제도교육을 통한 인재등용제도가 성립되었다. 그리고 이것은 신라의 관리등용제도가 점점 교육을 통한 관료적 봉건제도로 변화하는 데 있어서 출발점의 역할을 수행하였다.

3. 고려시대의 교육[4]

고려는 불교가 국교인 불교중심의 국가이지만, 국가의 통치와 제도적 측면에서는 유교의 사상과 제도를 받아들였다.

고려 초기 교육제도는 신라의 교육제도를 계승하여 운영되었으며, 태조 13년(930년) 서경(오늘날 평양)에 학교를 창설한 것에서 비롯되었다. 이후 광종 9년(957년)에 중국 후주인(後周人) 한림학사 쌍기의 건의에 따라 과거법을 실시하여 인재를 등용하였다. 이처럼 불교국가인 고려가 유교식 교육을 실시한 것은 봉건제도를 강화하고 신진 지배층을 등용하려는 목적에서 이루어진 것이다.

성종 11년(992년)에는 수도 개경에 최고의 학부인 국자감을 설립하여 유교식 교육을 실시하였다. 고려 최고의 교육기관인 국자감은 관리와 인재양성에 목적을 두고 운영되었으며 4년에서 9년 동안 수학하였다.

한편, 지방에도 교육열이 확산되면서 인종 5년(1127년)에는 전국에 향교를 세워 지방교육에 힘썼다. 향교는 유학 진흥을 위해 지방의 군현에 하나씩 설치되었으며, 문묘와 명륜당이 설치되어 제사와 교육이 함께 이루어졌다. 주로 지방민들을 유교적 풍속으로 교화시키는 기능을 수행하였다. 원종 2년(1261년)에는 향교와 동등한 학교로서 동서학당과 오부학당이 세워졌다. 특히 학당은 국자감에서 교육을 받지 못하는 개경에 거주하는 학도들을 위해 설립한 교육기관이다. 학당은 향교와 달리 문묘의 제가 없이 교육만 실시하였다. 최초 개경의 동서부에 하나씩 설치된 것이 정몽주에 의해 추가로 세 곳이 증설되면서 오부학당으로 변화되었다.

사학(私學)으로는 최충(984~1068)에 의해 세워진 문헌공도를 비롯한 십이도라고 하는 고등교육기관과 일반 서민자제들의 교육을 위하여 세워진 서당이 성행하였다.

이와 같이 고려는 국자감에서 서당에 이르기까지 수많은 교육기관

---

4 고려시대의 교육은 '이형행 · 권영성(2010), 이기백(2005), 이지헌 외(2012), 김인회(2002)'에서 재정리하였음.

이 존재하였고 교육의 발전을 위해 많은 공헌을 하였다. 하지만 이러한 고려의 교육기관들은 서로 위계체계와 연계를 갖고 설립된 것은 아니고 독립적으로 발전해왔다. 특히, 귀족과 상류계층을 위한 국자감, 동서학당, 오부학당과는 별도로 서민계급을 위한 향교, 십이도, 서당의 발전은 특권계층에게 집중되었던 교육이 서민계층에게까지 개방되었다는 측면에서 큰 의미를 갖는다.

4. 조선시대의 교육[5]

고려의 뒤를 이어 1392년 개국한 조선은 신흥 사대부와 무인 세력들이 기반이 되어 건국되었다. 조선은 국왕을 중심으로 하는 신분사회이며, 불교를 억압하고 정치이념으로서 유교를 숭상하였다. 또한 성리학과 실학사상이 발달하였다.

조선의 교육은 관학(官學)으로서 성균관과 사학(四學)이 있었고, 사학(私學)으로서는 서당과 서원 등이 있다. 이를 살펴보면 다음과 같다.

1) 성균관

성균관(成均館)은 신라의 국학과 고려 국자감의 전통을 이어받은 국가의 최고 교육기관으로, 유교적 문화 창달과 국가의 인재를 양성하는데 그 목적이 있었다. 그 이념은 '명인륜(明人倫) 성인재(成人材)'에 잘 드러나 있는데, '인간의 도리를 밝게 하고 국가의 인재를 기른다'는 뜻이다(이지헌 등, 2012). 따라서 성균관은 공자와 제현을 모신 문묘와 유생들이 거처하는 명륜당을 두고 유교를 보급하였다.

교육내용은 강독과 제술, 서법 등이 있다. 이 중 강독 시에는 사서

5 조선시대의 교육은 '신재흡(2008), 이형행 · 권영성(2010), 이기백(2005), 이지헌 외(2012), 김영우 외(1999)'에서 재정리하였음.

(대학, 논어, 맹자, 중용)와 오경(시경, 서경, 주역, 예기, 춘추)을 읽도록 하였으며, 노자, 장자, 불교서적은 읽지 못하게 하였다. 입학 자격은 성균관 입학 시험에 합격한 생원 · 진사와 사학 · 문음의 승보생이 중심이 되었고 양반자제들로 한정하였다.

성균관은 일체의 잡인 출입을 금하였으며 유생들은 엄격한 규율생활을 하였다. 또한 국가 정책에 있어서 실정이 발생했을 때 유생들이 상소하여 탄핵하기도 했다.

2) 사학

사학(四學)은 고려의 오부학당을 이어받아 한양의 네 곳, 즉 동부(동학), 서부(서학), 남부(남학), 중부(중학)에 세워진 학교(학당)를 의미한다. 사학은 양반의 자제들을 대상으로 하는 성균관의 부속학교와 같은 교육기관으로서 일종의 중등교육기관이다. 성균관의 교관이 사학의 교육을 담당하였고 교육방침도 성균관과 유사할 뿐 아니라, 성균관에 결원이 발생했을 때 시험을 통해 입학할 정도로 성균관 입학을 위한 부속학교의 성격이 강하였다. 다만, 문묘를 갖지 않았다는 것이 성균관과는 다른 점이며, 임진왜란 이후부터는 사실상 그 교육적 기능이 유명무실하게 되었다.

3) 향교

향교(鄕校)는 강학과 향풍 순화를 위해 지방에 설치된 중등교육기관으로서 고려조부터 지방교육기관으로 보급되었다. 향교는 성균관과 같이 문묘기능과 교육기능 그리고 사회교화의 기능을 가지고 있었다. 하지만, 조선중기 이후 서원의 등장으로 교육기관으로서의 기능은 없어지고 문묘의 기능만 남아 갑오경장까지 계속되었다.

4) 서원

서원(書院)은 지방에 세워진 향교 수준의 사설 교육기관이다. 서원은 중종 38년(1543년)에 풍기군수인 주세붕이 안향의 고향에 백운동서원을 세워 안향의 학덕을 기리는 제사를 지낸 것에서 비롯되었다. 서원은 국가의 보조와 지역유지들의 협조로 선현의 연고지에 사설(私設)되었으며, 그 수효가 날로 증가하여 선조 때는 124개, 숙종 때는 한 도(道)에 80~90개 정도의 서원이 들어섰다.

서원은 지방의 청년들이 명유공신을 숭배하고 학문과 덕행을 연마하는 수도장이다. 산수 좋고 고요한 곳에 세워져 잡념을 버리고 수양하기 좋으며 학칙이나 여러 가지 관령의 구속됨 없이 어느 정도 자유롭게 공부할 수 있었다. 또한 세상과의 접촉이 적어 마음의 동요 없이 안정된 생활을 하면서 학문을 연마하고 수양할 수 있었다는 것이 일반 교육기관과 다른 점이었다. 그러나 서원은 군역과 부역을 면하려는 도피처가 되었고, 과거시험의 준비장으로 전락하였을 뿐 아니라, 당쟁의 근원이 되고 지역주민들 위에 군림하면서 핍박하는 등 그 폐해가 심하였다.

5) 서당

서당(書堂)은 글방, 서재, 책방 등으로 불리던 교육기관으로 고려시대를 거쳐 조선시대에 특히 발달했으며, 일제강점기를 지나 해방 후까지 각 지방에 존속했던 유서 깊은 전통적 교육기관이었다. 이러한 서당의 성격은 첫째, 천자문 등 한문의 기초를 익히는 데 역점을 두는 초등교육기관이며 둘째, 유교적 예절과 학문의 기초를 익히며 셋째, 개인 및 마을의 주민들이 공동 설립하여 운영하는 사설 교육기관이며 넷째, 지역사회 교화의 중심지였다.

이러한 서당은 비록 사설 초등교육기관에 불과하지만 민간에 교육을 보급함으로써 일반교육을 보편화하는 데 크게 기여했다. 조선조 내

내 크게 발달했던 서당은 조선 말엽부터 점차 쇠퇴하여 내용이 빈약하게 되고 질이 저하되어 근대교육의 도입과 더불어 점차 소멸하였다.

5. 근대의 교육

조선에서 근대는 개화기라고 할 수 있는 1860~1870년대를 기점으로 삼을 수 있다. 이 시기는 흥선대원군이 실각한 이래, 일본을 시작으로 미국 등 서구 열강과 수호통상조약을 체결하고 조선이 봉건적 잔재에서 점차 벗어나던 시기이다.

근대 교육의 본격적인 시작점은 1894년 이루어진 갑오개혁이라 할 수 있다. 갑오개혁을 통해 조선의 과거제도와 예조가 폐지되었고 근대적 교육행정기관이라 할 수 있는 학무아문(學務衙門)이 설치되었다. 또한 교육에 관한 고시가 반포되어 사범학생 40명, 소학생 60명을 선발하는 관립 사범학교와 부속 소학교가 1894년 9월 18일 개교하였다. 이어 1895년 2월 근대 교육의 이념인 '교육입국조서'가 공포되었다. 여기서 구시대의 교육을 지양하고 실용교육에 힘쓰며, 교육을 통해 국가의 중흥을 꾀할 것을 강조하였다.

근대 교육은 크게 국립학교와 사립학교, 그리고 일제강점기 교육으로 나누어 살펴볼 수 있다.

먼저, 국립학교는 교육에 있어서 기회균등의 원칙을 설정함으로써 교육의 민주화에 크게 공헌하였고, 외국어교육, 실업교육, 교원양성 교육에 치중하여 교육의 발전에 크게 기여하였다. 국립학교에는 왕족과 귀족자녀를 위해 1889년에 설립된 육영공원(Royal School)과 한성사범학교, 한성중학교 등이 있다.

둘째, 사립학교의 발전에 있어서 서양 선교사들을 중심으로 한 기독교(개신교) 계의 공헌을 빼놓을 수 없다. 1884년 고종 황제로부터 교육과 의료사업을 허락받은 이후, 알렌, 언더우드, 아펜젤러, 스크랜턴 등과 같은 선교사들이 입국하였다. 이들은 기독교 정신에 입각하여 병원과 학교를 기반으로 활발하게 교육과 의료사업을 펼쳐나갔다. 먼저, 알렌은 1885년 최초의 국립병원이라고 할 수 있는 광혜원을 설립하였고, 아펜젤러는 선교사가 세운 최초의 근대학교인 배재학당을 세웠다. 1886년 언더우드는 한국 최초의 고아원을 설립하였으며 1902년 그것을 경신학교로 발전시켰다. 스크랜턴 부인은 1886년 여학생 기숙학교를 설립하여 명성황후로부터 이화학당이라는 교명을 하사받아 최초의 여학교를 발전시켰다. 1910년 2월까지 설립된 기독교계 학교는 모두 796개이며, 이들의 교육활동은 근대적인 교육제도, 민주주의 이념, 교육의 기회균등 사상을 보급하는 데 커다란 기여를 하였다.

한편, 민족의 선각자가 세운 학교로는 민영환이 외국어교육의 필요성을 느껴 영어와 일어의 습득을 목적으로 세운 홍화학교(1895년), 민영기의 중교의숙(1896년), 안창호의 점진학교(1899년), 이용익의 보성학교(1905년) 등이 있다.

셋째, 일제강점기의 교육은 1910년 경술국치에서 1945년 해방까지를 의미하지만, 보다 적극적으로는 1905년 을사보호조약 체결 이후부터라 볼 수 있다. 1905년 일제에 의한 통감정치가 시작되고 학제와 명칭이 바뀌면서 식민지 교육이 시작되었다. 특히 일제는 제국신민으로서의 자질과 품성의 도야를 주안으로 한 조선교육령(1911년)을 제정하여 식민지 교육을 실시하였다. 이후 개정교육령(1922년), 제3차 교육령개정(1938년), 제4차 교육령개정(1943년) 등 3차례에 걸쳐 교육령의 개정을 실시하였지만, 근본적으로 피지배민족화라는 식민지 교육에는 변화가 없었다. 또한 일본은 교육령의 개정을 통해서 일본의 역사와 문화를 주입하고 일본어를 강조하는 등 이른바 일조동화교육(日朝同化教育)에 치중하였다. 이 시기 일본은 우리 민족의 독립정신을 말살하기 위하여 사립학교령(1908년)을 공포하여 민족 선각자들의 학교설립 기회를 말살하였다.

6. 현대 교육

1945년 일제로부터 해방된 우리나라의 시급한 과제 중 하나가 교육제도를 새롭게 정립하여 국가건설에 기여하는 것이었다. 하지만 민족자주적 교육으로서 발전하기보다는 미군정기를 거치면서 미국식 교육제도와 철학을 본떠서 발전하게 되었다. 이러한 우리나라의 현대 교육을 미군정기, 정부수립기, 6 · 25전쟁기 그리고 1960년 · 1970년 · 1980년 · 1990년 · 2000년대로 나누어서 살펴보면 다음과 같다.

먼저, 미군정기인 1945년 11월 한국교육심의회가 조직되어 한국 교육의 전반적 재건을 주도하였다. 주요 교육정책은 학교의 재개, 홍익인간의 교육이념 제정, 6-3-3-4 단선형 학제 개편, 교육원조정책 등이었다. 국민개학, 의무교육, 교육자치가 새롭게 시행되면서 현대 한국 교육체제의 근간을 이루었다. 이 시기에는 민주주의 교육으로의 전환이라는 기치하에 미국의 진보주의 교육이론이 자연스럽게 수용되었다. 이를 현장에 보급하고자 했던 운동이 '새교육운동'이었다. 하지만 교육개혁의 대상이 초등에 한정되고 일제강점기의 권위주의적 교육풍토가 그대로 남았던 점, 열악한 교육여건 등으로 인해 이 운동은 실패하고 말았다.

둘째, 1948년 8월 15일 미군정이 종식되고 대한민국 정부가 수립되었으며, 1949년 12월 31일에 교육법이 국회를 통과하면서 국민의 교육받을 권리가 법률로서 보장받게 되었다. 교육법은 국민교육의 이념과 교육방침, 보통교육과 전문교육, 각급 학교조직, 학제와 수업연한, 의무교육, 교육기회 균등의 원리 등을 규정하여 우리나라 공교육의 근간을 구축하였다. 특히 교육법 제1조에서는 홍익인간을 교육이념으로 설정하였고 제4조에서는 교육받는 자의 인격과 개성존중을 명시하여 민주적 교육의 토대를 형성하였다.

셋째, 1950년 6월 25일 6·25전쟁이 발발하자 정부는 '전시하 교육특별조치'를 발표하여 피난지에서의 수업재개와 유동적 수업상황에 따른 문제점을 보완하면서 멸공필승의 교육이념을 강화하고 전시생활지도에 중점을 두었다. 이 무렵 지방교육의 활성화를 위해 1도 1교의 국공립대학 설치방침을 확정하였고, 1952년 대구, 광주, 전주를 시작으로 국공립대학이 설치되었다. 또한 이 시기에는 6-3-3-4의 단선형 학제가 확정되었다.

넷째, 1960년대 이래 교육은 정부의 강력한 통제하에 이루어지게 되었다. 특히 1968년 대학의 예비고사제 시행, 중학교 무시험입학제, 국민교육헌장 등 굵직한 정책들이 발표되었고, 전시에 졸속으로 만든 1차 교육과정이 폐지되고 2차 교육과정이 적용되었다. 이 교육과정은 반공민주주의 이념과 자주성, 생산성, 유용성을 강조하였으며, 운영 면에서 지역성을 고려하였다.

다섯째, 1970년대 교육은 국가주도형 교육으로서 개발 이데올로기의 확산과 산업인력의 양성이라는 양대 기능을 수행하였다. 이 시기 교육정책의 주요한 변화는 고교평준화제도의 도입을 통한 입시제도의 개혁, 대학의 특성화를 통한 대학교육의 개혁, 방송통신교육 체제의 확립, 취학 전 교육의 확대와 특수교육의 진흥 등이다. 이 시기는 제3차 교육과정이 적용되었다.

여섯째, 1980년대 교육은 1980년 7월 30일 발표된 '교육정상화 및 과열 과외 해소방안'에 의해 과외가 전면 금지되고 대학졸업정원제의 시행으로 대학의 문호가 확대되었다. 이 시기에 시행된 제4차 교육과정은 민주, 복지, 정의사회 건설의 역군으로서 자주와 창의의 역량을 가진 국민양성을 목적으로 삼았다. 또한 1987년에는 제5차 교육과정이 발표되었다. 이 과정은 종전의 교육과정을 통합하여 만들어졌는데, 창조적이고 도전적인 한국인을 기르고 민족통일에 대비하는 미래지향적인 교육을 강조하였다.

일곱째, 1990년대 교육은 민족통일 교육을 지향하며 한민족의 화합에 대비한 교육을 지향하였다. 건강한 사람, 자주적인 사람, 창의적인 사람, 도덕적인 사람을 강조했으며, 21세기를 대비하는 과학기술 교육을 강화했다. 이 시기에는 제6차 교육과정이 적용되었다.

여덟째, 2000년대 교육은 제7차 교육과정의 적용을 통해 개성, 창의, 진로개척, 창조, 공동체 발전 등을 강조하고 있으며 국민공통기본 교육과정과 선택중심교육과정 체제를 도입하였다. 1997년 발표된 제7차 교육과정은 수차례 재개정에도 불구하고 기본적인 골격이 유지되고 있다. 2007년 2월 28일에 발표된 '초 · 중등학교 교육과정총론'에 의하면 재개정에도 불구하고 기존의 교육과정이 갖고 있는 기본철학 및 체제를 유지한다고 명시하고 있다. 이는 현재 적용되고 있는 교육이 학습자 중심, 단위학교에서 만들어가는 교육과정의 철학을 유지하며, 국민공통 기본 교육과정 및 선택중심 교육과정 등 기본체제를 유지한다는 것을 의미한다(신재흡, 2008).

제2절

서양의 교육

1. 고대 교육[6]

1) 그리스의 교육

서양 교육의 역사에서 근간을 이루는 것은 고대 그리스의 헬레니즘(Hellenism)과 기독교 중심의 헤브라이즘(Hebraism) 문화이다. 특히 그리스문화는 서양문화를 구성하는 원류로서 인문주의와 자유교양교육의 전통을 대표한다. 그리스의 교육을 이해하기 위해서는 먼저 폴리스(Polis)라는 도시국가의 성격을 파악할 필요가 있다.

기원전 1200년 경 그리스인의 조상인 아리안(Aryan)족은 흑해의 북방 초원지대에서 남쪽 발칸반도로 이주하여 기존의 에게문명의 한 분파인 미케네문명을 파괴하고 자신들의 문명을 건설하였다. 특히 이들이 거주한 지역은 산이 많아서 서로 교류가 어려웠기 때문에 각각의 부족들이 생존과 정치 · 문화 · 사회 · 경제적 이유로 인해 부족연합을 세워 생존을 도모하였다. 대체적으로 3~4개의 부족들이 연합하여 소규모의 도시국가를 세웠는데 이것이 바로 폴리스(Polis)이다. 이러한 폴리스는 기원전 8세기경부터 등장하였으며, 모든 시민이 구성하는 정치적, 군사적, 교육적 공동체라 할 수 있다.

---

6 서양의 고대 교육은 '신재흡(2008), 이형행 · 권영성(2010), 이지헌 외(2012)'의 내용을 참고하여 정리하였음.

그리스는 폴리스라는 작은 정치단위로 나뉘어 있었던 관계로 생활양식이 다양하고 독립정신이 강하였다. 하지만 이들은 작은 도시국가로 나뉘어 있더라도 같은 신을 믿고, 같은 언어를 사용하며 문화적 공통성을 유지하는 하나의 민족으로서 매 4년마다 폴리스의 대표들이 모여 올림픽을 열 정도로 동질성이 매우 강하였다.

이러한 그리스는 자유민에게 인간의 천부적 능력을 억제하지 않는 자유교육을 실시했으며, 미적 교육과 인간의 개성을 존중하는 특징을 갖고 있다. 또한 그리스 교육의 목적은 지혜와 행동이 겸비된 사상인을 키워내는 데 있었다. 특히 교육이 귀족계급을 위한 것이었기 때문에 이들로 하여금 개인적 수월성을 지니게 하는 것을 교육의 이상으로 삼았다.

그리스의 대표적 국가이며 문화의 중심은 스파르타와 아테네였다. 스파르타는 기원전 12세기경 펠로폰네소스 반도의 라코니아 평원에 세워진 도시국가로서 기원전 7세기경 메세나 지방까지 지배할 정도로 매우 강력했다. 귀족계급에 비해 평민과 노예계급이 30배나 많은 관계로 귀족계급들이 정복자로서 자신들의 부귀와 영예를 지속시키기 위해서는 강력한 군국주의 국가를 건설할 수밖에 없었다. 그래서 스파르타는 자신들의 군국주의적 전통을 정당화하기 위해 리쿠르구스(Lycurgus) 헌법을 만들고 이에 기초하여 스파르타식 군사교육제도를 만들었다.

스파르타의 교육목적은 강건한 신체와 투철한 애국심, 준법정신, 용맹성을 겸비한 군인을 양성하는 데 있었다. 이러한 교육목적을 달성하기 위한 교육의 형태는 한마디로 전 생애에 걸친 군사훈련체제를 유지하는 것이며, 교육 내용은 기초체력 증강을 위한 신체적 단련과 국가에 절대 복종하는 윤리를 배우는 정신무장에 주안을 두었다. 따라서 그들은 남아가 출생하면 엄격한 신체검사를 통해 강한 아이만 기르고 약한 아이는 내다 버렸으며, 7세까지는 가정교육을 통해 침묵과 복종심, 어른에 대한 예의를 배우면서 성장하였다. 이후 8세부터 18세까지는 국가가 관리하는 병영에서 군사훈련을 받았으며, 20세까지는 실제 무기를 사용하면서 군사훈련을 받았다. 이후 최전방에서 30세까지 의무적으로 군복무를 한 후에야 완전한 성인으로 인정받아 국가가 정한 여자와 결혼하여 참정권을 부여받았다. 이와 같이 스파르타는 가정생활의 내부에 이르기까지 국가가 간섭을 하였고 좋은 시민이란 훌륭한 군인을 의미하였다. 따라서 그들의 교육방법은 교육이라기보다 일종의 훈련으로 나타나지 않을 수 없었다. 그들은 체력을 국력이라고 하면서 무자비한 체벌이 가해지는 군대식 훈련방법을 사용했다(김경희 외, 1999).

반면, 아테네는 이오니아족이 아티카 지방에 세운 도시국가로서 그리스문화의 중심이었다. 기원전 6세기 초까지는 귀족들이 통치하였으나, 기원전 6세기 중엽에 이르러 점차 민주주의 정치형태로 변화되었다. 전통적으로 솔론(Solon)은 아테네 민주제의 창설자로 간주되고 있는데, 그는 교육을 장려하고 민주정치를 확립하였다.

아테네는 솔론의 법에 의해 개인적이고 국가적인 통제교육을 실시했으며 가정교육을 중시하였다. 아테네 교육은 전기와 후기로 분류해 볼 수 있다. 전기 아테네 교육의 목적은 국가와 사회에 유용한 개인으로서 양심이 조화롭게 발달된 인간을 양성하는 것이었다. 교육방법으로 7세까지는 주로 가정교육을 실시했으며, 16세까지 소년들은 교복(教僕, pedagogue)[7]을 따라서 음악학교와 체육학교를 다녔다. 그리고 18세까지는 공립체육학교에서 운동경기와 군사훈련을 받았다. 이후 20세에 시민으로서 신체적 · 도덕적 자질을 구비한 것이 증명되면 자유시민의 명부에 등록되어 시민으로서 특권을 누렸다.

후기 아테네 교육의 목적은 개인적인 발전을 위한 준비에 있었으

---

7 고대 그리스 아테네 사회에서 자유시민 계급의 자녀교육을 맡았던 노예.

며 교육내용도 전기에 비해 새롭게 바뀌었다. 이 시기도 7세까지는 가정교육을 실시했으며 13세까지는 사립 초등학교에서 읽기, 쓰기, 계산, 음악, 체육 등을 교육받았고, 16세 이상은 수사학교에서 법률, 정치, 경제, 수사학을 배웠다. 이러한 아테네 교육의 특징은 전기에는 주로 군사적인 교육을 실시했지만, 후기에는 지적 내용 중심으로 교육을 실시했다(신재흡, 2008).

그리스 시대의 대표적인 교육사상가는 진리의 보편타당성을 주장하고 대화법의 교육방법으로 유명한 소크라테스, 국가론을 써서 이상국가론을 펼친 플라톤과 그의 제자 아리스토텔레스 등을 들 수 있으며, 이들의 사상은 교육에 지대한 영향을 미쳤다.

2) 로마의 교육

로마는 기원전 8세기경 이탈리아반도의 티베르강 언덕 위에 세워진 작은 도시국가로서, 기원전 270년에는 이탈리아 반도 전체를 장악하였다. 이후 지중해로 나아가 3차에 걸친 포에니전쟁을 거쳐 동쪽으로는 메소포타미아, 서쪽으로는 스페인, 북쪽으로는 도나우강과 라인강, 남쪽으로는 아프리카 북단에 이르는 광대한 지역을 지배하는 세계적 보편국가를 건설하였다.

로마사람들은 그리스인들처럼 지적이거나 예술적이지 않았고 히브리인들처럼 종교적이지도 않았지만, 뛰어난 조직력을 발휘하여 세계문화에 크게 공헌하였다. 현대 서양사회의 가치체계가 주로 그리스와 히브리에서 물려받은 것이라면 사람들의 이상을 실현시키는 도구 역할을 하는 제도, 조직, 행정체제의 발전은 로마인들의 공헌이 매우 컸다.

로마시대의 교육은 전기 공화정 시대와 후기 제정시대의 교육으로 나누어 살펴볼 수 있다.

먼저, 전기 공화정시대 로마의 교육은 실용성에 중점을 두고 나라에 유익한 시민으로서 능률적이고 활동적인 인간을 육성하는 데 노력을 기울였다. 로마인들은 교육을 통해 산업에 필요한 지식과 기술을 체득하고 도덕을 존중하며 애국적이고 근면하고 검소한 생활태도를 가진 사람을 길렀다.

이 시기에는 12표법과 축제일의 노래와 종교의식 등을 주요 교육 내용으로 가르쳤으며, 가정이 유일한 교육도장의 역할을 수행하였다. 다만 3세기경 서민층 자제를 위한 초등교육기관으로서 루두스(Ludus)가 생겨 간단한 읽기, 쓰기, 셈하기 정도의 교육을 하였다.

다음으로 후기 제정시대의 교육은 기원전 2세기 중엽부터 흘러들어온 그리스 문화의 영향으로 인해 점차 그리스화하는 경향이 농후해졌다. 교육목적은 지적인 인간의 양성과 도덕적이고 연설에 능숙한 웅변가를 기르는 것이었다. 그러나 말기에 이르러서는 이러한 목적이 사라지고 개인의 허영을 위한 수사학의 훈련이 있었을 뿐이었다. 이 시기 초등교육의 내용은 간단한 읽기, 쓰기, 셈하기였고, 중등교육은 문법, 수사학, 논리학, 산술, 기하, 천문학, 음악 등 7자유학과를 가르쳤다. 고등교육에서는 수사학이 중요한 과목이었다(이형행 · 권영성, 2010).

로마시대의 대표적인 교육사상가는 카토(Cato), 키케로(Cicero), 세네카(Seneca), 퀸틸리아누스(Quintillianus) 등이 있다.

2. 중세 교육[8]

중세시대는 476년 서로마제국의 멸망으로부터 1453년 동로마제국의 멸망까지를 말하지만, 교육사에서는 기독교의 교육활동이 주축이 된 고대말기에서부터 문예부흥에 이르는 시기를 의미하기도 한다.

---

8 서양의 중세 교육은 '김경희 외(1999), 박의수(2002), 신재흡(2008), 이형행 · 권영성(2010), 이지헌 외(2012)'의 내용을 참고하여 정리하였음.

중세의 교육은 한마디로 기독교 교육을 의미한다. 강력한 로마교황의 절대적 권위는 기독교가 중세시대 인간생활의 모든 면을 지배하고 교육도 그 영향 아래에 두게 하였다. 따라서 중세의 교육은 고대의 교육과는 확연히 달랐다. 신체적, 수사적 방면의 훈련을 대신하여 행위의 면에 있어서 엄격한 훈련이 행해졌다. 자연적 흥미는 억압당하고 개성의 발달이나 미적·지적인 방면의 계발은 죄악시되었다. 교육은 오로지 도덕적 성격을 띠고 내세에 대한 준비를 목적으로 하였다.

그러나 후반기에 들어 신학적인 문제에 대한 흥미가 일어나고, 한편으로는 세속적 교육인 기사교육도 일어났다. 그리고 봉건제도가 무너짐에 따라 시민계급에 대한 보통교육이 생기고 대학과 시민학교가 출현하였다.

중세시대 기독교는 그 이상과 목적을 달성하기 위하여 모든 교회안의 학교를 재정비하였다. 문답학교, 고급문답학교, 본산학교, 수도원학교가 그것이다.

문답학교는 세례지원자 학교로서 주로 일반대중과 이교도들을 기독교화하는 것이 목적이었다. 고급문답학교는 지도자와 교사양성을 목적으로 하였다. 본산학교에서는 우주본질에 관한 신학적 논쟁으로서 스콜라철학을 심도 있게 연구하였다. 스콜라철학은 신학의 정통성을 확립하기 위하여 일반 철학이 추구하는 진리탐구와 인식의 문제를 신앙과 결부시켜 생각하였으며, 인간이 지닌 이성 역시 신의 계시 혹은 신의 전능 아래에서 이해하였다. 스콜라철학자들은 아리스토텔레스의 논리학(삼단논법)을 빌려 신의 존재 증명과 같은 신학적 문제를 이성적으로 해결하려고 하였다.

수도원학교는 교회의 지도자 또는 성직자를 양성했으며, 본산학교와 더불어 스콜라철학의 중심역할을 하였다. 이 학교에서는 나중에 내교에서 성직자를 양성하고 외교에서 초등반과 고등반을 두어 일반 자제들도 가르쳤다. 특히 본산학교와 수도원학교는 중세 후기의 신학대학 태동의 원동력이 되었고, 중세교회의 많은 학교들은 근대 교육제도 등장의 밑거름이 되었다.

중세 교육의 가장 중요한 교육사적 변화는 대학교육과 시민교육, 도제교육의 태동이라 할 수 있다.

먼저, 대학교육을 살펴보면, 대학은 원래 사적 연구단체로 출발했지만 그 세력이 확장됨에 따라 사원이나 제왕들이 자기의 세력권 범위 내에 넣기 위하여 대학에 특권을 부여하였다. 또한 대학교육의 목적은 학문의 연구소로 법학, 철학, 신학의 전문 분야에서 활동하기 위한 준비이며 대학교수를 양성하는 데 있었다. 교육과정은 인문학과와 7자유학과 등이며, 교육방법은 주로 강의식으로 교과서의 문자, 장, 구의 뜻을 해석하고 설명하는 것이 주를 이루었다. 대표적인 대학으로는 의학을 연구한 남이탈리아의 살레르노대학, 법학을 연구한 북이탈리아의 볼로냐대학, 신학과 철학을 연구한 파리대학 등이 있다.

둘째, 시민교육은 11세기 말 십자군전쟁을 통하여 전쟁물자를 수송하고 전리품을 반입하는 과정에서 이탈리아 남부 항구도시를 중심으로 무역과 상업이 번창하여 신흥도시의 시민계급을 형성하게 되면서 발달하였다. 시민교육은 서민계급을 대상으로 하고 교회로부터 교육을 분리시켜 공공단체에서 운영하게 되었으며, 교육이 중세적인 것으로부터 근세적인 것으로 방향을 바꾸는 계기가 되었다.

셋째, 도제교육은 12세기에서부터 13세기 사이에 유럽의 여러 곳에 도시가 형성되자 수공업에 종사하는 직업인들이 길드라는 동업조합 제도를 만들면서 시작되었다. 길드는 강력한 공동체로서 그 조직원의 자제 교육에 대하여 관심을 나타내고 후계자 양성을 위하여 직업교육을 제도화하였다. 도제교육은 교육대상을 연령으로 나누어 도제, 직공, 마스터의 세 단계로 나누어 실시되었다.

3. 근세 교육[9]

근세시대는 15세기부터 19세기까지로 볼 수 있다. 이 시기의 교육의 사조는 15세기 문예부흥기의 교육, 16세기 종교개혁기의 교육, 17세기 실학주의 교육, 18세기 계몽주의 교육, 19세기 신인문주의 교육 등으로 나누어 볼 수 있다.

1) 문예부흥기의 교육

르네상스란 재생, 신생, 부흥 등을 의미하는 말이지만, 역사적 관점에서 본다면 르네상스는 문예부흥이나 문화운동을 의미한다. 더욱 적극적인 측면에서 르네상스는 근대와 관련된 전반적 변화운동을 가리킨다. 그것은 종교가 지배하는 중세시대를 벗어나 현세적 삶을 긍정하는 인간중심 사회로의 전환을 의미한다. 다시 말해 문예부흥이란 인간을 구속한 모든 외부의 권위, 특히 종교적 신앙에 의한 신 중심의 생활을 타파하고 인간이 스스로의 주인공이 되려는 운동이며, 인간 본연의 자세로 복귀하려는 인문주의 사상이라고 할 수 있다.

문예부흥기에는 인문주의 교육이 시행되었다. 인문학자들은 중세의 종교중심 교육사상에 반대하여 인간성을 존중하며, 인간이 선천적으로 타고난 성장가능성을 최대한 발현시킬 것을 교육목적으로 하였다. 이러한 이념을 근본사상으로 하여 인간을 도야하려는 것이 인문주의 교육이다. 즉, 인문주의 교육은 인간을 인간답게 교육하려는 것으로서 그리스적인 자유교육에 그 이상을 두고 개인의 교양을 풍부하게 하자는 교육이었다.

문예부흥기의 인문주의 교육은 크게 개인적 인문주의와 사회적 인

---

9 서양의 근세 교육은 '김준권 외(1998), 김경희 외(1999), 박의수(2002), 신재흡(2008), 이형행 · 권영성(2010), 이지헌 외(2012)' 등의 내용을 참고하여 정리하였음.

문주의, 키케로주의 교육으로 나뉜다.

먼저, 개인적 인문주의 교육은 사고의 자유, 자기표현, 창조적 활동의 자유가 교육의 목적이었다. 이 시기의 자기표현 및 사고의 자유는 현대 교육사상의 기본이 되었다. 따라서 개인적 인문주의 교육은 지성, 육체, 덕성의 조화로운 발달을 기도한 그리스인의 자유교육을 이상으로 하였다.

교육내용은 그리스와 로마의 폭넓은 지식과 흥미와 삶을 모방하는 데 있었다. 개인적 인문주의 교육의 특징은 중등교육에 관심을 갖고 사고의 자유와 개성의 존중 및 전인교육을 강조하는 데 있다.

둘째, 사회적 인문주의 교육의 목적은 개인적인 것이 아니라 사회적인 것이었다. 개인 행복의 달성보다 사회개혁과 인간관계의 개량을 목적으로 한 것이다. 따라서 이들은 개인적 인문주의의 미적 · 문화적 교육보다도 사회적 · 종교적 · 도덕적 교육을 중시하였으며, 이로 인해 때로는 교회의 도덕적 부패를 통박함으로써, 훗날 종교개혁의 선구자적 역할을 담당하였다.

교육내용은 고전과 성서문학의 연합으로 성서, 라틴어, 그리스어, 히브리어, 키케로 문장 번역 등이 있다.

셋째, 초기의 포괄적인 의미의 인문주의 교육은 협소하고 형식적인 인문주의 교육으로 변질된 결과, 키케로주의 교육이 출현하게 되었다. 이는 고전 중에서 키케로의 문장을 가장 우수한 것으로 간주하는, 형식에 치우친 인문주의였다. 교육목적은 완전한 라틴문체와 키케로의 문체를 배우는 데 있으며, 이러한 목적에 의해 주로 키케로의 작품을 연구하는 것이 주종을 이루게 되었다.

2) 종교개혁과 교육

종교개혁은 형식적 교권주의에서 탈피하여 오직 성서에 의해서만

구원을 얻을 수 있다는 신앙해방운동을 말한다.

16세기 독일과 스위스를 중심으로 발생한 종교개혁운동은 중세의 부정과 근대화의 추진에 철저하였기에 유럽인들에게 정신적 변혁을 가져온 것으로 평가된다.

종교개혁운동의 도화선이 된 것은 로마 교황 레오 10세가 성 베드로 성당을 개축하는 데 필요한 막대한 자금을 조달하기 위하여 소위 면죄부를 발행하여 신도들에게 강매하자, 비텐베르크 대학의 신학 교수였던 마틴 루터가 1517년 10월 31일 95개조로 된 항의문을 발표한 데서 비롯되었다. 루터는 구원은 면죄부에 의해서 이루어지는 것이 아니라 오직 성서와 신앙(믿음)에 의해서만 이루어진다는 성서주의와 신앙주의 구원을 강조하였다. 따라서 루터는 일반 신도들을 위해 성서를 독일어로 번역하여 종교의 대중화를 꾀하였고, 모든 사람들이 일정한 교육을 받아야 할 필요성을 느껴 초등교육의 터전을 닦았다. 이러한 루터의 주장은 스위스의 츠빙글리와 제네바의 칼뱅에 의해 호응을 받았다. 특히 이들 신교도들은 학교설립의 시급함을 역설하였으며 교과서를 편찬하고 의무교육제도의 기초를 다짐은 물론, 빈민의 자제도 대학에 진학할 수 있는 길을 열어주었다.

신교가 교육개혁과 보급에 주력하고 그 세력을 확장해나가자 가톨릭 측에서도 반종교개혁운동이 발생하였다. 특히 로욜라(Loyola)는 예수회를 창설하여 선교와 더불어 교회의 도덕성 회복과 발전을 꾀하였으며, 특히 교육의 중요성을 인정하여 학교교육에도 힘을 써 현재까지도 세계 곳곳에 퍼져 교육과 선교활동을 진행하고 있다.

종교개혁운동의 결과, 교육과 제반사회의 초점이 신학에서 과학으로 초자연에서 자연으로 옮겨짐으로써 근대화의 길이 열렸으나, 교육의 내용과 방법은 여전히 언어주의, 암기와 훈련 위주의 형식적인 교육에서 벗어나지 못하였다.

3) 실학주의와 교육

17세기의 교육사상을 보면 실학주의(realism)로 일관되었다. 실학주의가 대두된 원인은 문예부흥이나 종교개혁에서 희구하던 인간상과는 상당한 거리가 생겨 과거에 가졌던 문예부흥이나 종교개혁의 근본정신을 희생하려고 하였던 것이다. 또 하나의 원인은 인지에 따른 자연과학의 발달로 인하여 인간의 사고양식과 행동양식을 바꾸려는 것이었다(한홍우 외, 1996).

실학주의 교육은 인문주의 교육의 지나친 키케로주의 암기 · 암송과 같은 형식적인 고전 중심의 교육에 대한 반동으로 일어난 일종의 교육혁신운동이라고 할 수 있다. 실학주의 교육은 형식주의 교육을 배제하고 현실성을 존중한 교육내용과 방법으로 개선해야 된다는 교육개혁사상에서 일어났다.

실학주의는 인문주의자와 종교개혁자들의 편협성에 대한 반항에서 일어난 것이라 할 수 있다. 인문주의자는 개별적 · 개인적이었기 때문에 문학적 · 심미적 업적 달성에 그들의 노력을 경주했고, 종교개혁자는 사회적 · 정치적이었기 때문에 종교적 · 도덕적 방향에 전념했다.

교육에서 실학주의는 철학이나 예술, 문학평론에서 실제론, 사실주의와 비교할 수 있다. 실학주의는 구체적인 지식, 실제적 및 직업적 기술, 언어의 문학적 사용보다는 상업이나 외교를 위하여 언어를 학습하며, 역사 · 정치 · 법학 및 과학의 학습을 의미한다.

실학주의 교육의 특징은 첫째, 실용성 · 실천성을 교육의 궁극적인 목표로 삼았다. 이에 따라 구체적 사물과 실용적 지식을 존중하였다. 둘째, 교육과정이 매우 광범위하였다. 17세기 실학주의자들은 보통 25과목 내지 30과목을 학교에서 가르쳐야 한다고 주장했다. 셋째, 16세기까지 신학과 고전어 및 고전 중심의 교육과정에서 벗어나 자연과학 · 근대 외국어 · 모국어 등의 교육과정을 중시하였다. 넷째, 교육방법으로는 암기나 기억보다 이해와 경험을 요구하였고, 새 교수법으로 직관교수, 실물교수, 시청각교육이 중시되었다. 다섯째, 실학주의 교육개념은 본질상 귀족적이었다. 특히 사회적 실학주의자인 몽테뉴(Montaigne) 같은 이는 상류계급의 교육에만 관심이 있었지 다른 계급에는 관심이 없었다(김경희 외, 1999).

4) 계몽사상과 교육

계몽주의는 전통의 속박에서 벗어나 자유로운 지식을 보급시키고, 사회를 무지한 상태로부터 탈각시키려 했던 합리주의적인 유럽사상을 의미한다(김경희 외, 1999).

계몽주의는 인간 이성의 주체적 활동에 의한 진보의 가능성을 믿었다. 그것은 과거에 집착하는 보수주의가 아니라 미래로 도약하려는 진보주의였다. 계몽주의는 역사를 부정하고 오로지 합리적인 것만을 추구하는 입장으로서 영원한 것, 보편타당한 것에 의존하는 입장을 취했다. 따라서 민족의 특성이나 그 역사적 배경을 존중하지 않고 오히려 단적으로 인류의 입장, 세계 시민적 입장에 서있었다. 이러한 계몽주의 사상의 기저에는 이성에 대한 깊은 신뢰가 있다. 인간은 이성에 의해서만 행복해질 수 있다고 믿었기에 이 시대를 이성의 시대라고도 부른다. 이 계몽주의사상은 영국에서 로크(Locke)를 중심으로 시작되어 점차 유럽 전역으로 전파되었다(김준권, 1998).

계몽주의의 교육관은 대체적으로 낙관주의적이다. 대표적인 이론은 칸트(Kant)의 교육만능설로서, 교육의 목표는 개인의 행복과 사회개혁을 중시하고 이를 위해 인간이 타고난 소질과 능력을 발달시키며, 이성을 개발하는 데 있어야 한다는 입장을 취했다.

교육목적은 추리능력을 길러 이성의 자유를 속박하는 종교, 정치, 사회 등의 모든 권력구조를 제거할 수 있게 하는 데 있었다. 사람들이 자기 스스로 생각하고 인간적 또는 신학적인 모든 사물을 그들 자신의 이성의 힘으로 따질 수 있게 하는 데 두었으며, 궁극적인 목표는 모든 속박으로부터 이성을 해방시키는 것이었다.

교육내용은 합리적인 것만으로 구성하고 이치에 맞지 않는 것은 무엇이든 배제하였다. 이에 따라 철학과 수학이 가장 가치 있는 과목으로 인정되었다.

교육방법에서 계시와 상상, 또는 감정을 위한 것은 찾아볼 수 없었고 냉정한 비판적 · 분석적 태도만이 용납되었다. 그들의 방법상 주요한 특징은 냉정한 추리력과 지식을 인간 생활과 제도의 모든 면에 적용하고 그 시련에 이겨내지 못하는 것은 모두 부정한 것에 있었다. 따라서 계몽주의자들은 이지적인 면에만 특별한 관심을 가지고 감정적인 면은 완전히 무시하였다(김경희 외, 1999).

5) 신인문주의와 교육

18세기 말에 출현한 계몽주의사상은 지극히 이성적이고 합리적이며 공리적인 물질문명으로 기울어져 인간을 기계시하는 모순을 발생시켰다. 따라서 19세기에 들어서는 이에 대한 반동으로 정의(情意)를 존중하고 인간성의 원만한 발달을 숭상하는 사상이 문예와 철학분야에서는 낭만주의로 나타났으며, 교육에서는 신인문주의로 출현하였다.

신인문주의는 15세기에 출현한 인문주의와는 다소 차이가 있는데, 이를 살펴보면 다음과 같다(신재흡, 2008).

첫째, 인문주의와 신인문주의는 모두 고전을 중시하지만 신인문주의는 고전을 수단으로 하여 고대문화의 발전에 이바지하고자 하였다. 둘째, 인문주의가 로마의 고전을 중시한데 비하여 신인문주의는 그리스의 고전을 중시함으로써 그리스의 문학, 미술 등을 통하여 인간성을 존중하였다. 셋째, 신인문주의는 고대어, 고대의 도덕, 예술, 미술에도 흥미를 가져 그것으로써 인격에 대한 내용을 충실하게 지도하여 최대한 그들 생활의 이상을 실현하려 하였다. 또한 인문주의는 모방적, 이상적인데 비하여 신인문주의는 비판적이며 자각적이다.

신인문주의는 고대문화의 형식적 모방에 그쳤던 인문주의의 과오를 비판하면서 그리스의 고전 속에 담겨진 정신과 사상을 본받는 데 그 목적이 있다. 또한 신인문주의자들은 고전문화를 동경하고 부흥을 주장하면서 그 참 정신을 본받으려 했다. 이들은 로마의 고전보다 그리스 문화를 존중하였다. 그리스 문화는 모든 면의 조화를 이상으로 하였기 때문에 그 속에 지식 · 감정 · 의지 · 문예 · 개인 · 국가 · 기타 사회적인 여러 가지 요소들이 내포되어 있었다. 그러므로 신인문주의자들은 이러한 여러 가지 요소들을 조화롭게 발전시키는 것을 이상으로 하였다 (이형행, 2010).

4. 현대 교육

20세기는 산업혁명과 시민의 자유를 주창한 시민혁명의 결과로 인해 교육에 있어서 기회균등과 과학화, 민주화, 인간화 현상이 발전한 시기라 할 수 있다.

참된 인간을 육성하고자 하는 교육내용의 민주화는 구체적으로 근대적인 민주 시민사회에 상응하는 자유스러운 인간을 말한다. 봉건적인 구속에서 벗어나 자유롭게 사고하고 스스로의 운명을 개척하는 인간형성을 목표로 한다. 그렇기 때문에 권위주의적인 교수법을 배격하고 경험적인 학습을 중시하는 한편, 교사와 아동의 인간적인 유대를 통한 정서적 생활의 순화를 지향하는 새로운 교육운동이 일어나게 되었다(이형행, 2010).

1) 신교육운동

19세기 중엽 이후 발달된 국가주의적 교육은 보통교육의 기회균등을 이념으로 표방하였지만 실제로는 교육의 제도화를 통한 국가적인 통제를 우선하였다.

개인의 개성 신장이나 자유롭고 창의적인 민주시민을 기르는 데 소홀할 수밖에 없었던 교육적 상황 속에서 아동중심의 인간주의적인 교육을 실시하려는 교육자들이 나타났다. 이들은 아동중심주의, 활동주의, 노작주의, 생활중심주의를 표방하고 신교육운동을 전개하였다. 그들은 학교의 내부를 개선하기보다는 새로운 실험적인 학교를 설립하여 그들의 교육이념을 실천하였다(김준권, 1998).

대표적인 학자로 레디(C. Redie)는 1889년 신학교(New School)를 설립하였다. 그는 전통적인 고전중심의 교육을 반대하여 새로운 교육을 실시하고자 하였다. 이 학교의 교육목적은 근대적인 과학정신을 토대로 하여 현실생활에 적응할 수 있는 고상한 영국인을 양성하여 인류문화의 발전에 기여하는 것에 두었다. 그는 이 목적을 달성하기 위하여 노작교육을 중시하여 농경, 원예, 사육, 수공작업 등을 강조하였다.

닐(A. S. Neill)은 1921년 영국에 섬머힐 학교(Summerhill School)를 창설하였다. 이 학교의 교육이념은 남녀공학의 자유학교, 교직원과 학생의 자치공동사회의 형성, 수공과 노작활동의 중시 등이었다.

2) 교육의 과학화 운동[10]

20세기로 접어들면서 과학적 연구와 실험정신이 교육자의 사고를 지배하게 됨에 따라 과학이 교육발전에 큰 공헌을 하게 되었다. 이제 교육자들의 사변적 사고는 현대과학의 정확하고 정밀한 방법과 엄정한

---

10 이형행 · 권영성(2010), 『교육학개론』, 공동체, 78-79쪽에서 재정리하였음.

과학적 정신에 의한 탐구 때문에 힘을 쓰지 못하게 되었다. 교육에 대한 과학적 연구는 주로 미국대학들을 중심으로 이루어졌다.

과학주의 교육자들에 의하면 모든 교육문제는 과학적 태도로 논의되어야 하며, 과학적 정신과 방법에 의한 연구결과를 가지고 결정해야 한다고 주장하였다. 이들에게 과학적 방법이란 객관적이어야 하고 공정해야 하며, 수학적으로 정확해야 함을 의미하였다. 교육자들은 교육의 목적 · 내용 · 방법 · 기관 · 조직 등을 결정하는 데 이 방법을 사용하기 시작하였다. 또 기초과학의 내용과 일반적 원칙 그리고 연구방법까지도 교육에 적용하였다.

과학적 방법은 처음에 심리작용에 관한 구체적인 사실을 결정하기 위하여 심리학 분야에 적용되었다. 1879년에 분트(W. Wundt)는 최초로 심리학연구소를 설치하였고, 세기가 바뀔 무렵에는 주로 감각과 지각 분야에 대한 각종 심리검사가 독일에서 행해졌다.

그러나 진정한 의미에서 교육통계학의 창시자는 쏜다이크(E. L. Thorndike)이며, 그는 양적 연구방법을 교육에 처음으로 적용한 사람이다. 1902년 그는 처음으로 컬럼비아 대학에서 교육측정에 관한 강의를 하였고, 1904년에 『지능측정과 사회측정 이론에 관한 입문』이라는 획기적인 책을 발간하였다. 한편 지능검사는 1905년 비네(A. Binet)가 일반 지능측정의 척도로 정신연령을 고안한 때부터 시작하였다.

과학주의 교육자들은 교육 자체를 과학화하려 하였으며, 교육에 있어서 사실의 발견, 실험, 통계처리 등에 관한 기술을 확립하고 그것을 보급시킨 공적이 크다.

3) 아동해방운동

학교교육 내용의 개조운동에서 출발한 신교육운동의 다음 단계는 아동해방운동으로 나타났다. 아동해방운동은 듀이(J. Dewey)에 의하여 1896년에 설립된 시카고 대학의 실험학교에서 시작되었다(김춘권, 1998).

듀이는 전통교육이 아동의 본능을 무시하고 성인중심의 교육을 함으로써 아동을 억압하는 교육을 실시해왔다고 주장했다. 그는 아동의 본능은 사회적 본능, 구성적 본능, 탐구적 본능, 그리고 예술적 본능이 있는데, 이를 충족시키는 교육이 아동중심교육이라 했다.

1900년에 『아동의 세기』를 발간한 케이(E. Key)는 20세기는 아동의 세기라고 하면서 아동해방과 아동으로의 복귀를 주장하였다. 그는 학교의 가장 큰 잘못은 아동을 평화롭게 두지 않는 것이고 이것은 교육이 아동에게 저지르는 가장 큰 죄악이라고 하였다.

몬테소리(M. Monte Ssori)와 데크롤리(O. Decroly)는 몬테소리 놀이감을 이용한 교육방법과 데크놀리 방법 등에서 교육의 임무는 아동으로 하여금 교육을 통해서 생활로 도달시키는 데 있음을 강조하여 아동해방 운동을 실천하였다.

참고문헌

구광현 외, 『교육학개론』, 양서원, 2000.

김경희 · 안영후 · 손영환 · 정태근, 『교육학』, 학지사, 1999.

김기석 외, 『한국 근대교육의 태동』, 교육과학사, 1999.

김영우 외, 『교육사 · 교육철학』, 교육과학사, 1999.

김인회 외, 『살며 배우며 가르치며』, 학지사, 2000.

김인회, 『한국교육의 역사와 문제』, 한국학술정보, 2002.

김준권 · 손충기, 『교육학 개론』, 동문사, 1998.

박의수, 『교육의 역사와 철학』, 동문사, 2002.

신재흡, 『신교육학의 탐구』, 도서출판 학이당, 2008.

이기백, 『학국사신론』, 일조각, 2005.

이지헌 외, 『교육학의 이해』, 학지사, 2012.

이형행 · 권영성, 『교육학개론』, 공동체, 2010.

정찬주 외, 『교육철학 및 교육사』, 정민사. 1997.

조무남 외, 『교육사 · 교육철학 강의』, 동문사, 2001.

한기언, 『교육의 역사 및 철학적 기초』, 실학사, 1975.

한홍우 외, 『최신교육학개론』, 동문사, 1996.

제4장

교육의 심리적 기초

본 장에서는 교육의 심리적 특성에 대해서 다룬다. 먼저, 교육과 심리학의 관계에서, 심리학의 한 분야로서 교육심리학의 위치와 교육에 심리학이 미치는 영향에 대해서 살펴본다. 다음으로 생물체로서 인간의 발달과정을 이해하고 발달과 관련한 제이론, 즉 인지발달론, 성격발달론, 사회성발달론, 도덕성발달론 등에 대해서 개관한다. 또한 학습자로서 개인의 인지적 · 정의적 특성에 대해서 개관하였다. 학습자의 인지적 특성은 지능, 창의성, 인지양식을 통해서 살펴보았고, 정의적 특성은 태도와 동기를 통해서 살펴보았다.

학습내용

- 제1절 교육과 심리학의 관계
- 제2절 인간발달과 이론적 기초
- 제3절 인지적 · 정의적 특성

제1절
교육과 심리학의 관계

1. 심리학의 이해

심리학이란 인간행동에 대한 분석을 통해 인간의 행동을 예측 · 설명 · 통제하려는 학문으로, 영어로 Psychology라고 하며, '나비', '영혼'이라는 의미를 갖고 있는 그리스어의 Psyche(프쉬케)가 그 어원이다.

심리학은 인간과 사회의 복지를 증진시키고, 궁극적으로 인간과 사회의 진리와 선을 달성하고자 하는 데 목적이 있으며(김경희 외, 1999), 이러한 심리학의 정의는 인간의 심리(마음)를 강조하는 정의, 행동을 강조하는 정의, 인간과 사회의 관계를 강조하는 정의로 나누어 볼 수 있다(오세진 · 최창호. 1995).

첫째, 심리학은 마음에 관한 학문이다. 마음, 즉 의식이 어떤 구조로 되어 있는가를 밝히고자 하는 학문이다. 마치 여러 가지 물질이 분자, 원소 등으로 분해되는 것처럼 마음도 어떤 기본적인 요소가 있는 것이 아닐까 생각하여 사람의 의식을 다루고 있는 요소를 하나하나 밝혀서 그 결합에 따라 어떤 의식이 성립되는 것인가를 분명히 하는 것이 주된 관심사인 것이다.

둘째, 심리학은 행동을 다루는 학문이다. 심리학은 마음에 관한 학문이지만, 마음의 움직임을 눈으로 똑똑히 볼 수는 없다. 그러므로 마음의 움직임을 알기 위해서는 다른 사람의 눈으로 볼 수 있는 형태, 즉 그것이 외형적으로 표현되지 않으면 안 되는데 그것이 곧 '행동'이다.

셋째, 심리학은 사회 속의 인간을 다루는 학문이다. 심리학은 인간의 마음에서 출발하여 행동에 관심을 갖는 학문으로 발전했지만, 점차 인간이 사회적 동물이라는 측면에서 사회와의 관계에 대해서도 관심을 갖는 학문으로 발전해왔다. 따라서 심리학은 사회적 존재인 인간의 심리와 행동을 연구하는 학문이다.

2. 교육심리학의 의미

1) 교육심리학의 정의

교육심리학에 대한 정의는 시대의 흐름에 따라 다양한 양상을 보이고 있으며, '어떤 입장에서 교육을 파악하려 하며 어디에 관심을 갖느냐'에 따라서 개념적 차이가 있을 수 있다.

교육심리학의 초기단계에서는 심리학적 발견이나 원리들을 교육의 실제에 단순히 응용이나 적용하는 데 관심을 두었기 때문에 '심리학적 원리를 교육에 응용하는 학문'으로 정의되었다. 이는 일반심리학의 지식체계를 단순히 적용하는 한계가 있었으므로 교육에서 중요한 목적과 가치가 내재된 교육활동을 통한 인간행동의 변화를 이해하고 적용하기 위하여 독립된 학문으로서 교육심리학의 필요성이 요구되었다(김희수, 2010).

1910년 손다이크(Thorndike)는 그의 저서 『교육심리학』에서 교육심리학이란 감각, 본능, 주의, 습관, 기억, 학습기술, 개념적인 문제들뿐만 아니라, 아동과 청소년의 정신발달, 유전, 개인차, 발달, 특별학급, 정신능력의 측정, 정신능력의 관계성, 정신건강의 문제에 대해 실험적 · 통계적 · 문헌적인 방법으로 다루어져야 한다고 제시하였다.

이처럼 교육의 다양한 관심영역이 확대되면서 교육심리학을 단순히 심리학의 응용이나 적용 분야로만 간주하지 않았다. 이를테면 개체의 발생에서 노년에 이르기까지의 교육적 발달 가운데서 진행되는 학습경험을 서술하고 설명하려는 심리학으로 정의하였으며(Grow, 1949), 다양한 유형의 교육문제에 대하여 하나의 독립된 심리학적 원리를 창출해내는 학문으로 정의되었다(Skinner, 1958).

그 이후 교육이론들이 체계적으로 발전하게 되고 사회학, 의학, 생물학 등의 관련 학문분야의 발달에 힘입어 교육심리학도 꾸준히 발전해오면서 고유한 학문영역을 구축하게 되었다. 이렇게 교육심리학이 하나의 독립된 학문으로 자리매김함에 따라 교육의 과정에서 발생하는 문제를 심리학적 측면에서 연구하여, 그 원리와 방법을 밝히고 교육의 과정에 도움을 주고자 하는 학문으로 확립되었다.

심리학자들이 주장하는 교육심리학에 대한 정의를 살펴보면 다음과 같다.

먼저, 오수벨(Ausubel, 1969)은 교육심리학을 응용과학으로서 학습의 일반 법칙을 중심으로 교실에서 행해지는 학습에 관심을 갖는 것이라고 하면서 학습과 파지, 조건, 결과, 평가에 관계되는 부분으로 정의하였다.

울포크(Woolfolk, 1990)는 "교육심리학자는 다른 분야로부터 지식을 응용하며 또한 지식을 창조한다"라고 하였다.

자이페르트(Seifert, 1991)는 교육심리학이란 학습이 발생하는 기제를 탐구하고, 그러한 연구들이 실제적으로 학습에 도움이 되도록 하는 방법 면에서 연구하는 학문이라고 정의하였다.

한편, 국내학자로 김충기(2001)는 교육심리학을 교육의 효과를 극대화하기 위하여 교육의 중심과정, 지원과정에 수반되는 심리학적 제문제의 연구 및 교육의 심리적 이론을 과학적으로 연구하는 학문이며, 또한 교육의 효과를 지배하고 있는 교육사상의 심리학적 법칙을 밝혀서 교육효과의 원인과 결과를 설명, 예측할 수 있게 하고, 교육의 합리화와 기술화에 기여하는 학문으로 보았다.

신재흡(2008)은 교육심리학은 교육현장에서 교육의 효과성을 극대화하기 위하여 교육의 심리적 기초를 토대로 과학적 방법론으로 연구하는 학문이며, 또한 교육의 과정에서 발생하는 문제를 학습자의 교육환경과 상호작용의 맥락 속에서 연구하여 그 원리 및 방법을 밝혀 교육적 활동에 도움을 주고자하는 학문으로 정의하였다.

따라서 이러한 학자들의 정의를 종합해 볼 때, 교육심리학은 교육의 목표를 효과적으로 달성하기 위해 교육의 과정에 관련된 현상을 연구대상으로 하여 필요한 이론과 실천적 방법을 체계적으로 연구하는 학문이라고 정의할 수 있다(김희수, 2010).

2) 교육심리학의 학문적 영역

교육심리학의 학문적 영역은 학자에 따라, 보는 관점에 따라 다양하게 해석될 수 있다. 몇몇 학자가 제시하고 있는 교육심리학의 영역에 대해서 살펴보면 다음과 같다.

먼저, 안범희(1998)는 교육심리학의 영역을 네 가지로 제시하였다. ① 발달심리학적 측면에서 학습자에 대한 이해와 학습자의 발달 단계에 맞는 적절한 목표설정을 위해 필요한 성장과 발달 영역, ② 학습 심리학적 측면에서 최적의 학습방법의 제시와 학습여건 마련을 위해 필요한 교수학습 영역, ③ 성격심리학적 측면에서 바람직한 인격의 형성과 개인적 적응을 돕기 위한 생활지도의 측면에서 필요한 성격과 적응 영역, ④ 목적에 대한 달성 여부와 학습자의 수준진단, 개인차 등을 알아보기 위한 영역 등이다.

둘째, 김형태(1999)는 학습과정에 필요한 모든 학습의 문제 측면에서 제시하였다. ① 발달의 이론과 실제, ② 학습의 이론과 실제, ③ 측정과 평가에 관한 것, ④ 성격과 적응에 관한 것, ⑤ 생활지도에 관한 것 등으로 분류하였다.

셋째, 교육심리학의 학문적 구조에 기초하여 제시하면 ① 발달심리, 즉 학습자의 성장과 발달이라는 측면에서 볼 때, 교육심리학은 학습자의 발달단계를 이해하고 교육의 시기와 교육과정을 편성하는 데 가장 기초적인 근거가 된다. ② 사회심리학, 즉 교육환경의 측면에서 보면 교육은 사회적 관계 속에서 이루어지기 때문에 교육심리학은 집단과 집단 내의 개인에 관한 체계적인 지식을 제공한다. ③ 학습심리, 즉 학습과 교수활동의 측면에서 보면 교육은 학습의 과정이기 때문에 교육심리학은 학습현상에 대한 의미 있는 지식을 제공한다. 또한 특정한 학습내용에 적합한 교수활동의 원리를 제공한다. ④ 인성심리, 즉 학습자의 적응을 돕는 측면에서 보면 교육은 지적 학습뿐 아니라 인성적 적응을 돕기 위한 활동이다. 따라서 교육심리학의 범주에서 이루어지는 학교 생활지도는 이 같은 인성적 적응을 돕기 위한 교육활동이라 할 수 있다.

한편, 이러한 학문적 영역으로 분류되는 교육심리학의 학문적 성격은 다음과 같다(김희수, 2010).

첫째, 교육심리학은 가장 중요한 교육의 장인 '학교' 교육에 초점을 두고 있다.

둘째, 교육심리학은 학생과 교육환경 간 상호작용의 맥락 속에서 교육의 과정을 파악한다. 즉, 환경이 개인에게 미치는 영향력만큼 개인도 환경에 영향력을 미친다는 과정에서 개인-환경의 상호작용관계의 관점에서 출발한다.

셋째, 교육심리학은 인간 행동의 이해에 도움을 주는 지식을 모두 활용함으로써 학문 간 접근을 채택한다.

넷째, 교육심리학은 교육의 과정과 방법에 대한 과학적, 이론적 근거를 제공한다.

3. 교육과 심리학의 관계

일반적으로 교육심리학은 일반심리학의 특수 분야로 심리학과 밀접한 관계를 맺고 있다. 교육심리학은 일반심리학이 사회 전반에 대해서 다루는 것과 달리, 학교교육과 교실에서 이루어지는 학습활동에 대해서 심리학의 원리를 활용하여 연구하는 응용학문이다.

특히, 일반 심리학은 특정한 분야를 집중적으로 연구 · 조명하지 않고 광의의 측면에서 연구하고 다루므로, 학교와 교실이라는 교육현장에서 발생하는 특수한 심리적 현상에 대하여 체계적인 접근이 어렵고 교육에 응용하려고 해도 한계가 있다. 따라서 학교와 교실이라는 특수한 환경에서 일어나는 심리적 현상을 연구하기 위해서는 그에 맞는 심리학적 연구가 필요한데, 바로 이것이 교육심리학이다.

작지만 근본적으로 연구대상과 영역이 다른 일반 심리학과 교육심리학은 유사점도 많지만 분명한 차이가 있다. 이러한 측면에서 이들의 차이점을 토대로 심리학과 교육심리학의 관계를 살펴보면 다음과 같다.

표 4-1 심리학과 교육심리학의 차이점

구분	심리학	교육심리학
교육목적	인간행동에 관한 보편타당한 원리와 법칙 발견	교실이라는 특수상황에서 개개인의 행동변화에 관심
학문적 입장	특수영역을 제외하고, 가치중립적 입장의 사실적 기술의 학문	바람직한 방향으로의 가치지향적이며 결과를 중시하는 입장
연구방법	많은 원리와 법칙에 대한 연구나 실험은 주로 엄격히 통제된 실험실이나 제한된 장소에서 실시하여 밝힘	자연상태에 가까운 교실이라는 특수한 집단에서 나타나는 과정 연구
학문적 성격	객관적이고 보편타당한 원리를 밝히는 광의의 학문	심리학의 원리와 법칙을 응용한 협의의 응용학문

출처: 김희수, 『교육심리학』, 2010.

제2절

인간발달과 이론적 기초

1. 인간발달의 기초

1) 발달의 개념

인간은 하나의 생명체로 태어난 순간부터 비교적 장기간에 걸쳐서 주위의 환경과 상호작용을 하면서 하나의 독립된 인격체로 성장해나간다. 그리고 결국 시간이 흐르면 사망에 이르게 되는데, 이러한 인간의 출생에서부터 사망에 이르기까지 생애 전과정에서 나타나는 변화의 모습을 발달이라고 한다.

인간의 발달에는 출생, 성장, 확대, 상승, 정교화와 같은 긍정의 의미도 있지만 동시에 노화, 축소, 하향, 둔화, 사망과 같은 부정적이고 퇴화적인 의미도 있다(이지헌 등, 2012). 하지만, 코프카(K. Koffka)가 발달이란 유기체의 기관이 양적으로 증대하고 구조에 있어서 정밀화되며 기능에 있어서도 유기화되는 것이라고 정의한 것처럼, 발달은 대체적으로 성장하고 확장하는 의미를 갖고 있다. 또한, 발달은 성숙의 과정임과 동시에 학습의 과정이라고 할 수 있으므로, 어린이의 성장과정을 살펴보는 것은 인간이해의 기초를 이루며 교육적으로도 의의가 크다고 말할 수 있다(이형행 · 권영성, 2010).

2) 발달의 원리

인간의 발달에는 다음과 같은 원리가 작용한다(이형행 · 권영성, 2010; 이지헌 외, 2012; 신종호 외 역, 2011)

첫째, 발달은 연속적이며 점진적인 과정이다. 어린이의 발달을 자세히 관찰해보면 여러 면에서 차이가 나타나지만 모두가 일련의 연속선상에서 지속적이고 점진적으로 변화되어가는 과정이라는 것을 인정하게 된다.

둘째, 발달은 유전과 환경의 상호작용으로 빚어진 결과다. 유전적인 특성은 한 개인의 성취 상한선을 정해주지만, 환경은 특정 범위 내에서 한 개인이 발달되는 정도를 결정해준다.

셋째, 발달은 비교적 순차적이고 예측 가능한 형태로 진행된다. 예를 들어, 인간은 말하기 전에 옹알이를 하고, 걷기 전에 기며, 밀도나 민주주의와 같은 추상적인 개념을 배우기 전에 코끼리나 자동차와 같은 구체적인 개념을 배운다.

넷째, 인간의 발달에는 개인 간 차이와 개인 내 차이가 있다. 아동기에서 청소년기로, 청소년기에서 성인기로의 발달은 일반적으로 순서대로 진행되지만 발달의 속도와 시기는 개인별로 차이가 크다. 또 한 사람 내에서도 빠르게 발달하는 측면과 느리게 발달하는 측면이 있을 수 있다.

다섯째, 발달은 전체적 반응으로부터 특수한 부분반응으로 분화 및 발달한다. 신생아들의 반응은 전체적이나 나중에 가서는 점점 특수하고 분화된 부분반응으로 나타나는 것이 이를 증명한다.

여섯째, 인간의 발달은 연속적이지만 그 속도는 일정하지 않다. 인간은 발달하는 시기나 영역에 따라서 속도가 빠르기도 하고 느리기도 한데, 발달은 끊임없이 연속적으로 일어나며 잠시도 중단되지 않는다.

3) 발달의 단계

인간의 발달단계에 대해서는 여러 가지 견해가 있다. 인지구조라는 독특한 개념을 토대로 인지발달이론을 주장한 피아제(J. Piaget)는 인지의 발달단계에 따라 감각운동기, 전조작기, 구체적 조작기, 형식적 조작기 등으로 나누어 설명했으며, 비고츠키(L. Vygotsky)는 내면화, 근접발달 영역, 비계설정(Scaffolding)이라는 개념으로 발달단계를 설명했다.

또한 심리성적 발달이론을 주장한 프로이트(S. Freud)는 인간의 성격이 생애 초기 몇 년 동안 생물학적 · 성적 욕구와 사회적 욕구 사이의 갈등을 처리하는 과정에서 발달한다고 주장하면서 구강기, 항문기, 남근기, 잠복기, 생식기 등으로 인간의 발달단계를 나누어서 제시하였다.

이와 같이 인간의 발달단계를 제시하는 다양한 이론들을 토대로 가장 보편적이고 종합적인 방향에서 인간발달의 단계와 특성을 살펴보면 다음과 같다(이형행 · 권영성, 2010).

(1) 태아기

태아기란 정자와 난자의 수정에서 출생 시까지의 평균 9개월 동안의 기간을 말한다. 태아기에도 교육의 중요성이 강조되고 있으며, 어머니의 건강과 정서적 안정은 태아의 건강한 발육뿐만 아니라 정서 상태에 중요한 영향을 끼친다는 것이 의학적으로 증명되고 있다.

(2) 신생아기

갓난아이가 출생할 때의 고통에서 회복되는 때까지의 기간을 신생아기라고 한다. 보통 생후 2주에서 1개월 정도까지의 아이를 유아와 분리하여 신생아라고 부른다. 일반적으로 신생아는 생활의 대부분(하루의 73%)을 잠을 자는 데 쓰기 때문에 가능한 한 편안하고 안정된 주위 환경을 조성해주는 것이 중요하다.

(3) 영아기

신생아기를 포함하여 통상 유아기라고도 하지만, 유아기와 한글 표기와 발음을 구분하기 위해서 영아기로 사용한다. 영아기는 엄격히 구분해서 신생아기 말기부터 2세 전까지를 말한다. 이 시기는 인간의 어느 시기보다 발달속도가 가장 빠른 때이다. 이 시기는 수유와 이유의 상태가 인간발달에 중요한 의미를 갖는다.

(4) 유아기

보통 2세 전후에서 6세 전까지, 즉 영아기를 지나 취학 전에 이르기까지를 유아기라고 말한다. 신체적 성장이 영아기에 가장 현저하다면 유아기는 신체운동 및 의식에 있어서 가장 현저히 발달하는 시기이다. 프로이트는 이 시기의 중요성을 "어린이는 어른의 아버지"라는 말로 표현함으로써 인간의 기본적 특징이 유아기에 결정된다고 하였다.

(5) 아동기

생활연령으로 만 6세부터 12세까지, 즉 초등학교 시기를 말한다. 아동기는 영 · 유아기의 여러 발달을 토대로 인간의 기본적인 특성들이 많이 나타나며, 지적 호기심이 왕성하여 무엇이든지 알고 싶어 한다. 그리고 활발하고 민첩한 행동을 특징으로 한다. 또한 아동기에는 유아의 심리적 특성인 자기중심성으로부터 서서히 벗어나고, 사회성이 발달하여 또래집단과 어울리는 것을 좋아한다. 흔히 이 시기를 학동기 또는 1차 반항기라고도 부른다.

(6) 청년기

사춘기를 포함하는 시기로서 청년 전기(12~17세 이내), 청년 후기(18~22세)로 세분하기도 한다. 이 시기는 어린이 상태에서 어른의 상태로 이행을 의미하는 시기로서, 심신의 모든 부분이 과도기적인 현상을 보인다. 그러므로 대부분의 사고과정이 불안정하여 질풍노도기라든가 심리적 이유기 또는 2차 반항기 등으로 표현한다.

(7) 성년기와 노년기

성년기는 약 23~60세까지의 단계를 의미한다. 성년기는 다시 전기(45세까지)와 후기(전기 이후로부터 60세까지)로 나누며, 전기 단계에서는 주로 재적응과 성취가 이루어져 발전하고 후기에는 안정된 성취로 결실을 거둔다.

노년기는 성년기 이후, 특히 신체적으로 노쇠하는 시기부터 죽음에 이르는, 인생을 정리하는 시기를 의미한다. 의학이 발달하고 건강관리가 발전하면서 노년기가 늦어지고 길어지기도 하는데, 이는 고령화 사회의 특징이 등장한 계기가 되었다.

2. 발달이론

발달단계와 관련된 이론은 여러 가지가 있다. 그중에 가장 대표적인 이론인 피아제의 인지발달이론, 프로이트의 성격발달이론, 에릭슨의 심리사회성 발달이론, 콜버그의 도덕성 발달이론 등에 대해서 살펴보겠다.

1) 피아제의 인지발달이론

피아제는 인간발달은 인지발달에 의해 주도되며 인지발달은 유전과 환경의 상호작용에 의한 적응과정이라고 했다. 그러므로 인간은 능동적인 생물화학적 유기체로서 환경과 끊임없는 상호작용을 하게 된다.

피아제의 인지발달이론의 중심에는 인지구조라는 독특한 개념이 있다. 인지구조는 유기체가 주변 세계를 이해하고 그것에 대해 생각하는 양식을 말한다. 다시 말해 인지구조란 인간의 두뇌 속에 저장된 외부세계에 대한 정신적 표상, 지식 또는 행동유형으로서 인간이 어떤 사실을 공통된 특성에 따라 집단으로 조직하는 지적구조를 의미한다. 인지구조는 적응과 조직이라는 기능적 과정을 통해서 형성되고 발전된다(권대훈, 2009).

적응은 인간이 환경과 상호작용하는 방식으로, 동화와 조절의 개념을 포함하고 있다. 동화란 이미 자신이 갖고 있는 인지구조를 적용하여 새로운 사물이나 대상을 이해하고 받아들이는 인지과정을 말한다. 조절이란 동화가 실패할 경우 그 새로운 사물이나 대상에 맞도록 자신의 인지구조를 바꾸는 인지과정을 말한다.

동화와 조절이 균형을 잘 이룬 상태를 평형화라고 말하고, 새로운 환경으로 인해 인지적 갈등을 유발하는 상태를 불평형상태라고 말한다. 인간은 환경과 상호작용 속에서 동화와 조절이라는 적응기능을 통해서 평형상태를 회복시키려고 하는데, 이 과정에서 인지구조를 발달시키고 새로운 환경에 적응해나간다.

한편, 평형화는 조직화를 통해 인지구조의 통합과 생성에 기여한다. 조직화란 물리적 또는 심리적 구조를 더 높은 수준의 체계로 통합시키는 기능으로서 하위 수준의 인지구조들을 보다 높은 수준의 인지구조로 통합하고 새로운 인지구조를 생성시킨다.

결국 인지발달이란 인간이 환경과의 상호작용 과정에서 적응과 조직의 기능을 반복하면서 자신의 인지구조를 질적으로 변화시켜가는 과정이라고 할 수 있다(이지헌 외, 2012).

피아제는 인지발달을 조작능력의 발달에 따라 네 단계로 구분하여 설명하였다. 제1기는 감각운동기, 제2기는 전조작기, 제3기는 구체적 조작기, 제4기는 형식적 조작기이며 설명하면 다음과 같다.

(1) 감각운동기(sensori-motor period: 0~2세)

이 시기는 시각, 청각 등의 경험과 동작에 의해 학습이 이루어지며, 대상 영속성의 개념을 알기 시작한다. 또한 반사행동에서 목표지향적 행동으로 이동하며 사물에 대한 어떤 표상도 없고 모방력을 발전시키며, 모방력은 이후의 관찰학습을 위한 토대를 형성한다.

(2) 전조작기(pre-operational period: 2~7세)

이 시기는 지각이 아동의 사고를 지배하는 단계로서 언어가 발달하기 시작하지만, 아직 추상적 개념을 획득하지 못하는 단계이다. 감각 및 동작행동에 대한 의존이 줄어들면서 동시에 능력이 정교화되지만, 타인의 역할과 견해를 고려할 줄 모르며 대상을 한 가지 관점에서만 논리적으로 조작할 수 있다.

항존성이 발달하지 못하여 동일한 것을 순서나 형태를 바꾸어 제시하면 동일한 것으로 여기지 못한다. 주요 특성으로는 자기중심성, 집중성, 비가역성, 비전이 등이 있다.

(3) 구체적 조작기(concrete operational period: 7~11세)

구체적 조작기는 구체적 대상에 대해 논리적으로 사고할 수 있는 시기로서 이는 구체적이고 실제적인 문제들을 논리적 방식으로 해결할 수 있음을 의미한다. 또한 자기중심성이 약화되고 항존성이 발달하여 가역성이 가능하며, 보존의 법칙을 이해하고 분류와 서열화를 할 수 있다.

(4) 형식적 조작기(formal operational period: 11세 이후)

형식적 조작기는 추상적 문제들을 논리적인 방식으로 해결할 수 있는 시기이다. 이 시기에는 탈중심화, 가역성, 추상적인 사고가 발달하여 논리적이고 종합적인 사고를 한다. 또한 사회적 쟁점, 정체성에 관한 관심이 발달한다.

이상에서 살펴본 피아제의 인지발달이론이 주는 주요한 교육적 시사점은 다음과 같다(김희수, 2010).

첫째, 피아제의 이론은 인간의 인지적 측면만을 강조하고 있으며, 인지에 영향을 주는 정의적 · 사회적 측면은 고려하지 않고 있다.

둘째, 인지발달은 어떤 면에서는 형식적 · 논리적 사고보다 상상력, 추상력, 추리력 등에 의한 비형식적 사고 형태로부터 영향을 받는다.

셋째, 발달이론의 기초를 이루는 체계가 지나치게 논리적으로 전개되어 있다.

넷째, 동화와 조절이 일어나는 과정에 대한 설명의 부족과 확산적 · 수렴적 사고에 대한 논의가 결핍되어 있다.

다섯째, 인지발달은 유전과 환경, 상호관계 속에서 형성된다는 부분에 관한 설명이 없다는 문제점이 있다.

2) 프로이트의 성격발달이론

프로이트는 정신분석학을 처음 제창한 사람이다. 그의 정신분석학은 많은 학문영역에 중요한 영향을 끼쳤으며, 그의 이론은 생물학적 기제와 본능적인 충돌을 기초로 하고 있다. 다시 말해 인간의 성격은 생의 초기 몇 년 동안 생물학적 또는 성적 욕구와 사회적 욕구 사이의 갈등을 처리하는 과정에서 발달한다고 주창하였다.

프로이트는 인간의 성격을 구성하는 세 가지의 요소로서 본능(id : 원초적인 본능의 나), 자아(ego : 현실적인 나), 초자아(super ego : 도덕적인 나)의 개념을 제시하였다. 본능은 쾌락을 따르는 원초적 충동이고, 자아는 본능의 충동을 억제하고 합리적인 방법으로 쾌락을 얻으려는 것이며, 초자아는 자아로 하여금 현실적인 목표보다는 이상적인 목표를 지향하게 하는 것으로서, 세 가지 요소는 각각 고유한 기능과 역동성을 갖고 있으면서도 성격의 일부로서 상호 밀접하게 관련되어 있다. 프로이트는 성적 에너지를 의미하는 리비도(libido)를 충족시키는 신체부위를 기준으로 성격발달을 다섯 단계로 구분하여 제시하였다(신명희, 2002; 신재흡, 2008; 김희수, 2010; 이지헌 외, 2012).

(1) 구강기(oral stage: 0~18개월)

구강기에는 리비도가 입 주위에 집중되어 있어서 유아는 주로 빠는 행위를 통해 쾌감을 얻는다. 이 시기의 유아는 자기중심적이고 자아도취적 특성을 보인다. 이 시기에 욕구 충족이 좌절되거나 과도하면 구강고착 성격이 형성된다.

(2) 항문기(anal stage: 19개월~3세)

구강기 이후 유아는 항문 괄약근의 조절이 가능하게 된다. 리비도는 항문 주위로 옮겨가서 대소변을 오래 견디기도 하고 배설하기도 하여 쾌감을 얻는다. 이 시기에 부모는 유아가 적절한 시기와 장소에서 배설할 경우 이에 적합한 보상을 주게 되며, 시간과 장소가 적절하지 않을 경우에는 행위를 규제한다. 즉 대소변 훈련에 대한 부모의 훈육이 시작된다. 유아는 출생하여 처음으로 외부의 통제를 경험하게 된다. 만약 유아가 이 시기를 적절하게 보내지 못하면 대소변을 더러운 것으로 생각할 뿐만 아니라 반동이 형성되어 지나치게 규율을 준수하는 결벽증이나 청결주의와 같은 항문고착 성격이 된다.

(3) 남근기(phallic stage: 3~5세)

남근기에는 성감대가 주로 항문에서 남근으로 옮겨간다. 이 시기의 아동은 남녀의 신체적 차이, 아기의 출생, 부모의 성 역할 등에 대해 관심을 갖는다. 특히, 남아들은 엄마에게 성적인 애정을 느끼고 아빠에게는 애정을 박탈당할까 걱정하는 오이디푸스 콤플렉스(Oedipus Complex)를 갖게 되며, 아빠가 자신의 성기를 없애지는 않을까 하는 거세불안의 고민을 갖는다. 여아들은 처음에 엄마를 좋아하게 되나 곧 자신에게 남근이 없음을 알고 이를 부러워하는 남근선망의 감정을 갖는다. 그리고 이 책임을 엄마에게 돌리고 아빠를 더 좋아하기 시작하는 엘렉트라 콤플렉스(Electra Complex)를 갖는다. 이러한 콤플렉스를 극복하는 과정에서 동일시 현상이 나타난다. 이는 남아는 아빠처럼, 여아는 엄마처럼 되기 위해 노력하는 것을 의미한다.

이 시기는 매우 복잡하고 자극적인 감정이 교차되는 특징을 보이며 성격형성에 매우 중요하다. 그러므로 이 시기를 잘 극복하지 못했을 경우 성 불감증, 동성애 등과 같은 신경성 질환을 유발시킬 수 있다.

(4) 잠복기 (latency stage: 6~11세)

잠복기는 성적 욕구나 갈등이 억제되는 비교적 평온한 시기로서, 대체적으로 초등학교 재학시기와 일치한다. 이 시기의 아동은 지적 활동이나 운동 등 사회적으로 용인되는 활동에 많은 에너지를 투입하며, 특히 지적인 탐색이나 주위 환경에 대한 탐색이 활발하게 나타난다. 다만, 성적으로는 침체된 특성을 보이는 시기이다.

(5) 생식기 (genital stage: 12세 이후)

생식기는 성적 리비도가 잠복기에서 다시 분출하는 시기이다. 이 시기에는 앞의 단계에서 나타난 단순한 쾌감이 아니고 진정한 이성을 찾아 만족을 추구하고자 한다. 아동들은 이성의 부모에 대한 지나친 밀착감과 애정이 불가능하고 더욱이 성적인 관계는 금기시됨을 인식하게 된다. 그래서 부모로부터 독립하려는 욕구가 발생하며 진정한 사랑을 나눌 대상의 이성을 찾는다. 이 시기는 발달단계 중 가장 긴 시간이며 사춘기부터 노년기까지 계속된다.

프로이트의 성격발달이론은 아동이 겪는 초기 경험이 진정한 정서발달과 사회성 발달에 매우 중요한 영향을 주고, 인생 초기의 정신적 상처에 대한 이해가 성인이 되어서 나타나게 된 정신적 문제를 푸는 실마리가 된다는 점에서 유아 · 아동교육에 중요한 시사점을 준다. 다만, 프로이트의 성격발달이론은 인간본성에 대해 부정적이고 비관적 시각으로 보았다는 점에서 오늘날 학계에서 비판을 받고 있다.

3) 에릭슨의 사회성 발달이론

에릭슨(Erikson)은 아동이 어떻게 자아정체감을 발달시키고 어떻게 사회화되는지에 관심을 가졌다. 그의 이론은 인간의 심리사회적 발달에 관심을 가지고 있기 때문에 심리사회적 단계이론이라고 말한다. 그렇기 때문에 에릭슨은 프로이트의 이론을 바탕으로 삼으면서도 사회심리적 측면의 발달에 초점을 두었다.

인간의 전 생애에 걸쳐서 발달적 변화가 일어난다고 본 그는 그 과정을 여덟 단계로 구분하였다. 각 단계에는 특징적인 과제와 심리사회적 위기가 있으며, 각 단계에서 그런 과제를 완수하고 위기를 성공적으로 극복할 때 건강한 성격발달이 이루어진다(신명희, 2002; 신재흡, 2008; 김희수, 2010; 이지헌 외, 2012).

(1) 신뢰감 대 불신감(trust vs mistrust: 0~1세)

이 시기는 프로이트의 구강기에 해당하며, 이 시기에 영아가 맺는 사회적 관계는 주로 보살펴주는 엄마와의 관계이다. 영아가 처음으로 접하는 사회관계에서 엄마가 영아의 신체적 · 심리적 욕구와 필요를 적절히 충족시켜주면서 일관성 있게 돌보아주면 영아는 엄마 또는 보살펴주는 사람을 신뢰하게 된다. 반면, 지속적이고 일관된 사랑과 보살핌을 받지 못한 영아들은 보통 타인과 주변세계에 대해 불신감, 의심, 두려움 등을 갖게 된다. 이 시기에 형성된 기본적인 신뢰감은 성장과정에서 모든 사회관계의 적응에 결정적인 영향을 미친다.

(2) 자율성 대 수치 및 회의감(autonomy vs shame and doubt: 2~3세)

이 시기는 프로이트의 항문기에 해당한다. 이 시기의 유아는 스스로 할 수 있는 것을 자율적으로 탐색하고 행동하도록 적극적인 격려를 받으면서 자율성을 발달시킨다. 반면, 자율적인 의지를 실천하도록 허용되지 않았거나 지속적인 좌절을 경험하면 타인과의 관계에서 수치심을 느끼거나 자신의 능력에 대해 회의감을 갖게 된다.

(3) 주도성 대 죄책감(initiative vs guilt: 4~5세)

이 시기는 프로이트의 구강기에 해당하며, 아동들은 어떤 목표나 계획을 세워 그를 통해 성공하고자 노력한다. 그리하여 아동은 자율성이 증가하며 왕성한 지적 호기심을 갖는다. 부모를 모방하고자 하며 어머니가 부엌에서 요리할 때 주도적으로 참여하려는 등 자신이 주도적으로 일을 하여 인정받고 싶어 한다. 부모가 이러한 아동의 주도성을 비난하거나 질책하면 아동은 위축되고 자기주도적인 활동에 죄책감을 느낀다.

(4) 근면성 대 열등감(industry vs inferiority: 6~12세)

이 시기는 프로이트의 잠복기에 해당한다. 이 시기의 아동은 인지적 기술과 사회적 기술을 습득하고 이것을 숙달하려고 많은 노력을 기울인다. 가정과 학교에서 아동이 이러한 노력을 통해 성공을 경험하면 유능감과 근면성을 형성하게 된다. 반면, 반복적인 실패나 주변의 부정적 평가를 경험하면 부적합감이나 열등감이 발달된다.

(5) 정체감 대 역할 혼미(identity vs role confusion: 12~18세)

이 시기는 프로이트의 생식기에 해당하며, 급격한 신체적 변화와 함께 새로운 사회적 압력과 요구에 직면하게 된다. 이런 급작스런 상황변화는 청소년들이 어떻게 새로운 상황에 대처해나가야 하는지 혼란스럽게 만든다. 이에 에릭슨은 청소년기의 중심과제를 자아정체감이라고 하였다. 자아정체감이란 자기존재, 위치, 역할 및 책임, 능력 등에 대한 자신만의 분명한 의식을 말한다.

이 시기의 청소년들은 자기 자신의 끊임없는 의문에 대해 해답을 찾으려고 애쓰지만 그 해답이 쉽게 얻어지지 않기 때문에 고민하거나 방황한다. 그래서 자아정체감이 형성되지 못하거나 상실되면 자신에 대한 회의, 고민, 그리고 반항에 처해 역할 혼미에 빠진다.

(6) 친밀감 대 고립감(intimacy vs isolation: 19~34세)

이 시기는 프로이트가 말한 다섯 단계를 넘어선 성인초기에 해당하며, 청소년기의 주된 관심이었던 자아정체감을 벗어나 직업을 선택하고 배우자를 결정하는 등 자신 외의 상대방을 통해 공유적 동일감을 찾으려 한다. 즉, 성인 초기에 해당하는 이 시기에는 사회에 참여하게 되고 자유와 책임을 가지고 스스로의 삶을 영위하고자 하는 것이다.

에릭슨은 이 시기에 이르러 직업적이든 또는 배우자와의 관계에서든 성인들은 타인으로부터 공유된 정체감을 찾게 되고, 이러한 관계를 통해서 서로 친밀감을 갖게 된다고 하였다. 청년기에 역할 혼미가 없어 확실한 정체감을 형성하였을 경우 이 시기에 이르러 타인과 건전하고 친밀한 관계를 형성하기 쉬우나, 자아정체감의 상실이나 역할 혼미가 있었던 경우에는 타인과의 만족한 관계를 맺지 못해 자기 자신에게만 몰입하는 고립감에 빠지게 된다.

(7) 생산성 대 침체성(generativity vs stagenation: 35~54세)

이 시기는 중년기에 해당하는 시기로서 대략 35세에서 54세에 해당하지만 최근 인간의 평균 수명이 연장되어 60대 후반까지 해당한다고 볼 수 있다.

이 시기의 성인은 자녀 양육과 직업적 성취, 사회와 타인에 대한 공헌을 통해 다음 세대를 위한 노력을 적극적으로 기울이면서 생산성이 나타난다. 반면, 이러한 생산성 형성에 실패한 사람은 침체감에 빠지고 타인에 대한 배려와 사회의 복지에 대한 관심이 떨어지며, 자신에게만 더욱 몰두하는 경향이 나타난다.

(8) 통정성 대 절망감(ego-integrity vs despair: 54세 이상)

이 시기는 인생의 마지막 단계인 노년기에 해당한다. 인간은 이시기가 되면 심신이 쇠약해지고 사회적으로 은퇴하게 되며 배우자와는 필연적으로 사별하게 된다. 통정성이란 자신의 삶을 후회 없이 가치 있게 살았다고 생각하는 사람이 지닌 특성을 말한다. 이 같은 사람은 자신이 지내온 과거의 삶에 책임감이 있으며 죽음 또한 겸허하게 받아들인다. 반면, 자신의 살아온 삶이 후회스럽고 무가치하다고 생각하는 경우 새로운 생을 시작하기에는 너무 늦었다고 생각하며 절망감에 빠질 수 있다.

에릭슨은 인간의 발달이 전 생애에 걸쳐서 이루어진다고 주장함으로써, 인간의 발달이 영유아기에 결정된다는 프로이트의 지나친 조기 결정의 문제점을 해소하여 좋은 반응을 얻었다. 하지만, 오늘날 그의 이론은 애매모호한 개념들이 많고 단계 설정에 있어서도 과학적인 근거가 없다는 점에서 비판을 받고 있다.

4) 콜버그의 도덕성 발달이론

콜버그(Kolberg)는 인간의 도덕성 발달을 위해서는 심리학적 · 철학적으로 정당화되는 도덕적 발달의 개념을 확립시키는 것에 있다고 보았다. 그래서 그의 이론을 '인지발달적 접근'이라고 부르기도 한다.

그는 도덕성을 타율적 도덕성과 자율적 도덕성으로 양분하고 그 대상을 성인까지로 확대 적용하였다. 또한 그는 도덕성 연구에서 도덕적 행위의 동기, 인간생명의 가치 등 도덕적 문제를 담은 이렇게도 할 수 없고, 저렇게도 할 수 없는 일련의 도덕적 딜레마를 제시한 후, 그러한 상태에서 '어떻게 하겠는가?', '왜 그렇게 해야 하는가?'를 질문하여 그 응답을 기초로 3수준 6단계로 구체화하였다(김민남, 1996).

(1) 인습 전 수준

인습 전 수준의 도덕성은 사회적 인습 이전의 원초적 도덕성이다. 이 수준에서 도덕성 판단의 기준은 벌 혹은 물리적 보상이다.

① 제1단계(벌과 복종 지향): '행동의 결과로서 벌을 받는가, 받지 않는가, 행위를 강요한 사람이 누구인가'가 도덕적 기준이다. 여기서 처벌을 피하고 힘을 가진 사람에게 순종하려고 한다.

② 제2단계(개인적 욕구 지향): 이 단계에서는 자신과 타인의 욕구 충족이 도덕적 기준이다. 따라서 어떤 행동의 결과, 보상을 받으면 이를 옳은 행위로 간주한다.

(2) 인습 수준

인습 수준의 도덕성은 자신이 속한 집단의 규범이나 사회적 관습을 도덕성 판단의 기준으로 삼는다. 이 수준에서는 사회적 규칙과 계약을 지키려고 노력한다.

① 제3단계(대인관계의 조화 지향): 이 단계에서는 다른 사람으로부터 칭찬을 받는 행위를 도덕적 행위라고 판단한다. 따라서 착한소년 또는 착한소녀가 되는 것이 중요하다.

② 제4단계(권위와 질서유지 지향): 이 단계에서는 법과 질서의 준수 여부가 도덕성의 기준이다. 따라서 법과 질서를 지키면서 사회 안에서 개인적 의무를 다하고자 한다.

(3) 인습 후 수준

인습 후 수준의 도덕성은 집단의 규범이나 사회적 관습보다 더 높은 차원의 보편적 원리와 윤리를 도덕성 판단의 기준으로 삼는다.

① 제5단계(사회적 계약 지향): 이 단계에서는 규칙이나 법은 사회적 합의로 만들어졌으므로 융통성이 있으며, 사회적 또는 합리적 유용성에 따라서 바뀔 수도 있다고 생각한다.

② 제6단계(보편적 도덕원리 지향): 이 단계에서는 스스로 선택한 보편적 도덕원리인 양심에 비추어 행위의 도덕성을 판단한다. 모든 사람이 수단이 아닌 목적으로 여겨지는 단계이며, 극히 소수의 사람만이 도달할 수 있는 단계다.

콜버그의 도덕성 발달이론은 부모나 교사들이 아동의 연령에 따라 도덕교육을 어떻게 할 것인가에 대한 구체적인 방법을 제시해주고 있다. 어린 유아의 경우 나쁜 행동을 했을 때는 즉각적인 벌로 유아의 행동이 잘못되었음을 알려주어야 하며, 학령 전기의 유아는 도덕적 덕목이나 원리를 이해하기 어려우므로 말보다 행동으로 모범을 보여 지도하는 것이 좋다. 또한 좀 더 성숙한 청소년에게는 처벌이나 제재보다는 보편적 가치기준이나 양심에 호소하는 것이 보다 적절한 방법이 될 수 있다.

이러한 콜버그의 도덕성 발달이론은 지나치게 단순화한 피아제의 이론을 성인기까지 확장·정교화하였으며, 아동의 연령에 따라 어떻게 도덕교육을 해야 하는지에 대한 구체적인 적용 방안을 제시하였다는 점에서 교육적 의의가 크다 하겠다.

제3절
인지적 · 정의적 특성

1. 학습자의 인지적 특성

1) 지능

지능(intelligence)이란 인간의 지적능력을 나타내는 대표적인 심리학적 구성개념이다. 지능이라는 용어는 흔히 사용되는 용어임에도 불구하고 사용하는 사람이나 학자마다 다르게 정의되고 있다. 하지만, 지능은 크게 네 가지의 범주로 분류되고 있는데 첫째, 학습능력으로 보려는 입장 둘째, 정신적 적응능력으로 보려는 입장 셋째, 고등정신능력으로 보려는 입장 넷째, 유목적적으로 행동하고 합리적으로 사고하며 환경을 효과적으로 다루는 개인의 종합적 능력을 지지하는 입장이다.

이러한 내용을 정리하면 다음과 같다(신재흡, 2008; 김희수, 2010; 이해경 · 이양 · 용홍출, 2005).

첫째, 지능을 학습능력으로 간주하려는 견해이다. 이는 교육받을 수 있는 능력의 범위를 말하며, 지능이 높은 사람은 지적인 학습을 할 수 있는 능력이 높고 지능이 낮은 사람은 학습할 수 있는 능력이 낮다고 보는 견해이다. 이러한 주장을 하는 학자로는 비네(Binet), 프리먼(Freeman), 터먼(Terman) 등이 있다.

둘째, 지능을 정신적 적응능력으로 간주하려는 견해이다. 이는 지능을 한 개인의 전체 환경에 대한 적응이며, 생활의 새로운 문제 및 새로운 사태에 대한 일반적인 행동을 보다 효과적으로 재조직하는 능력이라고 보았다. 즉 지능의 적응적 기능을 강조하는 입장으로 지능이 높은 사람은 새로운 상황에 직면했을 때 효과적이고 적절하게 적응해나가게 되며, 지능이 낮으면 적응력도 낮아진다는 견해이다. 이러한 주장을 하는 학자로는 스턴(Stern), 피아제(Piaget) 등이 있다.

셋째, 지능을 고등정신능력으로 보는 견해이다. 이들은 지능을 추상적 사고와 구체적 사실을 관련시키는 탁월한 능력으로 보았다. 따라서 지능이란 어떤 목적을 향하여 행동하고 합리적으로 사고하며 환경에 효과적으로 대처해가는 개인의 집합적 능력으로 정의하였다. 이러한 주장을 하는 학자로는 터먼(Terman), 스피어먼(Spearman), 서스턴(Thurstone) 등이 있다.

이상에서 지능에 관한 세 가지의 관점에 대해서 우선적으로 살펴보았다. 하지만, 최근에는 이러한 관점에 대해서 비판적 견해가 높다. 학습능력설은 지능이 높지만 학습의 기초능력이 부족하거나 학업성취가 높지 않은 학생들에 대한 이론적 설명이 불충분하다. 정신적 적응능력설은 너무 포괄적이고 광범위하며 인간의 적응행동이 모두가 지능으로 간주될 수 있는가의 문제를 낳았다. 고등정신능력설은 인간의 고등정신인 추상적 사고능력이 성숙한 이후에나 나타난다는 점에서 아동이나 침팬지 등의 실천적 지능을 어떻게 해석해야 할 것인가에 대한 비판론이 제기되어 왔기 때문이다.

넷째, 지능을 종합적 능력으로 보는 견해이다. 이 견해는 앞서 살펴본 세 가지의 지능설에 대한 비판적 견해에서 출발한 새로운 시각이다. 대표적 학자로는 웨슬러(Wechsler)와 스토다드(Stoddard)이다. 이들은 지능을 인간행동의 종합능력으로 보려는 입장이며, 목적적으로 행동하고 합리적으로 사고를 하며 환경을 효과적으로 다루는 개인의 포괄적 능력이라고 하였다.

이상에서 살펴본 바와 같이 지능은 어느 한 개념으로 정의하기가 쉽지 않다. 아직도 지능이 무엇인지 완전히 밝혀지지 않은 상태이기 때문이다. 하지만 중요한 것은 학생들을 효과적으로 지도하여 학습 성과를 높이기 위해서는 학생의 지능수준과 그 발달 과정에 대해 세심한 관심을 갖고 그에 맞는 적절한 방법을 적용해야 한다는 것이다.

2) 창의성

창의성(creativity)은 독창적이고 적합하면서도 유용한 것을 만들어내는 능력으로 좁은 의미에서 창의성은 다양하고 독특한 아이디어를 생성할 수 있는 능력이라고 할 수 있다(김희수, 2010). 이러한 창의성은 지식기반 사회에서 매우 중요한 학습자의 특성 중 하나이다. 교사중심의 획일적인 교수학습 활동에서 탈피하여 학생중심의 자율적 학습 분위기를 조성하여 자율적이고 적극적인 태도로 학습 참여를 유도하는 것이 바람직하기 때문이다.

학문적 측면에서 창의성에 대한 관심은 길퍼드(Guilford)로부터 시작되었다. 길퍼드는 창의성에 대한 정의를 "새롭고 신기한 것을 창출해내는 힘"이라고 정의하면서 사고(思考)유형을 수렴적 사고와 발산적(확산적) 사고로 구분하였다. 수렴적 사고란 인지 혹은 기억된 정보로부터 옳고, 가장 좋고, 습관적인 답과 해결책을 만들어내는 능력, 즉 하나의 정답을 찾아내는 능력을 말한다. 반면에 발산적 사고는 인지 또는 기억된 정보로부터 새롭고 신기하고 다양하고 비습관적인 답과 해결책을 창출해내는 생산적 사고로서 문제해결의 다양성을 강조한다(조원호, 2002). 특히 그는 발산적 사고를 문제해결에 영향을 주는 기본 능력으로 보고 그가 주장한 지능구조모형에서 조작 차원의 발산적(확산적) 사고를 창의력으로 간주하였으며, 민감성, 유창성, 융통성, 독창성, 정교성, 재구성력 등의 여섯 가지를 발산적 사고 즉, 창의력의 하위 요인으로 제시하였다.

한편, 게젤스(Getzels)와 잭슨(Jeckson)은 창의력과 학업성취도의 관계 연구에서 "창의력이 높은 집단은 IQ가 낮을지라도 학업성취도는 높다"는 견해를 취하였으며, 맥네마르(Mcnemar)는 "창의력과 지능은 독립적 관계이기보다는 높은 정적상관을 이루기 때문에 지능지수가 낮으면 창의력도 낮을 가능성이 있고, 지능지수가 높으면 창의력이 높을 가능성이 있다"는 입장을 취하고 있다. 또한 임창재(2005)는 창의성이 높은 사람의 특성으로 "위험이나 실수를 두려워하지 않으며, 높은 자신감, 뛰어난 사회성, 융통성, 자기 수용성, 자립심, 자기만족, 독자적인 판단, 높은 감수성, 비합리성의 발견, 자아 긍정성 등을 지닌다"고 했다.

이상의 내용을 종합해볼 때 창의성은 새롭고 신기한 것을 창출하는 힘이며, 지능이나 학업성취도와 매우 밀접하고 정적인 상관관계를 갖고 있는 것으로서 인간이 삶을 유지하면서 문제를 해결하고 새로운 방향과 발전 가능성을 만들어내는 무한한 가능성이라고 할 수 있다. 따라서 학교 현장에서 교사는 학생이 창의성을 발휘하여 높은 학업성취와 무한한 발전을 이룰 수 있도록 관심을 갖고 지도하는 데 노력해야 할 것이다.

3) 인지양식

인지양식(cognitive style)이란 정보를 조직하는 방식이나 환경자극에 대한 반응방법에 있어서 개인의 선호도를 의미하며, 이는 교육현장에서 개인적인 차이로 나타난다. 인지양식은 다소 새로운 개념으로, 자신을 둘러싼 외부환경이나 사물을 지각하고 그에 관한 정보를 조직하는 방법이 개인에 따라 어떻게 다른가를 밝히는 것을 연구과제로 삼는다.

인지양식은 지적 능력과 성격적 특성 모두가 관련된다. 즉 인지양식은 사고의 양식으로서 한편으로는 인지능력으로부터 영향을 받고,

다른 한편으로는 인지양식에 영향을 미친다. 클라인(Klein)도 인간행동을 결정하는 데 작용하는 요인으로서 지적 능력과 더불어 인간의 사회화 과정을 통해서 형성된 어떤 지각양식이 개인의 인지행동을 결정하는 데 중요한 작용을 한다고 하였으며, 그 지각양식이 바로 '인지양식'이라고 하였다(신종호 외, 2006).

이와 같은 견해를 종합해 볼 때, 인지양식이란 인지능력과 기능수행에서 나타나는 개개인의 일관적이고 지속적인 개인차이다. 이 개인차는 인성의 차이이며 지적 능력의 차이를 보여주는 것으로 인지양식은 정서, 동기 및 인지 사이를 매개해준다고 볼 수 있다.

인지양식은 학자들에 따라 견해가 다양하다. 대표적인 양식으로는 위트킨(Witkin)의 장 독립적 - 장 의존적 인지양식과 사려 깊은 사고양식 및 충동적 사고양식을 살펴볼 수 있다(김희수, 2010; 이형행 · 권영성, 2010; 이지헌 외, 2012).

먼저, 위트킨은 장 독립적(field - independent) 인지양식과 장 의존적(field - dependent) 인지양식으로 분류하였다. 장 독립적 인지양식은 배경이나 상황의 영향을 받지 않고 사물을 지각하는 방식이다. 반면, 장 의존적 인지양식은 사물을 인식할 때 배경이나 주위 상황의 영향을 많이 받는 인지양식이다. 장 독립적인 인지양식을 갖고 있는 학생은 분석적 능력을 요구하는 수학이나 과학과 같은 자연계 과목을 선호하는 경향이 많다. 이에 반해 장 의존적 인지양식을 갖고 있는 학생들은 전체 의미나 형태 인식을 요구하는 문학, 사회, 예술과 같은 인문사회 교과를 선호하는 경향이 많다. 또한 교수학습 과정을 살펴보면 장 독립적 학생들은 학생주도적 발견학습을 선호하고, 장 의존적 학생들은 협동학습과 토의법을 선호하는 경향이 많다.

다음으로 케이건(Kagan)에 의하면, 사려 깊은 사람은 의사결정을 하기 전에 대안적인 해결책을 생각하고, 충동적인 사람은 충분한 생각 없이 바로 대답하는 경향이 있다. 학생들의 충동성 수준은 학업성취에 영향을 미친다. 충동적 학생은 추론문제나 시각적 구별을 요하는 문제에서 어려움을 겪는 경우가 많다(김정섭 외 공역, 2010).

이와 같은 인지양식은 학습방법, 교수방법, 학생과 교사의 상호작용, 전공 및 직업선택에 영향을 주는 것으로 알려져 있지만, 어떠한 인지양식 즉, 장 독립성과 장 의존성, 깊은 사려성과 충동성을 상호 비교하여 어느 성향이 바람직하다는 가치판단을 할 수는 없다. 이는 인지양식이 갖고 있는 적응적 가치가 서로 다르기 때문이다. 더구나 수업현장에서조차 교사와 학생 간에 인지양식을 일치시켜야 하는지, 아니면 상치시켜야 하는지에 대해서도 아직도 많은 논란이 있기 때문이다(권대훈, 2009).

2. 학습자의 정의적 특성

일반적으로 학습자로 하여금 학습활동을 효과적으로 할 수 있도록 하는 심리적 요인이 정의적 특성이다. 학습자의 인지적 특성이 학업 성취에 큰 영향을 미치지만, 정의적 특성은 이에 선행하는 심리적 요인이라 할 수 있다.

1) 태도와 학습[11]

학습자의 정의적 특성 중 가장 중요한 것은 태도이다. 사람들은 흔히 어떤 일을 하거나 당면한 상황 또는 사태에 대해 태도를 바르게 하라는 말을 한다. 이는 태도가 어떤 개념이 옳다고 생각되는 가치를 자신이 믿고 추진하는 역동적인 행위로 언어, 사고, 행동 등으로 발현하는 노력과 집중을 의미하기 때문이다. 인간은 자신을 둘러싼 환경에서

---

11 김희수(2010), 『교육심리학』, 신정, 166-167쪽에서 재정리하였음.

일, 사람, 사건을 포함한 대상물에 대해 중립성을 유지하기가 어렵다. 이는 각 사람마다 선호하는 것과 선호하지 않는 것, 혐오하는 것과 그렇지 않은 것 등 느낌의 세계가 다르기 때문이다.

이와 같이 지각반응에 대한 다양한 감정의 외적 표현이 '태도'이기에 외계의 사상에 대한 사유, 평가, 분석, 판단을 기준으로 개인이 반응하는 상태를 태도라고 말할 수 있다(김신곤 외, 1999).

또한, 올포트(Allport, 1935)는 태도란 경험을 통해서 조직된 것으로 그것에 관련되어 있는 모든 대상과 상황에 대한 개인의 반응에 직접적이거나 역동적인 영향을 주는 정신적 또는 신경적 준비상태라 하였다. 이러한 태도에 대해서 학자들이 제시한 공통점을 살펴보면 다음과 같다. 첫째, 경험을 통하여 학습되는 것이고 둘째, 특정한 사물이나 사태에 대한 반응경향 즉, 행동성향이라는 점이며 셋째, 비교적 지속적이고 규칙성을 가지고 있다는 것이고 넷째, 보다 심층에 속하는 행동경향이나 그 구성요소별로 분류해보면 인지적 요소도 포함되어 있다는 점이다(박아청, 2002).

이러한 태도의 특성을 정리하여 제시하면 다음과 같다.

첫째, 태도는 다차원의 개념이다. 그러나 분절된 것이 아니고 연속선상에 있다. 둘째, 태도의 결과는 볼 수 있어도 태도 자체는 볼 수 없다. 그러나 태도 자체는 추리가 가능하다. 셋째, 태도는 지속성을 지니지만 변화를 본성으로 한다. 넷째, 태도는 타인과의 상호작용을 통해 집단 내에서 학습된다.

이상의 내용을 종합해 볼 때, 태도란 어떤 상황에서의 반응준비 상태 혹은 경향을 의미한다고 정의할 수 있다.

한편, 태도는 고정된 것이 아니라 상황과 각종 주변 환경, 개인의 심리적 상태 및 발달에 의해 변화할 수 있는 특성을 갖고 있다. 이와 관련한 이론을 정리하면 다음과 같다(김희수, 2010).

첫째, 균형이론으로서 헬더(Helder)는 태도 변화에 관한 연구에서 일치라는 개념을 통해 태도에는 두 가지 유발성이 있는데 하나는 정적 유발성이고, 다른 하나는 부적 유발성이라고 하면서, 이 두 유발성 사이에 균형이 이루어지고 있는 한 태도는 변화를 지향하지만, 일단 균형이 깨어지면 다시 균형 상태로 복귀하려는 경향이 발생한다고 했다.

둘째, 인지불협화이론으로서 여기에서는 태도변화란 사람들의 기본적인 심리구조를 이루고 있는 것으로서, 사람들은 이 구조를 이루는 과정에서 불협화를 기피하고 협화를 추구하는 경향이 있다고 한다. 인간의 태도변화는 불협화를 기피하고 협화를 추구하는 과정에서 나타난다고 주장한다.

셋째, 감정-인지 일관성이론에서 태도변화란 사람들마다 자신의 태도나 행동을 자신의 감정과 일치시키려는 견해를 보인다. 이를테면, 어떤 사실에 대한 신념, 지식 혹은 확신은 감정적 신호에 의해서 결정된다고 주장한다.

학교현장에서 태도는 학업성취와 높은 상관관계를 보이고 있는 것으로 나타나고 있다. 특히, 학습자의 태도 중에서도 집중력은 학업성적에 절대적인 영향을 미치고 있는데, 이는 많은 연구에서 일관되게 지지되고 있는 현상이다. 심지어 집중력이 낮은 학생은 일반학생에 비해 지능이 상대적으로 낮은 학생보다도 더 떨어지는 것으로 나타나고 있다 (Fisher, T. A, 1988).

따라서 교사는 학생들의 학습태도를 긍정적으로 변화시키고 집중하여 학습에 임할 때, 높은 수준의 성취도를 올릴 수 있음을 알고 이를 위해 노력해야 할 것이다.

2) 동기와 학습

(1) 동기의 개념

일반적으로 동기(Motivation)란 내 · 외적 환경의 영향을 받아 무엇을 하고자하는 욕구나 욕망으로서 일을 하도록 하는 원천이 되는 힘이라고 할 수 있다. 또한 유기체가 특정한 방향과 강도로 행동을 시작하고 이를 지속하는 데 필요한 심리적인 힘이다. 이러한 동기의 개념을 교육장면에 적용하면 매우 중요한 학습동기가 된다.

학습동기란 학업과 관련된 행동을 시작하게 하고, 그러한 행동을 강력하게 수행하게 하며, 그러한 행동이 학업성취나 자기발전이라는 목표를 향하도록 하면서 그것을 지속시키는 힘이다(이용남 · 신현숙, 2010).

따라서 학습에 있어서 동기유발 없이 효과적인 학습은 불가능하다. 영국 속담에 '말을 물가로 끌고 갈 수는 있으나 물을 억지로 먹일 수는 없다'라는 말이 있다. 이와 같이 학습에 있어서 교사가 학습자료를 제공하고 환경을 조성할 수 있지만, 실제 학습을 하는 학습자가 스스로 학습하고자 하는 동기가 없다면 학습의 성과를 기대할 수 없다. 그만큼 동기는 학습에 있어서 매우 중요하다.

일반적으로 동기는 활성적 기능, 지향적 기능, 강화적 기능, 조절적 기능으로 구분된다.

먼저, 활성적 기능은 발생적 기능이라고도 하며 출발점 또는 시발점 기능으로 이해될 수 있고, 모든 행동의 전제조건이 된다. 둘째, 지향적 기능은 행동에 있어서 구체적인 방향을 정하고 자극에 대한 선별적 반응을 통해 순조롭게 목표를 달성하게 하며 결과적으로 긴장을 완화시키는 기능을 한다. 셋째, 강화적 기능은 동기가 행동의 원동력이 되어 강화시키는 것으로서 칭찬이나 질책과 같은 외부적 상황이 특정한 행동을 수행하도록 유도한다. 넷째, 조절적 기능은 목표달성을 위해 자신의 개인차와 특성을 고려하여 과업을 단계적으로 진행함을 의미한다.

동기는 학습과 관련하여 일반동기(general motivation), 특수동기(specific motivation)로 구분할 수 있다. 학습에 대한 일반동기란 학습상황에서 지식의 습득과 기능의 숙달을 위해 노력하는 지속적이고 폭넓은 경향을 의미하는데, 여기서 말하는 '지속성'은 한번 형성되면 초등학교와 중고교를 거쳐 대학과 직장생활을 하는 동안까지 변하지 않고 지속되는 것을 의미한다. 반면, 특수동기는 특정영역이나 특정내용의 학습에 대해서만 동기화가 이루어진다. 따라서 특수동기는 교사의 통제범위 안에 있고, 특정과목 혹은 특정 수업시간의 학습에서만 학생들의 학습을 촉진시키게 된다.

한편, 학습동기의 유발은 크게 두 가지로 생각할 수 있다. 하나는 학생 스스로가 자발적으로 학습하려는 의욕을 갖게 하는 내적 동기유발이고, 다른 하나는 외부에서 학습활동을 일으키도록 하는 유인(誘因)이다. 흔히 사용되는 유인이란 말은 엄격하게 따지면 동기가 아니고 동기를 유발시키기 위한 외적 자극인 것이다. 즉, 학습동기는 크게 학생 내부에서 이루어진 내재적 동기(intrinsic motivation)와 학습자의 외부로부터 이루어진 외재적 동기(extrinsic motivation)로 구분한다. 내재적 동기는 자연적 동기라고도 하며, 외재적 동기는 인위적 동기라고도 한다(이형행 · 권영성, 2010). 내 · 외재적 동기에 대해서 좀 더 부연하면, 내재적 동기는 학생이 본질적으로 가지고 있는 동기로서 학업을 하면서 가치와 보람을 느끼고 학업과제를 이해하는 데서 기쁨과 유능감을 느끼며, 도전적인 학업과제에 자율적으로 기꺼이 직면하는 동기를 말한다. 외재적 동기는 학생이 외부로부터 받을 수 있는 강화자로서의 동기를 의미한다. 즉 미래의 성공을 이루기 위해 학교에 다니며, 학습하는 것 자체에 의미와 만족을 두기보다는 진학, 직업선택, 경제적 성공이라는 외적 보상을 위하여 투자하는 마음으로 학교에 다니는 동기를 말한다. 따라서 학생을 지도하는 교사는 학습동기에 대한 개념을 충분히 이해하고 학생의 행동을 유발하는 유인 즉 내·외재적 동기를 고려하여 학습의 방향을 설정하고 이끌어야 한다. 특히, 외재적 동기보다는 내재적 동기가 보다 근본적이고 지속적인 성향을 갖고 있음을 명심하여 이를 증진하는 데 힘써야 할 것이다.

학습동기를 유발하는 방법을 정리하여 제시하면 다음과 같다(이형행·권영성, 2010).

첫째, 효과적인 학습동기는 학습의 목표를 개인적 욕구와 결부시켜줄 때 유발된다. 둘째, 목표를 뚜렷하게 인식시켜주는 것이 학습동기를 유발하는 데 크게 도움이 된다. 셋째, 학생의 흥미나 적성에 부합된 과제일수록 학습동기 유발에 도움이 된다. 넷째, 칭찬이나 상은 학습동기 유발에 효과적인 방법이다. 다섯째, 긍정적 자아개념의 형성을 돕는 것은 학습동기 유발에 도움이 된다. 여섯째, 부분해답은 학습동기 유발에 도움이 된다. 일곱째, 경쟁심의 적절한 활용은 학습동기 유발에 도움을 준다.

(2) 동기이론

동기와 관련된 이론은 행동주의적 관점, 인지적 관점, 사회학습이론의 관점, 인본주의적 관점에서 살펴볼 수 있다(김충기 외, 2001; 권대훈, 2006; 김희수, 2010; 이지헌 외, 2012).

먼저, 행동주의 관점에서 볼 때 동기는 학습과 마찬가지로 보상을 구하고 처벌을 피하기 위해 조성된 행동, 즉 보상과 처벌의 결과로 나타난다. 따라서 행동주의적 관점에서는 내적 동기보다는 외적 보상으로 유도된 외적 동기를 강조한다. 대표적 학자로는 강화이론을 주장한 스키너(skinner)와 신행동주의자인 헐(Hull) 등이 있다.

둘째, 인지주의 동기이론가들은 어떤 행동이 과거에 보상되었는가 아니면 처벌이 후속되었는가에 의해서가 아니라, 개개인의 사고에 의해서 행동이 결정된다고 본다. 인간의 행동은 계획, 목표, 도식, 기대 그리고 귀인 등에 의해 조작되고 조절된다. 이 모든 것의 중심이 되는 전제는 사람들의 외부사건이나 배고픔과 같은 신체적 조건에 반응하지 않고, 사태에 대한 자신의 주관적 해석에 의해 반응한다는 것이다. 스스로 설정한 목표달성 기대에서 출발하여 그 과제에 몰두한 나머지 시계를 볼 때까지는 배고픔을 느끼지 못하는 경우가 그 예라 할 수 있다. 대표적인 학자로는 귀인이론을 주장한 와이너(Weiner)와 자기효능감 이론을 주장한 밴두라(Bandura) 등이 있다.

셋째, 사회학습이론에 따르면 동기가 유발되는 것은 개인의 내적 조건과 외적환경이 결합된 상호작용의 결과이다. 이처럼 개인의 내적 사고와 외적 환경이 상호작용하여 동기가 향상된다고 보는 이론을 기대-가치이론이라고 말한다. 성공할 가능성이 높고 자신에게 의미가 있는 목표일 때 인간의 동기는 유발된다. 그러므로 이 관점은 행동주의적 관점과 인지적 관점이 결합된 것이라고 볼 수 있다.

넷째, 인본주의 동기이론가들은 동기의 내적 원천은 자아실현을 위한 개인적 욕구, 생득적인 실현 경향성을 위한 욕구 혹은 자기결단을 위한 욕구라고 주장한다. 이런 주장의 공통점은 사람들을 지속적으로 동기화시키는 힘으로 자신의 잠재능력을 실현시키려는 생득적 욕구로 보는 것이다. 결국, 인본주의 입장에서 보면 학교에서 학생들을 동기화시키기 위해 학생들의 내적 자원인 유능감, 자아존중감, 자율성과 자아실현 등을 격려해주어야 한다.

그러므로 인본주의는 전체로서의 인간 혹은 자아를 가장 중요하게 생각하기 때문에 인본주의 동기이론의 중심개념 역시 자아개념이 된다. 자아개념이란 개인이 가지고 있는 자신에 대한 견해를 말한다. 자아개념은 학생이 겪는 경험의 통합이자 핵심이다. 학생이 학급에서 어떻게 행동하는가는 그들이 자신을 인간 존재로서 어떻게 바라보는가와 학교가 자신들의 성숙에 얼마나 기여하고 있는가에 대한 생각에 달려 있다. 만일, 수업이 개인적으로 의미 있는 것이라면 그들은 학습에 동기화된 것이고, 그렇지 않다면 그들은 동기화되지 않은 것이다. 대표적인 학자로는 욕구위계이론을 주장한 매슬로(Maslow)와 자기결정이론을 주장한 데시(Deci)가 있다.

이 중에 매슬로의 욕구위계이론을 소개하면, 인간의 욕구는 피라미드 구조로 되어 있어서 하위 단계의 욕구가 충족되지 않으면 상위 단계의 욕구가 발현될 수 없다. 매슬로는 인간의 욕구를 크게 결핍욕구와 성장욕구로 구분하였다. 결핍욕구는 충족되지 않으면 그것을 충족하고자 노력하게 하는 욕구로서 생리적 욕구, 안전욕구, 소속감과 애정의 욕구, 자아존중감의 욕구가 여기에 해당된다. 성장욕구는 결핍욕구가 충족되어야 비로소 발현되는 욕구로서 존경의 욕구, 자아실현의 욕구가 여기에 해당된다. 매슬로의 이론은 학습자의 동기를 유발하기 위해서는 학습자가 갖고 있는 현재의 욕구를 충분히 이해하고 그에 적절한 지도를 하는 것이 중요함을 보여준다.

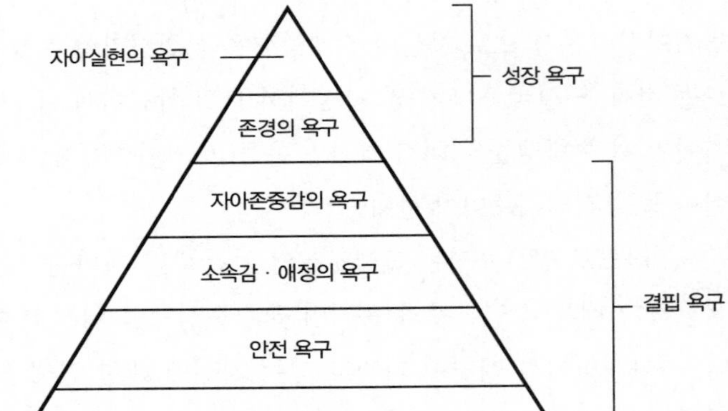

그림 4-1 매슬로(Maslow)의 욕구위계이론

참고문헌

구광현 외, 『교육학개론』, 양서원, 2000.

권대훈, 『교육심리학의 이론과 실제』, 학지사, 2009.

김경희 · 안영후 · 손영환 · 정태근, 『교육학』, 학지사, 1999.

김민남, 『콜버그의 도덕성 발달이론』, 교육과학사, 1996.

김신곤 외, 『실기교육방법 탐구』, 학지사, 1999.

김준권 · 손충기, 『교육학 개론』, 동문사, 1998.

김충기, 『현대 상담이론과 실제』, 교육과학사, 2001.

김형태, 『교육의 심리학적 이해』, 동문사, 1999.

김희수, 『교육심리학』, 신정, 2010.

박아청, 『교육심리학의 이해』, 교육과학사, 2002.

신명희, 『교수방법의 심리적 기초』, 학지사, 2002.

신재흡, 『신교육학의 탐구』, 도서출판 학이당, 2008.

안범희 외, 『교육심리학』, 교육과학사, 1998.

오세진 · 최창호, 『심리학이란 무엇인가?』, 학지사, 1995.

이용남 · 신현숙, 『교육심리학』, 학지사, 2010.

이지헌 외, 『교육학의 이해』, 학지사, 2012.

이해경 · 이양 · 용홍출, 『교육심리학』, 양서원, 2005.

이형행 · 권영성, 『교육학개론』, 공동체, 2010.

임창재, 『교육심리학』, 학지사, 2005.

조원호, 『학교 교육에서의 교육심리학』, 국민대학교 출판부, 2002.

한홍우 외, 『최신교육학개론』, 동문사, 1996.

P. Eggen & D. Kauchak, 신종호 외 역, 『교육심리학-교육 실제를 보는 창』, 학지사, 2006(6판).

______, 『교육심리학-교육 실제를 보는 창』, 학지사, 2011(8판).

Wendy M. Williams & Robert J. Stanberg, 김정섭 외 공역, 『스턴버그의 교육심리학』, 학지사, 2010.

Fisher, T. A., *Academic Achievement Motivation of Black Adolesecent*, Unpublished Doctoral Dissertation, University of Ilinois, 1988.

제5장

교육의 사회적 기초

본 장에서는 교육학의 다른 분야에 비해 교육현실에 더 많은 관심을 갖는 학문인 교육사회학을 바탕으로 교육의 사회적 기초와 관계를 다루고자 한다. 교육사회학은 사회학의 이론을 기초로 하는데, 일반적으로 기능주의와 갈등주의를 토대로 하여 발전하였다. 따라서 제1절에서는 사회와 교육의 관계를 알아본 후, 교육사회학의 이론적 토대가 되는 기능주의, 갈등주의, 해석주의 등에 대해서 살펴본다. 제2절에서는 교육의 사회적 기능으로서 문화전승, 사회혁신, 사회화 등에 대해서 살펴보고, 제3절에서는 사회계층의 형성과 이동 등에 교육이 미치는 영향에 대해서 고찰한다.

학습내용

- 제1절 교육사회학 이론
- 제2절 교육의 사회적 기능
- 제3절 사회계층과 교육

제1절
교육사회학 이론

1. 사회와 교육

일반적으로 사회란 인간들이 모여서 집단생활을 하는 조직으로서 가족, 마을, 조합, 정당, 회사, 국가의 형태로 나타난다. 사회는 그 내부에 다양한 인간 공동체와 관계가 존재하며, 매우 복잡하고 다양한 상호의존적 관계 속에서 영속하고 발전해나가는 특징을 갖고 있다.

교육은 사회의 필요에 의해서 나타난 사회적 현상의 하나이지만, 동시에 사회가 지속적으로 유지해나가기 위해서 반드시 필요한 구성원들의 사회화 과정 그 자체이기도 하다. 그래서 교육을 이해하려면 교육학적 안목뿐만 아니라 사회적 안목도 필요하며, 이러한 교육과 사회의 관계를 동시에 접목하고 통합시켜주는 학문이 교육사회학이다.

교육사회학은 모든 교육 현상을 사회학적인 관점에서 기술하고 설명하며 이해하려는 학문이다(김신일, 2005). 다시 말해 교육의 여러 현상들이 어떤 사회적 세계 속에서 발생하고 변화하며, 사회의 여러 현상에 어떤 영향을 미치고 있는지 분석하는 학문이며, 아울러 체제로서 교육의 내부가 어떻게 형성되고 작동되는지를 사회학적으로 분석하는 학문이라 할 수 있다.

교육사회학은 프랑스의 소르본느 대학교에서 사회학과 교육학을 가르쳤던 뒤르켕(E. Durkheim)이 최초 주창하였으나, 1920년대 이후 미국의 학자들에 의해서 독창성이 주창되고 교육심리학과 같은 수준의 독자적 영역으로 발전하게 되었다.

하지만 교육사회학은 사회현상을 보는 관점과 태도에 따라 다르게 해석되고 발전해왔다. 대체적으로 교육사회학의 이론은 뒤르켕의 기능주의 이론과 마르크스의 갈등주의 이론, 베버(Weber)의 해석주의 이론으로 구분되며, 이 중에 주류를 차지하는 이론은 기능주의 이론이다. 본서에서는 이 세 가지 이론을 중심으로 살펴보고자 한다.

2. 기능주의 이론과 교육

기능주의(functionalism)란 사회를 하나의 생명과 같은 생물학적 유기체로 보고 있어 구조기능주의라고도 불린다. 이러한 기능주의는 학자들마다 관점에 따라 다양하게 불리는데, 대체적으로 구조기능이론(structural functional theory), 합의이론(consensus theory), 질서모형(order model), 평형모형(equilibrium model) 등으로 불리고 있다.

기능주의는 사회학의 아버지로 불리는 콩트(A. Comte)와 사회유기체설을 주장한 스펜서(H. Spencer)에 의하여 기초가 형성된 뒤에 뒤르켕, 이탈리아의 사회학자 파레토(V. Pareto), 인류학자 말리노프스키(B. Malinowski) 등에 의해 다양하게 발전되었다. 이러한 발전은 파슨스(Talcott Parsons)에 이르러 매우 포괄적인 사회학이론으로 정립되었다. 뒤르켕과 파슨스의 지적 전통은 드리벤(Dreeben), 하그리브스(D. Hargreaves) 등의 연구로 이어졌으며, 1960년대 이후에는 기능주의에 토대를 둔 기술기능이론, 인간자본론, 근대화론 등이 하위이론으로 등장하였다.

기능주의는 현상유지, 사회질서, 합의, 사회적 통합에 관심을 가지며, 어떻게 사회가 유지 및 존속 가능한가를 체계적으로 설명한다. 이처럼 사회의 제도나 관습이 사회 전체를 유지하는 데 어떻게 기여하는

지를 분석하기 위해서 기능론자들은 생물학적 유기체 또는 기계적인 유추를 사용한다. 유기체인 인체가 머리, 가슴, 팔, 다리, 내장기관 등의 여러 부분으로 구성되어 있고, 이들 각 부분이 각기 주어진 기능을 수행함으로써 생존을 이어나가듯이 사회도 마찬가지로 여러 부분으로 나뉜 구성요소들이 각각의 기능을 수행함으로써 존속해나간다는 것이다(이지헌 외, 2012).

따라서 이들은 교육도 사회 전체의 유지를 위해 하나의 구성요소로서 기능을 수행해야 한다는 관점을 갖고 있다. 교육도 그 내부에 속한 학교와 교사, 학생 등 제반 구성들이 각기 제 기능을 수행하고 있으므로 이를 분석하고 파악하는 것이 연구의 주된 관심사가 되고 있다. 또한 기능주의는 사회의 부분을 이루고 있는 교육이 사회 전체의 유지와 발전을 위해 기능한다고 본다. 이 기능은 사회화 및 선발의 기능으로 요약된다. 구성원 간의 사회적 합의에 바탕을 두고 사회의 질서가 잘 유지되고 있다고 전제하기 때문에 교육을 통한 사회혁신을 내세우지는 않는다.

교육에 대한 기능주의적 이해 방식은 사회에 대한 기능론적 이해 방식과 일관성을 갖는다. 이를 정리하면 다음과 같다(신재흡, 2004).

첫째, 질서 유지의 관점이다. 사회는 질서 유지를 강조하고 질서는 구성원의 가치 · 관점에 의해 유지된다고 본다. 사회의 존속과 유지를 위해 교육은 그 사회에 맞는 사회화 기능을 수행해야 한다.

둘째, 체제적응적 관점이다. 기능론에서는 전체 사회에 대한 교육사회의 기능을 체제적응적으로 파악한다. 따라서 교육사회는 사회의 변화에 따라 적응하는 기능을 제대로 수행해야 한다.

셋째, 기회균등과 업적정도가 가장 중요하게 취급되는 업적주의 사회라고 전제된다. 사회적 신분은 개인의 노력에 의해 성취되어야 하기 때문에 계층, 지역, 인종에 구분 없이 누구나 동등한 사회적 성취 기회를 가져야 한다는 기회균등의 원리를 주장한다. 즉, 이 두 원리의 측면에서 보면 기회의 균등한 분배는 능력에 의한 사회형태 구성을 추구하는 것이다.

넷째, 개인주의이다. 교육에 관한 선택 및 성공과 실패, 교육 기회의 문제도 사회구조적 설명보다는 개인주의적 설명을 강조한다. 개인의 능력 때문에 성공하고 실패한다는 견해가 지배적이다.

다섯째, 점진적 개량주의이다. 기능론에서도 각종 사회악이나 불평등 요소가 있다는 점을 인정하지만, 일시적이고 부분적인 체제의 부조화로 파악하는 경향이 높다. 따라서 그에 대한 대책도 부분적이고 점진적인 개선책으로 가능하다고 생각한다.

기능주의에서 학교는 기존 사회의 생활양식과 가치 및 규범을 새로운 세대에게 전수하는 사회화의 기능뿐 아니라, 교육을 통해 재능 있는 사람을 분류하고 선발하여 적재적소에 배치하는 선발기능을 담당한다. 사회가 점차 복잡하고 전문화됨에 따라 능력 있고 전문적인 지식과 기술을 지닌 사람들을 필요로 하기 때문에, 학교가 능력 있는 사람들을 선발해야 하며 보다 많은 사람들의 인지 능력을 높여야 한다고 주장한다. 그들은 학교를 통한 인재의 선발이야말로 능력사회를 창조하는 유일한 방법이라고 주장하고 있으며, 이러한 기능주의적 관점은 널리 수용되고 있다.

한편, 기능주의에는 몇 가지 결점이 있다고 보고, 근본적인 측면에서 이를 극복하고자 제기된 이론이 신기능주의(neo-functionalism)이다. 알렉산더(Alexander)가 대표적인 인물이며, 신기능주의는 사회기능의 분화를 사회유지와 발전의 입장에서 긍정적인 것으로 판단했던 기능주의와는 달리 분화된 구조가 더 효율적이라는 가정을 거부한다(김천기, 2008). 그리고 교육구조를 만드는 데 있어 집단 간의 합의를 전제했던 기능주의와는 달리 집단 간의 갈등이 존재하고 있음을 인정한다. 신기능주의는 교육팽창을 생태학적 세계체제이론의 관점에서 국제경쟁에 대한 각 사회의 적응과정으로 해석한다. 신기능주의의 이러한 설명방식은 세계화시대의 교육현상 설명에 유용할 것으로 보인다.

3. 갈등주의 이론과 교육[12]

갈등주의란 사회집단 간의 갈등을 중시하는 이론으로서 사회를 하나의 유기체로 보는 기능주의와 달리, "갈등 없이는 진보란 있을 수 없으며, 이것은 인간의 문명이 금일까지 준수한 법칙이다"라고 했던 마르크스(K. Marx)처럼 사회는 집단 간의 갈등을 통해 발전한다고 보는 이론이다.

마르크스는 사회 내부에는 인간적인 발전을 저해하는 요인으로서 모순이 잠재해 있다고 주장했다. 이러한 모순은 계급 간의 긴장과 갈등을 심화시켜, 결국 무산계급(노동자, 농민 등)이 주도하는 혁명을 통해 사회의 질적 변화를 촉진하게 된다고 주장한다.

마르크스의 주장에 동조하는 갈등주의자들에는 베버(Weber), 짐멜(Simmel), 코저(Coser), 터너(Turner) 등이 있으며, 이들은 기능주의에서 말하는 사회적 합의설에 대해 의문을 제기한다. 즉, 사회구성원들이 사회체제의 목적에 대하여 합의한 것이 아니라 이견을 갖고 있으며 이를 둘러싼 갈등이 존재한다고 믿고 있는 것이다. 따라서 갈등주의자들은 기능주의에서 전제하는 사회이념, 가치, 신념에 대한 사회구성원 간 합의를 부정하고, 설령 합의가 되어 있을지라도 그것은 조작 혹은 강압에 의한 것이라고 주장한다. 사회집단은 집단의 존재 목적에 맞는 상반된 사회이념이나 가치를 지향하기 때문에 대립과 갈등이 일어난다고 주

12 신재흡 외(2004), 『교육사회학』, 학이당; 이형행 · 권영성(2010), 『교육학개론』, 공동체; 이지헌 외(2012), 『교육학의 이해』, 학지사를 참고하여 정리하였음.

장한다.

갈등주의 이론은 1960년대 이후 미국과 프랑스에서 강하게 등장한다. 그것은 이 시기가 경제적으로 불황이 닥치고 경제성장이 마이너스로 들어섰을 뿐 아니라, 베트남 전쟁 개입에 대한 젊은이들과 지성인들의 비판이 일어나고, 인권운동이 활발해졌으며, 빈부격차가 더욱 심화되는 등 사회적 환경이 매우 빠르게 변화했기 때문이다. 즉, 미국과 유럽 국가들의 사회적 갈등 고조와 변화는 교육을 갈등주의적 시각에서 보게 만들었다.

갈등주의자들이 사회를 보는 시각은 기능주의가 사회 및 교육 변화의 핵심을 과학기술의 발달과 사회통합의 진보적 움직임에서 찾는 반면, 권력과 지위를 획득하기 위한 서로 다른 집단 간의 끊임없는 투쟁에서 찾는 것에서도 잘 나타난다. 이들은 사회는 다양한 집단 간의 세력다툼이 일어나는 투쟁과 경쟁의 장소라고 생각한다. 또한 사회는 늘 안정된 상태로 남아 있는 것이 아니라 갈등과 대립에 따라 끊임없이 변화하는 것이라고 본다. 따라서 갈등주의는 사회적 지위의 차등화를 일컫는 '계층'이라는 개념보다는 경제적 지위의 차등화를 의미하는 '계급'이라는 개념을 더 중요하게 다루며, 대립과 투쟁의 산물이 사회라는 것이 이들의 시각이다(이지헌 외, 2012).

갈등주의에는 경제적 재생산론과 문화적 재생산론, 저항이론 등이 있다(이지헌 외, 2012). 보울즈와 진티스(Bowles & Gintis)는 경제적 재생산론을 주장했는데, 이들에 의하면 학교교육은 자본주의 사회의 구조적 모순과 거기서 파생된 경제적 불평등을 반영하여 자본주의 사회의 계층위계화를 공고히 하는 기능을 담당하고 있다. 따라서 자본주의 사회에서 학교는 공정한 사회적 기관이기보다는 오히려 사회적 위계관계, 즉 불평등구조를 정당화하고 합법화하여 현 체제를 강화하는 재생산적 도구에 불과하다.

문화적 재생산론은 학교교육은 지배계층의 문화를 선호하며 그것을 학생들에게 내면화시킴으로써 자본주의 사회의 구조적 모순과 불평등한 현상을 정당화, 합법화, 재생산하는 데 기여하고 있다고 주장한다. 대표적인 학자인 부르디외(Bourdieu)는 교육이 사회적 불평등을 감소하기보다는 사회적 불평등을 계속 영속화시키는 데 기여한다는 전제하에 고등교육과 사회계급구조 사이를 예리하게 분석하였다. 즉 고등교육은 특권을 전수하고 지위를 배분하며, 기존의 사회질서에 대한 존경심을 심어주는 기능을 수행한다고 주장하면서, 교육은 일반적인 문화구조를 한 세대에서 다음 세대로 전달하는 전통적 기능을 맡고 있기는 하지만 사실상 보다 심층적이며 잘 보이지 않는 사회적 기능을 수행하고 있다는 것이다.

저항이론은 경제적 재생산론이나 문화적 재생산론과 달리 학교를 사회의 단순한 반영물로 보지 않는다. 이들은 인간을 사회구조의 영향을 받는 수동적인 존재가 아니라 주체적 의지를 가지고 사회의 모순과 불평등을 비판하고 그것에 맞서 투쟁할 수 있는 존재로 보고 있다. 따라서 학교교육을 통해서 불평등한 사회구조를 인식할 수 있는 힘과 그러한 구조를 개혁할 수 있는 의지를 강조함으로써, 사회의 모순이 극복될 수 있다고 본다(권건일, 2007). 대표적인 저항이론 학자로는 윌리스(Wills)와 지룩스(Giroux)가 있다.

4. 해석주의 이론과 교육

해석주의는 기능주의와 갈등주의 이론이 지나치게 기계적이며 결정론적인 요소들을 강조하는 것에 대한 반발로서 발전된 이론이다. 해석주의는 사회적 삶에 대해 엄밀한 인과적 설명을 제시하는 대신, 개인의 이성과 문화적 규칙이 일차적인 역할을 수행하고 있다고 하였다. 그러면서 모든 형태의 사회에 적용될 수 있다고 생각되는 보편적인 법칙을 탐구하는 대신, 규칙에 의해 지배되는 행위, 개인적 자율성의 정도, 지역적인 상황의 특수성 등을 강조한다. 그리고 해석적 접근은 객관적 세계에 반대되는 해석을 검증해야 할 필요성을 강조하는 대신 전후관계의 맥락에 비추어 해석들을 이해하고 인정하는 것이 중요하다고 보았다(오욱환, 2003; 이지헌 외, 2012).

사실 기능주의와 객관주의 모두는 교육의 사회적 기능에 대해서 거시적 측면에서 보았다. 그러다 보니 교육의 기능에 대해 사회적 평등을 실현하거나 불평등을 재생산한다고 지적은 하고 있지만, 어떠한 방법과 형태를 통해서 평등 또는 불평등이 형성되는지를 밝혀내지 못했다는 한계를 안고 있다. 이러한 측면에서 해석주의 이론은 거시적 접근이 갖고 있는 결함을 해결하고자 발전하게 되었으며, 이러한 흐름은 사회과학의 다양한 분야의 이론, 즉 현상학, 상징적 상호작용론, 교환이론, 지식사회학, 민속방법론 등의 발달을 가져왔다.

해석주의 이론의 공통적인 특징(이종각, 2001; 신재흡, 2008; 이지헌 외, 2012)은 첫째, 인간은 객관적인 법칙에 지배를 받는 수동적인 존재가 아니라 대상에 의미를 부여하고 스스로 규칙과 제도를 만들어가는 능동적이고 주체적인 존재라고 본다. 둘째, 내부자 관점을 강조하고 있다. 연구자는 행위자들과 같은 방식으로 관찰하고 해석을 하며, 그로부터 특정한 유형이나 규칙성을 찾으려 한다. 셋째, 총체적 관점을 갖고 있다. 관심 대상이 처한 복잡한 상황 중에서 몇몇 상황을 발췌하여 분석적으로 탐구하기 보다는 문제 상황을 전체적으로 인식하고 탐구한다. 넷째, 맥락화로서 모든 자료는 그 자료가 수집된 환경의 맥락 속에서 고려되어야 한다고 주장하며, 맥락화가 해석의 본질이라고 한다.

제2절
교육의 사회적 기능

1. 사회기능과 교육

교육은 두 가지의 요인으로 이루어진다. 바로 교육을 하는 사회와 교육을 받는 개인이다. 그렇기에 교육을 이해하려면 사회와 교육이 어떠한 관계를 갖고 있으며, 사회는 교육을 통하여 무엇을 달성하고자 하는지를 밝힐 필요가 있다.

일반적으로 사회적 현상을 고찰해보면 그 속에는 사회존속과 사회변화가 내포되어 있음을 발견하게 된다. 사회는 존속만도 아니며, 변화만도 아니다. 존속과 변화는 상호작용하면서 발전하는 것이다. 이를테면 인간생활의 보수성은 사회의 존속 기능과 관련이 있는 것이며, 진보성은 사회의 변화 기능과 관련이 있는 것이다(김경희 외, 1999).

이와 같이 사회는 하나의 관점, 생각만으로 설명할 수 없으며 개개의 구성요소들과 기능들이 상호작용하면서 유지되는 조직체이다. 그렇기에 우리가 생각하는 것 이상으로 다양하고, 그만큼 다양한 기능을 수행하고 있다. 특히 사회와의 관계 속에서 교육은 사회의 부분으로서 기능을 수행하며, 사회의 존속과 변화라는 측면에서 뿐만 아니라 사회의 각 부분과 유기적 관계를 맺으면서 다양한 기능을 수행하고 있다.

따라서 사회의 기능 속에서 교육의 역할을 살펴보면 다음과 같다(이형행 외, 2010).

첫째, 사회는 사회구성원으로 하여금 성적(性的) 충원과 환경에 대해서 적절한 관계를 맺을 수 있도록 만들어야 한다. 이를 위해서는 학습이 필요하며, 학습은 교육을 통해서 이루어진다. 즉, 교육을 통해 환경에 대한 이해와 합리적인 관계를 이해시켜야 하고 인간관계와 이성간의 관계를 올바로 인식할 수 있도록 도와주어야 한다.

둘째, 사회는 역할을 나누고 사회구성원들에게 역할을 부여해야 한다. 사회의 분업적 성격은 노동의 분업을 불가피하게 한다. 개인이나 집단의 역할이 원활하게 수행될 때 사회는 유지되고 계속해서 발전할 수 있다. 따라서 교육은 선발을 통해서 사회에서 요구하는 우수한 자원을 양성해내야 하며, 사회에 속한 모든 구성원들이 각기 제 역할을 수행할 수 있도록 학습과 지도의 역할을 수행해야 한다.

셋째, 사회는 사회구성원을 위해서 의사소통의 수단을 마련해 주어야 한다. 사회생활에서 가장 필요한 것 중 하나는 개인과 개인, 개인과 사회의 관계를 유지할 수 있는 의사소통 수단이다. 의사소통 수단으로서 언어는 매우 중요하다. 언어는 인간문화의 핵심이며 모든 활동의 기본이기 때문이다. 따라서 언어를 통해 사회생활을 하는 인간은 언어에 대한 학습을 생존차원에서 접근해야 하며, 동시에 교육은 언어에 대한 교육을 매우 중요시해야 한다.

넷째, 사회는 인지적 경험과 지향을 공유하도록 해야 한다. 사회가 유지 · 발전되기 위해서 구성원의 경험세계와 지향성이 비슷하지 않으면 안 된다. 그래서 문화의 공유가 강조되기도 하지만 사회규범과 제도의 안정성이란 구성원의 경험세계와 지향성의 공유 없이는 불가능해진다. 사회규범은 구성원들의 경험세계를 비슷하게 만들며, 미래의 방향을 예견할 수 있게 해준다. 따라서 규범생활은 교육의 중요한 과업에 속한다. 규범을 지나치게 강조하면 변화를 기대할 수 없고, 변화가 없으면 사회의 발전이 어렵다고 하지만 이보다 앞서는 것이 안정이며, 안정은 규범을 통해서 이루어지기 때문이다.

다섯째, 사회는 이상과 목적을 확립해야 한다. 사회에는 여러 가지 종류의 사회적 성격의 집단들이 있고 이러한 집단들은 그 나름대로의 이상과 목적을 갖고 존재한다. 특히, 민주주의 사회에서는 인권, 자유, 평등, 복지, 정의라는 가치의 실현이 체제의 이념으로 강조되고 있음에도 불구하고 소수집단의 이상과 목적도 수용되고 있다. 민주주의 사회에서는 제도교육을 통해 이러한 이상과 목적을 인식시키고 그것의 달성을 위한 노력을 격려하며, 현실적 모순에 대해서는 비판함으로써 사회의 점진적인 발전을 이루게 한다.

여섯째, 사회는 사회통제의 기준과 규칙을 분명히 제시해주어야 한다. 건강한 사회는 사회를 구성하는 많은 부분들이 각각 나름대로의 이상과 목적을 달성하기 위해서 해야 할 역할과 기능을 성실히 수행하면서도 전체적으로 조화를 이루어야 한다. 다시 말하면 질서가 있어야 하는데, 이 질서는 그냥 이루어지는 것이 아니다. 교육을 통해 사회통제가 필요하다는 인식과 통제의 기준과 규칙, 사회생활의 원리가 무엇인가를 학습토록 할 때 이루어지는 것이다.

일곱째, 사회는 사회구성원을 사회화(社會化)시킨다. 사회화하려는 노력 없이 사회구성원이 될 수는 없다. 사회화라는 것은 전체적인 개념이기 때문에 신체적 과정으로서 단순한 육체적 성숙만을 의미하는 것이 아니다. 어린이가 사회화하기 위해서는 사회적 상황과 환경에서 어떻게 대처해야 하는가를 배워야 한다. 그 뿐만 아니라 어떤 야망과 태도를 지녀야 하는가를 학습하여 사회적으로 가치 있는 역할을 습득하도록 노력해야 한다. 나아가서 사회의 이상과 목적, 규범과 통제방법을 이해하여 사회적으로 가치 있는 것과 바람직한 인간관계 기술을 습득하도록 해야 한다.

여덟째, 사회는 사회구성원들에게 경제적으로 필요한 기본적인 조건을 마련해주어야 한다. 어떤 면에서 인간의 생존은 경제에 의해 좌우된다고 할 수 있다. 인간은 누구나 생존을 위해 먹고 입어야 하며, 쉬고 잠잘 수 있는 집이 있어야 한다. 그래서 사회는 경제적 생산과 소비 및 분배 체제를 갖추어 자원을 활용해 생산성을 높이고 소비생활을 합리적으로 하게 하며, 재화와 용역을 균등하게 배분함으로써 구성원들이 경제생활을 영위해나가도록 해야 한다. 따라서 교육을 통해 경제생활에 필요한 지식과 기술의 습득은 물론 합리적인 경제생활 습관을 형성하도록 해야 한다.

2. 교육의 문화전승 기능

교육은 사회의 성립과 형성에 밀접한 관련을 갖는다. 교육은 사회생활의 필요에 의하여 등장하는 것이며 사회 존속의 수단으로 존재하는 것이다. 사회의 유지존속이란 성인층이 생리적으로 사멸하면 어린 세대가 이어서 그 사회구성원이 되어 생명을 계승한다는 의미만이 아니라, 그 사회의 문화를 어린 세대에게 전달하고 또한 계승하게 함으로써 정신적으로 사회가 존속하도록 하는 것을 의미한다. 사회학자인 스미스(T. Smith)가 "교육은 사회적으로 인정되는 문화적 소산을 한 세대로부터 다른 세대로 계승하는 과정"이라고 한 것은 그 사회가 시인하는 대로 관습과 행동을 배우게 하고, 문화를 유지·발전시키는 것이 교육의 기능이라는 의미이다(김경희 외, 1999).

특히, 학교교육은 어린이들에게 사회가 필요로 하고, 동시에 그들이 사회에 적응하는 데 필요한 언어, 사고, 감정, 태도, 지식, 가치관, 행동양식을 학습하여 내면화하는 데 기여한다. 이는 학교교육이 한 사회의 문화가 개인의 사회화[13]를 통하여 다음 세대로 전달되는 과정에서

13 사회구성원은 개인이나 사회를 위해서 사회가 요구하는 여러 가지 생활방식과 행동양식

중요한 전달자의 역할을 수행하는 것을 의미한다(이형행 · 권영성, 2010).

하지만, 교육은 보수적 의미에서 문화를 전승하는 역할만을 하는 것은 아니다. 교육은 사회를 개혁하고 새로운 문화를 창조하는 진보적인 변화의 역할을 수행하기도 한다. 다만, 교육은 사회로부터 제공되는 사회의 공통 가치관, 규범, 생활양식 등의 문화내용을 주요내용으로 하여 가르치는 역할을 수행하기 때문에 문화변혁의 기능보다는 문화전승의 기능을 주로 수행하는 것이다.

3. 교육의 사회혁신 기능

사회가 하나의 유기체적 기능을 갖고 있다는 기능주의적 시각으로 보지 않더라도, 사회는 현재의 상태로 변화 없이 유지되는 것이 아니라 지속적으로 변화하고 발전해나간다. 이 과정에서 사회에 속한 정치, 경제, 문화, 교육, 환경, 인간 등 제반요소도 함께 변화해나가는 것이 일반적인 현상이다.

그러나 꼭 사회가 제반요소들을 변화시키는 것만은 아니다. 오히려 제반요소 특히, 교육이 사회를 변화시키고 혁신을 불러오기도 한다. 전근대적 사회가 근대적 사회로 변화하기 위해서는 미신이나 비과학적인 사고에서 벗어나야 하며, 새로운 과학과 기술의 도입과 발전이라는 변화를 수반해야 한다. 교육은 이러한 사회의 변화에 있어서 계몽적 역할을 수행하고 새로운 과학기술의 개발과 전수를 담당함으로써 사회를 혁신하는 데 앞장설 수 있다.

특히, 현대사회와 같이 변화가 빠른 사회에서는 의도한 대로 사회

을 내면화하는데 이를 사회화라 한다. 특히 교육사회학에서는 특정한 사회에 소속되어 있는 개인이 사회적 학습 또는 사회적 상호작용을 통해서 그 사회에의 적응 또는 그 사회의 성숙된 성원이 되어가는 과정을 의미하며, 이런 사회화는 가정, 동료, 학교, 직장, 종교단체 등 사회 도처에서 이루어진다.

를 변화시키기 위해서 교육의 적극적이고 계획적인 역할이 필요하다. 이러한 측면에서 교육은 계획적인 사회변화를 촉진시키는 역할을 담당하므로 사회혁신의 기능을 맡고 있다고 할 수 있다.

또한 교육은 새로운 문화를 창조하는 힘을 갖고 있다. 교육이 의도적으로 사회를 변화시키지만, 그 직접적인 요인은 과학기술의 발달이다. 교육은 과학기술의 전파를 통해 기술문화의 변화를 가져오는데, 기술문화의 발달은 필연적으로 가치문화의 변화를 가져오기 때문에 기존의 문화를 혁신하는 기능을 갖고 있다(이형행 외, 2012).

4. 교육의 사회화 기능

인간은 사회 속에서 태어나 사회 속에서 성장해나간다. 그러므로 사회집단 내에서 성장하고 생존을 유지하기 위해서는 사회의 문화와 관습에 적응하고 사회가 요구하는 방향으로 자신을 변화시켜나갈 필요가 있다. 다시 말해 사회와 요구하는 가치와 태도를 지니고, 사회에서 생존하는 데 필요한 내용들을 학습하여 사회의 일원으로 성장해나가는 사회화가 필요하다.

인간은 선천적으로 생존하기 위한 활동력과 더불어 정신적으로 발전할 가능성을 갖고 있기 때문에 그것을 발전시킴으로써 정신적 생활의 표현력이 나타나고 나아가 정신적 생활능력이 생겨 사회 형성의 능력이 조성된다. 이 과정에서 교육은 인간을 보다 나은 사회생활로 인도하고 육성하는 역할을 수행한다. 교육의 사명은 아직 어리고 미숙한 아동과 학생의 개성을 존중하고 개발하여 생활경험과 문화를 계승 · 전달하고 다시 새로운 생활경험과 문화의 기반을 배양하는 것이다. 또한 교육은 자라나는 사회구성원의 잠재력을 개발하고 사회화시켜, 사회생활에 유용한 사회인을 육성하는 역할을 수행한다. 따라서 교육은 사회

존속과 사회발전을 위한 긴요한 요건이 되므로 교육은 사회구성원의 사회화를 완성시키는 과정이기도 한 것이다.

제3절
사회계층과 교육

1. 사회계층의 개념

인간은 사회적 동물이라는 말과 같이 단독으로 생활하는 것이 아니라, 각기 사회적 지위와 위치를 점한 가운데 사회적 상호작용을 하면서 생활해나가고 있다. 특히, 자본주의 체제하에서 인간은 이론이나 법률적으로는 만민이 평등하다고 말하면서도 실제는 사회적 계층을 형성한 가운데 그에 맞는 사회적 영향을 행사하고 문화적 생활을 향유하고 있다. 또한 교육을 비롯한 사회적 성취도에 있어서도 계층의 영향을 가장 많이 받고 있다는 것이 일반적인 견해이다.

사회계층(social stratification)은 사회적 평가와 보상이 차등적으로 이루어짐으로 인해 생겨난 사회적 구분으로서 상하, 우열이라는 종적 위계구조를 갖고 있으나, 계층 간의 이동 가능성이 존재하는 다소 느슨한 형태의 위계라고 할 수 있다. 이 계층은 상 · 중 · 하의 계층적 분류를 사용하고 있으며, 여기에는 신분제도, 서열, 사회적 신분, 지위 및 계급 등의 개념을 포함하는 포괄적 의미가 있기도 하다.

이러한 사회계층이 형성되는 것은 근본적으로 인간이 갖고 있는 능력과 보유한 자산에 존재하는 차이, 즉 자본의 불평등에 기인한다고 할 수 있다. 인간은 일정한 사회적 지위를 형성한 가운데 생활에 필요한 수입을 얻기 위해 직업을 갖고 일을 하게 된다. 또한 각기 다른 사회적 · 인종적 · 종교적 배경을 갖고 있으며, 출신지역과 학교가 다르기 때문에 각기 하는 일과 보수가 다르고 사회적 평판도 다르다. 이때, 일정한 수준의 지위와 위신, 평판, 보수 등을 받고 있는 사람들이 하나의 층을 형성하며, 이것이 위계를 이룰 때 사회계층이라고 부른다(김신일, 2005).

사회계층을 이해하기 위해서는 유사한 개념으로 자주 사용되는 사회계급(Social Class)에 대해서 함께 알아볼 필요가 있다. 우리 사회에서는 사회계급이 실재하는 것인지와는 별개로, 개념적으로 유산계급, 무산계급과 같은 용어가 사용되고 있으며, 주로 역사철학적 개념에서 사용되고 있다. 이러한 사회계급은 다소 폐쇄적이며 대립적이고 갈등주의적 시각에서 사회를 바라볼 때 형성되는 개념이다.

사회계층과 계급에 대한 학자들의 개념을 살펴보면 다음과 같다(권이종 외, 1999).

첫째, 플라톤(Platon)은 인간은 태어날 때부터 두 계층으로 구분되는데, 하나는 부모로부터 지위와 계층을 유산으로 받은 경우이며, 다른 하나는 그렇지 못한 경우라 했다.

둘째, 루소(Rousseau)는 사유재산이 인간 사이의 불평등을 야기한다면서 인류의 불평등을 두 가지로 구분하였다. 하나는 자연에 의해 조성된 연령 · 건강 · 체력의 차이나 정신의 질적 차이에 의한 자연적 · 신체적 불평등이고, 다른 하나는 사회적 계약에 의존하거나 인간의 합의에 의해서 조성된 도덕적 · 정치적 불평등이다.

셋째, 마르크스(Marx)는 인간집단을 경제적 생산수단의 소유 여부에 따라 부르주아와 프롤레타리아 두 계급으로 분류하며, 사회계급(Social Class)이라는 용어를 사용하였다.

넷째, 베버(Weber)는 정치적 권력과 경제적 부, 사회 문화적 위신을 모두 고려하여 평가하는 지위집단(status group)이라는 표현을 사용하지만 정치적, 경제적 요인보다 사회문화적 요인을 더 강조하고 있다. 그는 사회계층을 계급, 권력, 지위 등의 부수적 측면을 가진 개념으로 파악함으로써 사회계층제도의 복잡한 성격을 이해하는 데 큰 도움을 주었다.

결론적으로 사회계층은 다소 폐쇄적이고 대립적인 형태의 사회계급에 비해서 포괄적 개념으로서, 위계적인 사회체제 속에서 직업, 정치적 지위, 가족의 배경, 인종, 개인의 능력 및 기술에 의한 사회적 지위나 특권 그리고 이익 등이 불평등하게 분배되어 있는 가운데 서로 비슷한 위치에 있는 집단을 의미한다(신재흡, 2008).

2. 사회계층의 형성요인

인간이 특정한 사회계층에 속하는 요인은 여러 가지가 있겠지만, 대체적으로 재산과 수입, 직업, 교육, 자기 자신의 계층의식 등이 많은 영향을 미친다.

인간의 사회계층에 대해 베버(Weber)는 재산과 권력, 위세를 들고 있으며, 워너(Warner)는 지위특성지표 즉, 직업, 거주지역, 가옥의 형태, 수입, 소득원, 교육수준 등을 제시하였다. 퍼셀(Persell)은 계층구조의 요인으로 축적된 부, 노동 시장에서의 지위, 인종차별에서 기인한 신분제도 등을 들고 있다(신재흡, 2008).

여러 학자의 의견을 종합해보면, 대체적으로 현대사회에서 계층을 결정하는 주요 요인에는 재산과 수입, 직업, 교육 등이 있다고 정리할 수 있는데, 좀 더 자세히 살펴보면 다음과 같다(김병성, 2000; 이형행 · 권영성, 2010).

첫째, 재산과 수입이다. 재산과 수입의 분량뿐 아니라 그 원천의 종류, 안정성 등도 사회계층과 관련이 있다. 그 원천이 떳떳하고 수입이 안정적일수록 높은 사회계층의 위치를 차지할 수 있다. 이를테면, 술집

주인은 돈을 많이 벌지만 그의 사회적 지위는 대학교수보다 낮으며, 종교지도자는 수입이 많은 상인보다 사회적 존경을 더 받을 수 있다.

둘째, 직업이다. 현대사회에서 직업은 수입이나 생활수준 등과 밀접한 관계를 가지고 있다. 어떤 사람의 직업을 알면 그 사람의 교육정도와 생활수준, 환경 등을 대충 짐작할 수 있다. 그뿐만 아니라 취미, 독서, 도덕적 기준 등도 추측할 수 있게 된다. 직업과 관련된 요인으로서는 직업의 종류뿐만 아니라 직업에 따른 수입의 정도, 직업을 갖기 위한 직전 교육의 정도, 직업의 사회적 중요성, 권위의 정도, 근무조건 등이 있다. 일반적으로 직업과 관련한 교육이나 연수기간이 어렵고 길거나 사회적 중요성이 클수록 높이 평가되며, 또한 권위가 있고 근로조건이 좋을수록 그 직업은 좋게 평가된다.

셋째, 교육은 사회계층의 중요한 결정요인이다. 이것은 개인이 얼마나 많은 학교교육을 받느냐 하는 것이 그 사람의 일생동안의 사회적 지위와 직접적으로 관련되어 있다는 것을 말해준다. 특히, 오늘날과 같이 전문화되어 있는 지식과 기술이 사회적으로 요청되고, 그러한 지식이나 기술이 학교교육에서 오랫동안 습득되는 경우 학교교육의 중요성은 더해진다. 학교에 다닌 햇수와 함께 학위의 종류, 전공분야, 학교의 종류와 명성, 학업성적 등 일반적으로 그가 받은 학교교육과 관계가 있다. 특히, 학교교육을 받기 위해서는 오랜 시간과 많은 비용을 수반하기 때문에 부모의 사회계층과 밀접한 관계를 가질 수밖에 없다.

3. 사회계층의 이동과 교육[14]

교육에서 사회계층이 중요하게 다루어지는 것은 그만큼 사회계층

---

14 신재흡(2008), 『신교육학의 탐구』, 학이당; 이형행 · 권영성(2010), 『교육학개론』, 공동체를 참고하였음.

의 이동에 교육이 많은 영향을 미치기 때문이다. 과거 우리 부모세대는 '개천에서 용 난다'라는 말처럼 교육을 통해 입신양명을 꾀하고, 신분의 상승을 통한 계층의 이동을 이루었다.

사회적 평판이 높고 보수가 좋은 직업을 가진 사람들일수록 높은 사회적 계층을 형성한다는 점을 고려할 때, 교육은 좋은 직업을 가질 기회를 부여한다는 측면에서 사회계층 이동과 밀접한 관계를 갖는다. 다시 말해 사회적 평판이 높은 학교에서 높은 수준의 교육을 오랜 기간 동안 받은 사람일수록 좋은 직업을 갖게 될 확률이 그렇지 못한 사람보다 높기 때문에 직업의 변화를 통한 사회계층 이동에 영향을 미치는 것이다. 특히, 현재 부모의 사회계층이 낮거나 경제적으로 어려운 사람일지라도 높은 수준의 학위교육을 통해 충분히 사회계층 이동이 가능하기 때문에 교육은 사회계층과 밀접한 관계가 있다.

그러나 이러한 일반적 관점에 대해서 사회계층과 교육의 관계를 연구한 워너(Warner, 1949) 등의 학자는 다음과 같은 네 가지의 문제를 제시하였다(신재흡, 2008).

첫째, 각 계층은 특유의 문화를 발전시키고 교육에 대한 태도도 다르며 이는 자녀들의 진학, 커리큘럼 선택 등에 반영된다. 둘째, 아동과 학생의 인간성, 학교 내외의 사회적 행동의 배후에는 사회계층적 배경이 존재한다. 셋째, 학교의 교육정책, 교사의 학생에 대한 태도에 있어서 계층적 차별이 존재한다. 넷째, 학교는 사회계층 측면에서 사회이동과 관련되어 있다.

이러한 워너(Warner)의 관점에서 볼 때 학교교육은 계층이동보다는 재생산의 기능에 보다 많은 방점을 찍고 있다고 볼 수 있다. 이는 부모의 경제력이 약하고 하위 계층에 속할수록 교육에 대한 접근이 미약할 뿐만 아니라, 부모들의 관심과 의지도 미약하기 때문에 하위 계층의 청소년들이 학교교육을 통해 계층을 이동하기란 매우 어렵다는 것을 의미한다.

따라서 교육당국은 청소년들이 본인의 노력과 의지에 의해서 충분히 교육받을 수 있는 기회를 부여함으로써 교육을 통해 계층 이동이 가능토록 해야 한다. 그렇지 않으면 자본주의 사회에서 계층은 보다 폐쇄적인 성격의 계급으로 변질될 수도 있기 때문이다.

또한 교육이 갖고 있는 본래의 기능을 충분히 활용하여 사회적으로 약자나 학교교육에서 소외된 자들에게 교육의 기회를 충분히 제공하여 계층이동의 기회를 균등하게 누릴 수 있도록 해야 한다. 기존에 실시하고 있는 교육방송, 인터넷 강의, 평생교육(온-오프라인), 사설학원, 직업학교 및 훈련원, 방송통신학교 등 다양한 교육의 기회를 보다 확대하고 양질의 콘텐츠를 지속적으로 제공하여 학교교육 이상의 교육적 보상을 받도록 해야 한다. 그리고 이를 통해 교육이 계층 이동의 통로가 되도록 해야 한다.

참고문헌

구광현 외, 『교육학개론』, 양서원, 2000.

권건일, 『교육학개론』, 양서원, 2007.

권이종, 『신교육사회학탐구』, 교육과학사, 1999.

김경희 · 안영후 · 손영환 · 정태근, 『교육학』, 학지사, 1999.

김병성, 『교육과 사회』, 학지사, 2000.

김신곤 외, 『실기교육방법 탐구』, 학지사, 1999.

김신일, 『교육사회학』, 교육과학사, 2005.

김종서 외, 『최신교육학개론』, 교육과학사, 1997.

김준권 · 손충기, 『교육학 개론』, 동문사, 1998.

김천기, 『교육사회학의 이해와 탐구』, 학지사, 2008.

신재흡 외, 『교육사회학』, 학이당, 2004.

신재흡, 『신교육학의 탐구』, 도서출판 학이당, 2008.

오욱환, 『교육사회학의 이해와 탐구』, 교육과학사, 2003.

이종각, 『교육사회학총론』, 동문사, 2001.

이지헌 외, 『교육학의 이해』, 학지사, 2012.

이형행 · 권영성, 『교육학개론』, 공동체, 2010.

한홍우 외, 『최신교육학개론』, 동문사, 1996.

Warner, W. L. et al., *Social Class in America*, Chicago: Science Research Associates, 1949.

제6장

교육과정 및 평가의 기초

본 장에서는 교육과정과 평가를 다룬다. 이를 위해서 먼저, 교육과정의 의미와 다양한 유형을 살펴본다. 교육과정 유형은 교과중심 교육과정, 경험중심 교육과정, 학문중심 교육과정, 인간중심 교육과정이 있다. 또한 실제 교육과정을 설계할 때 고려해야 할 요소와 설계의 차원인 스코프, 시퀀스, 계속성, 통합성 등을 살펴본다. 다음으로 교육평가의 의미와 다양한 유형, 그리고 교육평가에서의 절차를 개관해 봄으로써 실제 교육현장에서 평가를 수행할 때 도움을 주고자 한다.

학습내용

- 제1절 교육과정의 이해
- 제2절 교육평가의 이해

제1절

교육과정의 이해

1. 교육과정의 의미

교육과정이란 무엇인가? 교육과정은 영어 커리큘럼(curriculum)의 번역어이다. 커리큘럼은 원래 라틴어인 '쿠레레(currere)'에서 유래한 것으로, '경마장에서 말이 뛰는 길(course of race)'을 뜻한다. 경마장에서 말이 뛰는 길은 정해져 있으며, 다른 길로 뛰는 것은 허용되지 않는다. 따라서 교육과정은 공부하는 학생들이 '마땅히 따라가야 할 길 또는 코스'를 의미한다고 볼 수 있다.

이처럼 교육과정은 학생들이 일정한 목표를 향해 달리는 과정을 의미하는 것으로 다음의 예를 통해서 교육과정의 의미를 좀 더 자세히 이해할 수 있을 것이다.

> 어느 시골, 고요하고 한적한 마을에 검치호랑이가 나타났다. 그 호랑이는 자주 마을 논밭에 내려와 채소와 곡식을 상하게 하였다. 특히 마을 사람들은 어린이들이 호랑이에게 다칠까봐 걱정하게 되었다. 마을 회의가 열리고 호랑이 퇴치법을 개발하여 마을의 모든 어린이에게 호랑이 퇴치법을 가르치기로 의견을 모았다. 다음 날부터 마을의 어린이들은 동네 회관에 모여 호랑이 발자국 탐지법, 호랑이 회피법, 호랑이 퇴치법 등에 대해서 배우게 되었다.

위의 에피소드는 헤럴드 벤자민(Harold Benjamin)이 쓴 『검치호랑이 교육과정(The saber-tooth Curriculum)』에 나오는 이야기를 논의의 편의를 위하여 간단히 각색한 것이다. 이 에피소드를 통하여 교육과정의 의미를 살펴볼 수 있다.

첫째, 교육과정은 무엇을 가르칠 것인가를 선정하는 것이다. 위의 에피소드와 같이 검치호랑이 다루는 법을 가르친다고 할 때, 구체적으로 어떤 내용을 가르쳐야 할 것인가, 검치호랑이로부터 피하는 법을 주로 가르칠 것인지, 아니면 검치호랑이를 공격하여 퇴치하는 법을 가르칠 것인지 등 이처럼 무엇을 가르칠 것인가 하는 문제는 내용 선정과 관련된 것으로 교육과정의 핵심이다.

둘째, 교육과정은 왜 가르칠 것인가의 답을 찾는 것이다. 이것은 이미 선정된 내용에 대한 정당화 논리를 개발하거나 아니면 내용을 새로 선정해야 하는 논리를 제공하는 일과 관련이 있다. 예를 들어, 검치호랑이가 사라졌거나 더 강력한 검치호랑이나 나타났을 때 '기존의 내용을 계속 가르쳐야 한다', '더 이상 가르칠 필요가 없다', '새로운 내용을 가르쳐야 한다' 등 다양한 주장이 있을 수 있다. 이처럼 왜 가르쳐야 하는가에 대한 이유를 탐색하고, 가르칠 내용에 대한 정당화 논리를 구성, 분석, 비판, 재구성하는 것이 교육과정의 중요한 과업 중에 하나이다.

셋째, 교육과정은 어떻게 가르칠 것인가와 관련이 있다. 이것은 선정한 내용을 어떻게 조직하여 제시할 것인가의 문제이다. 즉, 검치호랑이 다루는 법을 가르친다고 할 때, '어떤 방식으로 가르칠 것인가', '어떻게 가르칠 때 모든 학생들이 가장 효과적으로 학습할 수 있을까' 하는 문제 또한 교육과정에서 해결해야 할 중요한 과제이다(김재춘 외, 2005).

2. 교육과정의 유형[15]

1) 교과중심 교육과정

교과중심 교육과정은 20세기 초 이전의 모든 교육과정으로, '지식의 체계'를 중시하는 교육과정이다. 학교의 지도하에 학생이 배우는 일체의 것으로 교과중심 교육과정을 지지하는 학자들은 교육의 궁극적인 목적이 지식을 습득하고 이성을 계발하는 것이라고 주장한다. 그 특징을 살펴보면 다음과 같다.

첫째, 교과중심 교육과정은 인류의 문화유산이 교육의 주된 내용이고, 교과는 문화유산을 분류하고 논리적으로 조직하여 체계화하는 것을 의미한다. 따라서 교과중심 교육과정은 문화유산 중심 교육과정이라고 할 수 있다.

둘째, 교과중심 교육과정은 교수자중심의 교육과정이다. 교수자는 학습자보다 월등히 많은 지식과 기술을 가지고 있으며 이 지식과 기술을 학습자에게 잘 전달할 수 있어야 한다.

셋째, 교과중심 교육과정은 설명 위주의 교수법을 활용하는 경우가 많다. 실험, 실습, 토의, 시범 등의 방법을 혼용할 수도 있지만 교과 내용의 전문가는 교수자이기 때문에 수업은 자연히 교수자의 설명이 중심이 되며 교수자의 상세한 설명으로 진행되는 경우가 많다.

넷째, 교과중심 교육과정은 교실이라는 한정된 교과영역 안에서만 학습이 이루어지는 경우가 많다. 한정된 교과영역 안에서만 교수-학습 활동이 이루어지다보니, 교과의 경계를 중시하는 경향이 있다. 따라서 타 교과의 침범도 잘 허용하지 않는 편이다.

교과중심 교육과정의 장점은, 교육과정이 간단하고 명료하게 짜여

---

15 권건일(2000), 『교육학개론-인간과 교육의 만남』, 양서원, 217쪽; 이병승 외(2013), 『쉽게 풀어 쓴 교육학』, 학지사, 207-216쪽; 이용남 외(2012), 『교육학-교육학의 이해』, 교육과학사, 199-203쪽에서 재구성하였음.

져 있어 이해하기 쉽다는 것이다. 또한 교수-학습결과의 평가가 용이하고 객관적인 측정이 쉬운 편이다. 그리고 교육과정에 대한 중앙집권적인 통제가 용이하기 때문에 개정 또한 쉽게 할 수 있다. 교과중심 교육과정은 오랜 전통에 뿌리를 두고 있기 때문에 해당 구성원들에게 심리적 안정감을 줄 수 있다.

반면 교과중심 교육과정의 단점은, 단편적이며 분과적으로 조직되기 때문에 통일성과 연계성이 결여되기 쉽다는 것이다. 또한 학습자의 요구와 흥미가 무시되고 교수자의 가치를 강요할 가능성이 있으며, 학습지도가 일률적으로 이루어지고 교수자중심의 일방적인 수업이 되기 쉬우므로 민주적인 태도와 가치를 기르기 어렵다는 단점이 있다. 그리고 교과란 과거의 문화유산을 조직한 것이기 때문에 자연히 과거지향적인 수업이 되기 쉽고 현실 문제를 해결하는 데 소홀해지기 쉬운 특성이 있다.

이처럼 교과중심 교육과정은 경험의 해석과 문제해결에 체계적인 지식을 제공하며, 간명하고 알기 쉬우며, 평가 및 측정이 용이하고, 중앙집권적인 통제가 쉽다는 장점이 있지만 단편적인 지식 주입, 경쟁심의 조장, 현대사회와의 유리, 수동적인 학습태도의 형성, 고차적인 정신기능의 함양이 어렵다는 지적도 받고 있는 실정이다.

2) 경험중심 교육과정

경험중심 교육과정은 1920년대 접어들면서 학교에서 무엇을 가르칠 것인가에 대한 전문적 연구가 시작되면서 대두되었다. 1930년대 듀이를 중심으로 한 진보주의 교육사상이 교육계에 큰 영향을 끼치면서 이들은 교과중심 교육과정으로는 학습자들이 급변하는 사회에 적절히 적응해나가기 어렵다고 진단하고 생활경험을 중심으로 교육과정을 구성해야 한다고 주장하였다.

경험중심 교육과정은 교재보다는 생활을, 지식보다는 행동을, 분과보다는 종합을, 미래의 준비보다는 현재의 생활을, 교수자의 교수보다는 학습자의 활동을 중시하는 입장에서 교육을 바라본다.

경험중심 교육과정의 특징은 학습자의 흥미와 필요를 기초로 하여 교육과정을 구성하고, 교재를 학습의 장에서 결정하고 여기에 학습자의 협력과 참여기회를 허용한다. 특히 학습자의 경험이 다르듯이 개인차를 고려하여 교육과정을 구성하는 경향이 있으며, 현실생활 속에서 부딪히는 문제에 대해서 해결하는 능력을 기르는 것을 교육의 중요한 목적으로 삼는 특징이 있다.

경험중심 교육과정은 학습자의 흥미나 필요를 토대로 교육과정을 구성하기 때문에 학습자들의 학습활동을 촉진시킬 수 있다는 장점이 있다. 또한 현실 문제를 공동으로 해결해가는 과정 속에서 협동심, 책임감, 사회성 등 민주적인 태도와 생활방식을 기르는 데 유리하다. 이를 통해 학습자들은 스스로 세운 목표와 계획에 따라 문제를 해결해나가는 능력을 기를 수 있다. 이 과정에서 많은 인적 · 물적 자원을 이용한 다양한 형태의 학습이 전개되므로 경험의 폭을 넓혀갈 수 있다.

경험중심 교육과정의 단점으로는 교육과정을 학습자의 흥미 및 욕구에 입각하여 구성하다보면 교육의 본질을 과소평가하는 결과를 낳기 쉽다. 또한 교직에 대한 소양과 지도요령이 부족한 교수자가 채택할 경우 실패할 가능성이 높다는 한계를 가진다. 또한 실제 생활경험을 학습하려는 학습자에게는 유리하지만 일반적인 법칙, 원리적인 지식을 구하는 단계에 있는 학습자에게는 적합하지 않다.

이처럼 경험중심 교육과정은 학습자의 필요와 흥미에 맞는 교육, 능동적 학습태도 함양, 문제해결력 증진, 탐구력, 비판력, 창의력 등 고차적 정신 함양에 효과적이라는 장점이 있는 반면, 체계적 지식과 기능의 등한시, 교육과정 조직의 계열성 미약, 행정적 통제의 난이성, 기초 기능의 저하, 운영비 과다지출 등의 지적이 있는 실정이다.

3) 학문중심 교육과정

학문중심 교육과정은 1960년대 접어들면서 등장한 이론이다. 이 이론의 등장은 과학과 기술의 발달로 인해 지식이 폭발적으로 증가하고, 한정된 학교교육 기간 동안 무엇을 가르쳐야 할 것인가에 대한 논의가 활발히 전개된 시점과 연관이 있다. 이 즈음인 1957년 소련이 인공위성 스푸트니크(Sputnik) 1호를 미국보다 먼저 쏘아 올렸는데, 이 사건은 지금까지 과학 분야의 선두라고 자부해온 미국에 커다란 충격을 주었다. 이를 계기로 미국은 중등교육과정의 대대적인 개편을 단행하게 되었다.

이에 학문중심 교육과정에서는 철저하고 체계적인 지식교육을 위해 수학과 과학을 중심으로 하는 교육과정 개혁운동을 추진하였으며, 학문, 즉 지식의 본질에 대한 탐구와 그 교육적 가치를 찾는 것이 교육과정 연구의 중요과제가 되었다.

학문중심 교육과정의 중요 특징은 지식의 구조를 핵심으로 조직해 놓은 것이다. 지식의 구조라는 것은 학문의 이면에 숨어 있는 기본적인 아이디어, 지식의 기본개념, 지식의 기본원리, 지식의 핵심개념, 지식의 탐구과정과 동의어로 쓰이는데, 브루너에 의하면 지식의 구조가 중요한 이유는 그것이 학습의 전이를 용이하게 하기 때문이라는 것이다.

또한 학문중심 교육과정은 탐구과정을 중시한다. 즉, 교수자가 주어진 개념, 원리 등을 제시하고 주입하는 것이 아니라 전공분야의 학자가 탐구한 것과 같은 방식으로 학습자가 스스로 탐구하여 원리를 찾아내도록 한다. 그리고 학문중심 교육과정은 나선형 교육과정이 되어야 한다. 이는 초등학생부터 고등학생에 이르기까지 동일한 개념과 기본원리를 가르치되 수준을 달리하여 가르쳐야 함을 의미하며, 또한 학년이 올라감에 따라 점차 심화 · 확대해나가야 한다.

학문중심 교육과정은 체계화된 지식을 교육내용으로 선정하여 교육과정을 구성하기 때문에 능률적인 교수-학습이 가능하다는 장점이 있다. 물론 기본적이고 핵심적인 개념과 원리를 학습하기 때문에 기억이 쉽고 전이가 용이하다. 그리고 스스로 탐구하는 능력을 습득함으로써 학문의 탐구방법을 체득할 수 있고, 학문 자체에 대한 즐거움을 누릴 수 있다.

학문중심 교육과정의 단점은 지적인 측면에만 편중하여 교육과정을 조직·운영하기 때문에 정의적인 측면을 소홀히 할 수 있다는 점이다. 또한 지식의 구조는 지적능력이 떨어지는 학습자에게는 너무 어려우며, 지식의 구조를 지나치게 강조하다 보면 학교교육과 현실생활의 연계성이 약해질 수 있다.

이처럼 학문중심 교육과정은 전이가 높은 지식의 선정과 지식의 구조의 계열 파악 등에서 상당한 강점이 있으나, 학습자를 고려하지 않고 지나치게 많은 양의 학습을 요구함으로써 학습자들의 흥미와 욕구를 경시할 가능성도 있다는 한계가 있다.

4) 인간중심 교육과정

인간중심 교육과정은 1970년대 들어 이전의 교육과정을 비판하면서 새로운 시각으로 교육을 바라보고 이해하려는 교육이론가들에 의해 등장하였다. 로저스(C. R. Rogers)와 실버만(C. E. Silberman)은 교육이란 지식과 기술만을 습득하기 위해 행해지는 것이 아니라 인간에 대한 이해, 인간성의 계발, 타인과의 원만한 관계, 새로운 인간형 강조 등에 기여해야 한다고 주장했다.

또한 인간중심 교육과정은 학문중심 교육과정이 지적인 측면만을 강조하여 전인으로서 인간 그 자체의 숭고함을 일깨우고 계발시키는데 소홀한 점을 지적하고, 경험중심 교육과정이 학습자의 필요와 흥미에만 집중하여 설명하기 때문에 학습자의 정의적인 측면이 소홀한 점을 지적하였다. 따라서 인간중심 교육과정은 정의적, 지적 측면을 모두

고르게 발달시켜서 자신의 잠재력을 실현시킬 수 있는 전인교육을 목적으로 한다.

인간중심 교육과정의 특징은 교육의 목적은 인간을 기계적으로 기르는 것이 아니라 느끼고, 생각하고, 사랑하고, 부단히 노력하는 전인적 인간으로 키우는 것이다. 따라서 학습자의 자아실현을 위한 내용으로 조직되고 구성되어야 하며, 교수자는 학습자 스스로 자아를 실현해 갈 수 있도록 하기 위해서 사제지간에 원만한 인간관계를 유지하도록 노력해야 한다. 그 때문에 인간중심 교육과정은 특히 잠재적(hidden) 교육과정을 중시하는데, 학교의 지도나 의도, 계획 없이 이루어진 교육이 오히려 학습자들의 사회적 발달이나 정의적 발달에 더 큰 영향을 미칠 수 있음을 강조한다.

인간중심 교육과정의 장점은 학습자들에게 자신에 대한 긍정적인 태도 및 자기계발의 능력을 부여해줄 수 있다는 점이다. 또한 타인과의 원만한 인간관계를 유지함으로써 타인을 존중하고 수용할 수 있는 건전한 가치관을 형성하는 데 도움이 된다. 사실 체계적인 교수-학습 기법의 적용도 중요하지만 사람들 간의 이해, 진실성, 신뢰성의 형성이 교육목적을 실현하는 데 더 큰 도움을 줄 수 있다.

인간중심 교육과정의 단점은, 학습자의 학습결과를 평가하기보다는 학습방법과 경험을 중요하게 생각하기 때문에 교육과정의 효과를 평가하는 데 어려움이 존재할 수 있으며, 인본주의 학자들이 개발한 심리적 기법이나 이론은 과학적으로 검증받은 것이 아니어서 이를 적용하는 데는 위험이 따른다는 것이다. 또한 인간중심 교육과정에서는 개인의 경험 차이를 중시하는데, 그 개인에게 적합한 경험이 무엇인지에 대한 구체적인 대안을 마련해 놓고 있지 못한 것도 단점이다.

3. 교육과정의 쟁점: 잠재적 교육과정[16]

전통적으로 교육과정에 대한 관심은 학교에서 '계획하거나 의도한 내용'을 가르치는 것에 있었다. 그러나 1960~70년대에 들어서면서 교육과정을 보는 관점의 변화가 생기기 시작하였다. 한편으로 교육과정의 영역에서는 의도한 학습 계획만을 교육과정으로 보는 것에서 한 걸음 더 나아가 학습자들이 학교에서 가진 경험의 총체로 보는 관점이 등장하기 시작하였다. 학습자들이 학교에서 얻는 경험 중에는 계획된 것 이외에도 무수히 많다. 학습자들은 학교생활을 하는 과정에서 많은 것을 학습하게 된다. 이처럼 교육과정의 개념이 학교에서 '계획된 것'에서 학생이 '경험한 것'으로 확장됨에 따라 계획되지 않았으나 경험한 것을 개념화할 필요를 느끼게 되었다.

잠재적 교육과정이라는 개념은 바로 이러한 교육학적 논의의 맥락에서 등장한 것으로 볼 수 있다. 학교에서 의도하거나 계획하지는 않았지만, 학습자들이 학교교육을 받은 결과 학습하게 된 것에 대해 개념화할 필요를 느끼게 되었다. 이런 맥락에서 등장한 잠재적 교육과정에 대한 관심은 시간이 흘러감에 따라 교육의 전 영역으로 확대되었고, 최근 들어 학교교육을 올바르게 이해하기 위해서는 잠재적 교육과정에 대한 논의가 교육과 교육학 논의에 있어서 주변적인 자리가 아니라 중심적인 자리를 차지해야 한다는 주장 또한 제기되고 있다.

잠재적 교육과정은 종래에 사용되던 교육과정과의 대비 관계 속에서 그 의미를 구체화할 수 있다. 종래의 교육과정은 표면적(manifest), 계획된(Planned), 구조화된(structured), 공식적인(official), 외현적인(overt), 가시적인(visible), 외적인(external), 조직화된(organized), 기대된(expected), 형식적인(formal) 교육과정으로 묘사된다. 이에 반하여 새로 개념화된 교육과정은

---

16 김재춘 외(2005), 『예비 · 현직교사를 위한 교육과정 및 교육평가』, 교육과학사, 129-147쪽에서 재구성하였음.

잠재적(latent), 숨겨진(hidden), 비구조적(unstructured), 비공식적(unofficial), 내현적(covert), 비가시적(invisible), 내적(internal), 비조직적(unorganized), 기대되지 않은(unexpected), 비형적인(informal) 교육과정으로 기술된다.

잠재적 교육과정은 교육과정과 교육평가의 개념을 확장하였고, '학교교육이 이러해야 한다'라는 당위적 진술보다는 '학교교육이 이러하다'라는 사실적 진술에 더 많은 관심을 가질 수 있는 계기를 가져왔다.

4. 교육과정 설계[17]

교육과정 설계는 교육과정의 네 가지 기본적 요소의 성격을 파악하고 그것을 배열하는 것을 말한다. 이러한 기본 요소는 해리 자일스(Harry Giles)의 「8년 연구」 보고서에 나타난 그의 고전적 연구에 뿌리를 두고 있다. 그는 교육과정의 기본적 요소의 관련성을 보여주기 위해 '구성요소'라는 용어를 사용하였고, '방법 및 조직'이라는 명칭에 학습경험을 포함시켰다.

교육과정 설계의 네 가지 구성요소는 교육과정을 만드는 사람에게 ① 무엇을 행할 것인가, ② 어떤 교과를 포함시킬 것인가, ③ 어떤 수업 전략, 자료를 사용하고 그것을 적절히 활용할 것인가, ④ 교육과정의 결과를 평가하기 위해서 어떤 방법 및 도구를 이용할 것인가 하는 질문을 제시한다.

자일스에 의하면 네 가지 구성요소는 서로 상호작용한다. 하나의 구성요소에 관하여 어떤 결정을 내릴 것인가는 다른 구성요소에 관하여 어떤 결정을 내렸는가에 좌우된다. 사실 이 모형은 타일러(Tyler)가 몇 년 뒤에 개발한 모형과 아주 비슷하지만, 타일러의 모형이 교육과정

---

17 Allan C. Ornstein & Francis P. Hunkins, 장인실 외 공역(2007), 『교육과정』, 학지사, 375-390쪽에서 재구성하였음.

의 주요 요소에 대한 직선적인 관심을 나타내고 있는 반면, 자일스의 패러다임은 구성요소 간의 지속적인 상호작용을 나타내고 있다는 점에서 차이가 난다.

또한 교육과정을 설계할 때는 스코프, 시퀀스, 계속성, 통합성, 연계성, 균형성 등의 다양한 차원에서 생각할 필요가 있다.

스코프(scope)에 대해서 타일러는 자신의 고전적인 저서에서 내용, 주제, 학습경험, 그리고 교육계획을 구성하는 조직 요소로 보았으며, 존 굿래드(John Goodlad)와 지신 수(Zhixin Su)는 스코프를 교육과정의 실질적인 내용에 대한 수평적 조직으로 보았다. 여기에서 우리는 스코프를 학습자들에게 제공되는 내용의 깊이와 넓이뿐만 아니라 학습자를 학습에 참여시키기 위해서 만드는 학습 경험의 다양성과 유형을 의미하는 것으로 본다. 스코프를 고려할 때, 각 영역 내에서 무엇이 포함되어야 하고, 무엇이 상세화되어야 하는지는 물론 어느 영역을 가장 중요하게 강조해야 할지를 결정해야 하기 때문에 스코프 문제는 단순하지 않다.

시퀀스(sequence) 혹은 계열성을 고려한다는 것은 교육과정의 누적적이고 지속적인 학습, 즉 교육과정 요소 간의 수직적 진행이 교육과정 요소를 잘 배열한다는 것을 의미한다. 구체적으로 교육과정 전문가는 학습자가 교육과정에 대한 그들의 이해를 연계하고 심화하는 기회를 가질 수 있도록 내용과 경험을 어떻게 구성하고 재구성하는가를 결정해야 한다. 내용과 경험의 계열은 교과의 논리적 구조에 따라 이루어져야 하는지, 아니면 학습자가 지식을 습득하는 방식에 따라 이루어져야 하는지의 쟁점은 오래된 논쟁거리이기도 하다.

계속성(continuity)은 교육과정 구성요소의 수직적 조직 혹은 반복을 의미한다. 예를 들어, 타일러는 읽기 기능이 하나의 중요한 목표가 된다면 이 기능이 연마되고 발달할 수 있도록 순환적이면서도 계속적인 기회가 제공되어야 한다고 지적한 바 있다. 이러한 사실은 시간이 경과 함에 따라 동일한 종류의 기능을 계속적으로 조직해줄 필요가 있다는 것을 의미한다. 계속성은 학습자들이 교육과정 전체에 걸친 지식의 깊이와 폭을 넓혀가도록 하기 위해서는 어떤 주요한 아이디어 혹은 기능을 반복할 필요가 있다는 것을 의미한다.

통합성(integration)은 교육과정 계획 내에 포함된 모든 형태의 지식과 경험을 연결하는 것을 말한다. 학습자 개인이 내용을 원자화된 것보다는 통합된 지식으로 이해할 수 있도록 하기 위하여 교육과정의 모든 부분과 요소를 밀접하게 관련시킨다는 것은 교육과정 설계의 근본적인 아이디어다. 그것은 모든 해당 지식 영역과 관련된 다양한 내용과 주제 간의 수평적인 관련성을 강조한다. 어떤 교육과정 이론가들이나 교육 실천가들도 서로 분리되고 무의미한 방식으로 교육과정이 조직되기를 바라는 사람은 없다. 그렇기 때문에 교육과정 통합은 설계의 기준이 된다.

연계성(articulation)이란 교육과정의 여러 가지 측면의 상호 관련성을 말한다. 이때의 상호 관련성은 수직적인 것일 수도 있고 수평적인 것일 수도 있다. 수직적 연계성은 어떤 교육과정의 측면이 해당 프로그램의 계열상 나중에 나타나는 과제, 주제, 코스와 맺는 관계를 가리킨다. 수직적 연계성을 말하는 핵심적인 이유는 학생들이 교육과정에서 후속 학습에 대해 선행 요건이 되는 학습을 받는 것을 보장하기 위해서다. 수평적 연계성이란 동시적으로 일어나고 있는 양자 요소 간의, 혹은 여러 요소 간의 관련성과 연합을 의미한다. 수평적 연계성은 흔히 말하는 상관성과 동일한 개념이다.

균형성이란 교육과정을 설계할 때 교육과정 왜곡이 일어나지 않도록 설계의 각 측면이나 단계에 골고루 비중을 두어야 한다는 의미이다. 즉, 어느 한 측면만 과도하게 강조해서는 안 되며, 모든 측면을 골고루 중요하게 취급해야 한다. 균형잡힌 교육과정이란 학생들이 지식을 완전히 습득하고 내면화하여 자신들의 개인적 · 사회적 · 지적 목적에 맞는 적절한 방향으로 그 지식을 이용할 수 있는 기회를 갖게 해주는 교육과정을 말한다.

제2절
교육평가의 이해[18]

1. 교육평가의 개념

일반적으로 평가를 한다는 것은 어떤 대상의 가치나 질에 대해 판단을 내리는 것을 의미한다. 이러한 평가는 인간이 삶을 이루어가는 가운데 의식적으로든 무의식적으로든 끊임없이 행하게 되는 기본적인 행동 중의 하나이다. 지금까지 교육평가의 개념에 대한 주장은 다음의 세 가지 정도로 구분하여 볼 수 있다.

첫 번째 개념은 목표 달성도 확인이다. 이는 교육평가를 '교육목표가 얼마나 실현되었는지 그 정도를 밝히는 과정'으로 보는 타일러(Tyler)식의 개념 정의이다. 이러한 관점은 1930년대 이후 미국에서 등장한 이래 지금까지도 학교교육 현장에 지속적인 영향을 미치고 있다. 우리나라의 경우에도 1945년 해방과 함께 현대적 의미의 교육평가 개념들이 도입되면서 1960년대에 학력평가를 교육과정 목표의 달성도를 측정하는 것으로 연계시키려는 타일러식의 교육평가 개념을 도입하였다.

두 번째 개념은 의사결정을 위한 정보 제공이다. 교육평가를 '교육과 관련된 의사결정을 내리는 데 필요한 정보를 수집하는 활동 또는 그 과정'으로 정의내린다. 이 관점은 교육평가의 범위를 교육과 관

---

18 김재춘 외(2005), 『예비 · 현직 교사를 위한 교육과정 및 교육평가』, 교육과학사, 177-249쪽에서 재구성하였음.

련된 의사결정에 필요한 정보를 제공하는 것으로만 제한하고, 최종적인 의사결정 자체는 교육평가의 영역에서 벗어나는 것이라 간주한다. 즉 평가자는 우등생이나 상급학교 진학생을 결정하는 데 필요한 정보를 수집하여 제공하고, 최종적인 결정은 해당 의사결정자가 내려야 한다고 보는 입장이다. 대표적인 학자로는 크론바흐(Cronbach)와 스터플빔(Stufflebeam)을 들 수 있다.

세 번째 개념은 가치의 판단이다. 이 개념은 평가에 대한 사전적 정의를 그대로 취하여, 교육평가를 '교육과 관련된 어떤 대상의 장점, 질, 가치 등을 판단하는 과정과 그 산물'로 정의한다. 대표적인 학자로는 스크리븐(Scriven)과 스테이크(Stake)를 들 수 있다. 특히 스크리븐은 교육평가는 우선 평가기준을 설정하고 관련 정보를 수집한 뒤, 평가 기준을 적용하여 대상의 가치나 유용성, 효과, 중요성 등을 판단해야 한다고 말한다.

2. 교육평가의 유형

교육평가의 유형은 대상, 영역, 성취목표 수준, 기능, 기준, 방법 등의 기준에 따라 아래와 같이 다양한 분류가 가능하다.

1) 대상에 따른 유형

평가를 한다는 것은 어떤 대상의 가치나 질을 판단하는 행위이다. 이때 가치판단을 하는 대상은 인적 대상일 수도 있고 물적 대상일 수도 있다. 이렇게 평가의 대상이 무엇이냐에 따라 평가유형은 구분된다. 교육과 관련된 평가대상으로는 인적 대상인 학습자와 교수자, 추상적 대상인 교육과정, 학교, 교육정책 등을 들 수 있다. 이는 각각 학습자평가, 교수자평가, 교육과정평가, 학교평가, 정책평가로 구분한다.

2) 영역에 따른 유형

평가자가 평가대상에 대해 가치판단을 내릴 때에는 구체적으로 그 대상 자체가 아니라 그 대상이 지닌 어떤 특성이나 능력에 대해 판단을 내리게 된다. 즉, 동일한 학습자를 평가하는 경우에도 학습자의 학업성취도를 평가하느냐 아니면 학습자의 태도를 평가하느냐에 따라 평가영역이 달라지는 것이다. 이와 같이 실제 대상에 대한 평가내용의 특성에 따라 영역별 유형구분이 가능하다.

평가하는 영역의 특성에 따른 유형은 학습자가 교육을 통해 성취할 수 있는 행동의 영역을 지적 영역(cognitive domain), 정의적 영역(affective domain), 심리운동적 영역(psychomotor domain)으로 구분한 경우이다. 우리 교육에 있어서 지 · 덕 · 체의 전인적 인간을 교육목표로 삼는 것은 학습자들이 교육을 통해 지적 영역과 정의적 영역, 심리운동적 영역의 조화로운 성취를 이루기를 기대하는 것이라 볼 수 있다.

3) 성취목표 수준에 따른 유형

학습자의 지적 영역을 평가하는 경우, 학습자의 성취목표 수준을 어디에 두고 평가하느냐에 따라 최소 필수 학력평가(minimum competency test)와 최대 성취 학력평가(maximum achievement test)로 나누어 볼 수 있다.

최소 필수 학력평가는 일정 기간의 교육활동이 진행된 뒤 학습자들이 그 기간 동안에 반드시 성취해야 하는 기본적인 목표수준의 달성 여부를 판단하기 위한 평가이다. 최대 성취 학력평가는 일정 기간의 수업을 받은 뒤 학습자들이 최대로 성취한 바가 어느 정도인지를 판단하는 경우이다. 교수자가 한 학기 동안 수업한 내용 가운데 최대로 성취한 학습자가 지닐 것으로 기대되는 수준까지 평가하는 경우가 이에 해당한다.

4) 기능에 따른 유형

평가가 주로 어떤 기능을 하게 되느냐에 따라 평가유형을 구분할 수 있다. 교육평가는 평가기능에 따라 진단평가(diagnostic evaluation), 형성평가(formative evaluation), 총괄평가(summative evaluation)로 구분한다.

진단평가는 교수자가 가르칠 내용의 범위와 수준을 계획하는 데 도움이 되는 정보를 제공하고자 실시하는 것으로 서로 다른 능력 수준에 위치해 있는 학습자들의 출발점 행동에 대한 평가를 목적으로 실시하는 평가이다.

형성평가는 교수자가 수업을 진행하는 과정에서 쪽지시험을 실시하거나 숙제를 부여하는 방식으로 실시하는 평가이다. 이를 통하여 학습자들의 학습이 계획대로 이루어졌는지, 예기치 못한 문제가 발생하였는지 여부를 점검할 수 있다.

총괄평가는 일련의 교수활동이 마감되는 학기 말 혹은 학년 말에 학생평가를 통하여 학습자들이 성취한 정도를 파악하는 평가이다. 이때의 평가는 주로 학기 초에 세웠던 수업목표에 비추어 학생들이 목표를 달성한 정도를 파악하는 것이다.

5) 기준에 따른 유형

교육평가는 평가의 기준을 어디에 두느냐에 따라 규준지향적인 평가와 준거지향적인 평가로 구분된다. 규준지향 평가(norm-referenced test)는 규준을 설정하여 학습자들의 성취정도를 상대적으로 비교하는 평가방식이고, 준거지향 평가(criterion-referenced test)는 학습목표 등의 절대적인 준거에 비추어 학습자들의 성취정도를 확인하는 평가이다.

규준지향 평가에서는 학습자가 획득한 원래 결과점수는 별다른 의미를 주지 못한다. 이는 평가의 기준이 개별 학습자가 무엇을 얼마나 성취했는가에 있는 것이 아니라 학습자들의 상대적인 성취 정도에 있기 때문이다. 반면 준거지향 평가는 다른 학습자들의 성취 정도와 관계없이 개별 학습자가 무엇을 얼마나 성취했는가에 초점을 두어 평가한다.

6) 방법에 따른 유형

교육평가를 수행하기 위해 주로 사용하는 방법이 어떤 것인가에 따라 양적 평가와 질적 평가로 구분할 수 있다. 대표적인 양적 평가 방법으로는 검사도구를 제작, 시행하여 점수를 산출하는 경우를 들 수 있다. 질적 평가는 관찰이나 면담, 실기평가 등을 통하여 수량화되지 않은 다양한 형태의 자료를 수집하여 평가하는 것을 말한다.

양적 평가는 주로 학생의 학업성취도를 평가하는 인지적 영역의 평가에 사용되며, 질적 평가는 정의적 영역이나 심동적 영역을 평가할 때 사용되는 경향이 있다.

3. 교육평가의 절차

평가는 구체적인 상황에 따라 다양한 모습으로 진행되므로 모든 상황에 적용 가능한 보편적인 평가의 절차를 규명해내기는 쉽지 않다. 아래에 제시하는 절차는 기본적인 절차로, 여기 제시된 단계를 생략할 수도 있고 덧붙일 수도 있다.

첫째, 평가목적을 확인한다. 교수자가 학습자를 평가하고자 할 때 가장 먼저 고려해야 할 것은, '왜 평가를 하는가'라는 평가의 목적 자체를 확인하는 일이다. 평가하는 목적은 평가내용을 선정하고, 평가방법을 결정하고, 평가환경을 구축하고, 그 결과를 해석하는 모든 후속 단계에 영향을 미친다.

둘째, 평가영역 및 내용을 선정한다. 평가목적이 구체적으로 확인되고 나면, 이러한 목적을 달성하는 데 가장 적절한 평가영역 및 내용을 선정하게 된다. 평가영역과 내용 선정은 원칙적으로 앞서 확인된 평가 목적을 기준으로 이루어진다. 평가하는 목적에 비추어 학생의 인지적 영역을 평가할 것인가 아니면 정의적 영역이나 심동적 영역을 평가할 것인가를 결정한다. 그중에 인지적 영역에서는 교과별로 평가할 것인가 아니면 범교과 수준에서 평가할 것인가의 문제도 결정할 필요가 있다.

셋째, 평가방법을 결정한다. 평가의 영역과 내용을 선정한 후에는 자료를 수집하기 위해서 어떤 방법을 이용할 것인가를 결정해야 한다. 가령, 인지적 영역에서 학습자가 학습한 지식이나 이해한 정도를 파악하려고 한다면 그 지식에 대한 것을 묻는 지필식 검사를 이용할 수 있다. 하지만 학습자들의 도덕적 판단력의 수준을 평가하기 위해서는 역할극이나 문제해결에 직접 참여하는 방법을 선택하는 것이 더 타당할 수 있다. 이때 중요한 것은 평가하려는 내용을 가장 잘 드러내고 변별해낼 수 있는 방법을 선택하는 것이다.

넷째, 평가도구를 선정하고 개발한다. 교수자는 평가목적을 확인하고, 평가영역과 내용을 선정하고, 평가방법을 결정하는 과정을 통해 전체적인 평가의 틀을 수립하게 된다. 다음으로는 구체적인 평가에 사용되는 평가도구를 선정하거나 개발하는 작업을 하게 된다. 직접 지필검사를 제작하여 학습자의 성취수준을 파악하려는 경우 성취기준에 근거하여 문항을 개발하면 된다. 관찰을 통해 학습자의 태도를 평가하고자 한다면, 구체적인 관찰항목과 관찰결과를 기록할 수 있는 관찰표를 제작하면 된다.

다섯째, 시행을 위한 계획을 수립한다. 무엇을 왜 평가하느냐에 따라 평가내용과 방법이 결정되고 이를 위한 구체적인 평가도구가 선정되거나 개발되고 나면, 다음으로는 실제 평가를 시행하기 위한 계획을 수립한다. 이 단계에서는 평가대상, 평가횟수, 평가시기, 평가장소, 평가에 필요한 인원, 채점방식, 기타 장비 등 평가를 실제로 수행하는 데 필요한 인적 · 물적 여건을 점검하여 철저한 사전계획을 세우는 것이 필요하다.

여섯째, 평가환경을 구축한다. 실제로 평가를 실시하는 과정에 대한 계획이 수립되고 나면 완성된 계획에 맞추어 평가환경을 구축한다. 즉, 학교 일정에 맞추어 평가시기를 결정하고 이를 학교와 학습자들에게 알린 후, 가능한 평가장소를 확보하고, 평가도구 및 기타 장비들을 마련하고 그 외 감독자 등을 선정한다.

일곱째, 자료를 수집하고 분석한다. 평가도구가 개발되고 평가환경이 모두 마련되면 평가계획에 따라 평가를 실시하여 자료를 수집한다. 자료는 선택형 지필검사의 경우 OMR카드 형태로 수집되기도 하고 서답형 지필검사의 경우에는 질적 자료의 형태로 수집된다. 수집된 자료를 다음 단계인 자료 분석이 용이한 형태로 정리한다.

수집된 자료는 평가목적과 내용에 맞추어 적절한 분석과정을 거치게 된다. 자료가 대규모이거나 양적 자료인 경우 측정적 · 통계적 분석을 하고, 질적 자료인 경우에는 의미있는 결과를 나타낼 수 있도록 항목을 범주화한다.

여덟째, 결과를 해석한다. 수집된 평가결과에 따라 양적 · 질적 분석이 끝나면 분석결과에 대한 해석을 통해 평가결과의 의미를 찾도록 한다. 평가를 실시하여 자료를 수집하고 이를 분석하는 단계가 비교적 기술적인 절차에 따라 이루어진다면 평가결과에 대한 해석은 보다 종합적으로 그리고 평가대상인 학습자 개개인의 특성과 상황을 고려하면서 이루어져야 한다. 특히 학습자가 학생이라면 평가결과에 대한 해석은 점수 위주가 아닌 학생 위주로 이루어져야 한다.

아홉째, 평가결과를 보고하고 활용한다. 평가결과에 대한 해석을 마치면 이를 적절한 형태로 요약 · 정리하여 필요한 사람에게 보고하게 된다. 평가의 목적이 외부에 의해 부여되었으냐, 아니면 스스로에 의해 설정되었느냐에 따라 평가결과의 보고 형태나 대상은 달라지게 된다.

평가결과를 정리하여 보고하는 것으로 평가의 과정은 일단락이 된다. 그러나 그 결과의 활용문제는 초기에 왜 평가를 시작했는가 하는 문제와 직접적으로 관련된다는 점에서 평가의 과정을 완성시키는 필수적인 단계라고 볼 수 있다. 평가결과는 평가목적에 부합되게 활용되기도 하고, 본래의 평가목적 이외에 교육적인 목적을 위해서 그 결과를 활용할 수도 있다. 또한 학습자를 평가한 결과는 교수자의 자기평가 자료로 활용할 수도 있다.

열번째, 메타평가 단계이다. 교수자는 평가의 전체 과정을 구성하는 각 단계 자체에 대해 평가를 실시할 필요가 있다. 이것이 바로 메타평가의 단계이다. 즉, 메타평가란 평가 자체에 대한 평가를 일컫는다. 평가의 전체 과정 자체를 다시 평가해보는 메타평가는 모든 평가에 있어서 필수적으로 수행되어야 할 절차이다. 세상에는 완벽한 평가자도, 완벽한 평가행위도 존재하지 않는다. 현재의 시점에서 가능하면 오류를 줄이고 보다 최선의 평가가 실행될 수 있도록 노력할 뿐이다. 따라서 평가주체는 메타평가의 단계를 통해 자신의 평가활동을 반성해보는 기회를 가질 수 있을 것이다.

참고문헌

권건일, 『교육학개론-인간과 교육의 만남』, 양서원, 2000.

김재춘 · 박소영 · 김재현 · 변효종 · 최손환, 『예비 · 현직교사를 위한 교육과정 및 교육평가』, 교육과학사, 2005.

이병승 · 유영호 · 배제현, 『쉽게 풀어 쓴 교육학』, 학지사, 2013.

이용남 외, 『교육학-교육의 이해』, 교육과학사, 2012.

Allan C. Ornstein & Francis P. Hunkins, 장인실 외 역, 『교육과정』, 학지사, 2007.

제7장

교육방법 및 교육공학의 기초

본 장에서는 교육방법 및 교육공학을 다룬다. 교육방법의 개념과 다양한 교육방법 유형을 살펴보고, 교육공학의 개념과 그 발달 과정을 살펴봄으로써 교육방법 및 교육공학을 이해한다. 실제 수업을 진행함에 있어 가장 중요한 교수설계를 이해하기 위해서 교수설계의 개념과 절차, 그리고 가장 기본적인 교수설계 모형을 살펴본다. 마지막으로 최신 교육방법 및 교육공학의 동향을 이해하기 위해서 구성주의 학습이론과 이러닝 및 유비쿼터스 러닝의 등장 배경과 개념을 살펴보고자 한다.

학습내용

- 제1절 교육방법과 교육공학의 이해
- 제2절 교육방법 및 교육공학의 최근 동향

제1절

교육방법과 교육공학의 이해

1. 교육방법의 개념 및 유형[19]

1) 교육방법의 개념

교육의 핵심은 '무엇을 어떻게 가르치느냐'에 있으며, 교육방법은 교육의 목적을 실현하는 데 요구되는 모든 수단적 · 방법적 조건을 통칭하는 것이라 할 수 있다(황정규 외, 1998). 좁은 의미에서 생각해볼 때 교육방법이란 '가르치는 방식'이나 '수업목표를 달성하기 위해 사용하는 효과적 · 효율적인 수업방식'이라고 할 수 있다.

김신자 외(1999)는 교육방법을 학습목표에 맞는 내용을 효과적으로 전달하고 학습활동을 지원하기 위해 사용하는 방법이라고 정의하였다. 이 말은 교수자가 단위시간에 정해진 교육과정 내에서 수업목표를 달성하기 위해 사용하는 수업기법을 의미한다고 하겠다. 이렇듯 교육방법이란 주로 미시적인 의미로 사용되고 있으며 교수방법, 교수형태, 교수전략이라고 부른다(이화여자대학교 교육공학과, 2001).

코레이(Corey, 1967)는 교육방법이란 개인으로 하여금 특정한 조건하에서나 특정한 상황에 대한 반응으로서 특정한 행동을 나타내도록 학습하게 하거나 또는 그 특정 행동에 참여할 수 있도록 개인을 둘러싼

19 백영균 외(2012), 『교육방법 및 교육공학』, 학지사, 19-25쪽; 김병희 외(2008), 263-311쪽에서 재구성하였음.

환경을 계획적으로 조작하는 과정이라고 정의한다. 즉, 학습자로 하여금 특정 행동에 참여할 수 있도록 환경을 계획적으로 조장하는 것을 교육방법이라 할 수 있다.

이렇듯, 교육방법은 어떻게 가르칠 것인가를 탐구하는 것이 주된 일이며, 설정된 교육목표를 성공적으로 달성하기 위하여 선정된 교육내용을 학습자에게 효과적으로 전달하기 위한 수단이라고 볼 수 있다.

2) 교육방법의 유형

교육방법의 유형은 학자에 따라 다양하게 분류하고 있다. 먼저, 조이스(Joyce, 2000)는 교육방법을 사회형, 정보처리형, 개인형, 행동체제형의 네 유형으로 분류하였다.

첫째, 사회형은 여러 명이 모여 학습공동체를 건설하고 집단의 시너지 효과를 얻을 수 있는 방법이다. 여기에는 학습파트너, 집단조사, 역할극, 법률조사 등이 있다. 그중에 학습파트너와 역할극의 개념을 살펴보면 다음과 같다.

- **학습파트너**: 학생 간에 힘을 합쳐 작업할 수 있는 협동학습의 한 형태를 일컫는 말이다. 여기에는 학생 간 작업의 효과성, 의존성, 분업, 경쟁심을 높이는 방법들이 있다.
- **역할극**: 학습자에게 갈등상황을 연출하거나 다른 사람의 역할을 해봄으로써 사회적인 행동을 관찰하고 사회적 가치를 생각해보며, 사회문제에 대한 정보를 인지하게 하는 역할을 한다.

둘째, 정보처리형은 데이터를 수집 및 조직하고 문제를 파악하여 해결책을 제시하며, 이를 전달하기 위해 개념과 언어를 개발하는 것을 말한다. 이 방법에는 귀납적 사고, 개념획득, 과학적 탐구, 탐구훈련, 암기법, 창조공학, 선행조직자, 지력개발 등이 있다. 그중에 귀납적 사고,

탐구훈련, 창조공학의 개념을 보면 다음과 같다.

- **귀납적 사고**: 학생이 정보를 발견하고 조직하여, 일련의 정보 간의 관계를 설명하고, 가설을 검증하도록 훈련하는 과정이다.
- **탐구훈련**: 인과적인 사고를 하며, 질문하고 개념과 가설을 세우고 검증하는 데 도움이 되도록 설계한다.
- **창조공학**: 학생이 문제해결이나 작문활동을 할 때 기존의 사고틀을 깨거나 어떤 주제나 사안에 대해 새로운 시각을 갖도록 하기 위한 목적에서 출발하였다. 학습자가 자주적으로 학습한 절차를 개인이나 집단활동에 활용할 수 있을 때까지 워크숍 형태로 제공한다.

셋째, 개인형은 학습자가 스스로를 보다 잘 이해하고 자신의 미래에 대해 스스로 책임을 지고, 보다 질 높은 삶을 살도록 하는 데 그 목적이 있다. 여기에는 비지시적 교수와 자아존중감 향상 등이 있다.

- **비지시적 교수**: 로저스(Rogers)의 상담이론에서 탄생한 것으로, 학생과 교사의 파트너십을 강조하는 모델이다. 교수자는 학습자가 주체적으로 학습을 수행할 수 있도록 상담자 역할을 수행한다.
- **자아존중감 향상**: 매슬로(Maslow)의 영향을 받아 자아존중감과 자기실현 능력을 계발하는 것을 목적으로 한다.

넷째, 사회학습이론 또는 행동수정, 행동치료 등으로 알려진 이 행동체제형 모델군은 학습자가 자신의 학습수행에 대한 정보를 바탕으로 스스로 행동을 개선해나갈 수 있다는 입장에 서 있다. 여기에는 완전학습, 프로그램학습, 직접교수, 시뮬레이션을 들 수 있다. 이 중 완전학습과 직접교수의 개념을 보면 다음과 같다.

- **완전학습**: 블룸(Bloom)의 이론을 바탕으로 만든 것으로 단순한 것

에서 복잡한 것으로 학습단위를 세분한 다음, 학습자 개개인이 주어진 여러 자료를 순차적으로 학습해나간다. 한 학습단위가 끝날 때마다 학습정도를 알아보기 위한 시험이 있고, 이를 통과하지 못하면 내용을 숙지할 때까지 다시 학습을 해야 한다.

- **직접교수**: 학습목표 제시, 목표에 부합하는 학습활동 실시, 학습과정 관찰, 효과적인 학습을 위한 전략과 학습에 대한 피드백 제공 등으로 이루어진다.

이 외에 교육방법의 유형을 흔히 우리가 알고 있는 강의법, 토의법, 탐구학습, 문제해결학습, 프로젝트법 등의 유형으로 구분하기도 한다. 강의법은 교사가 설명과 훈화를 통해 교육내용을 전달하는 방법이며 교육기관에서 가장 널리 사용되는 수업방법이다. 이는 헤르바르트(Herbart)에 의해 체계화되었으며, 그는 학습자의 흥미를 유발하기 위해 강의법 단계를 다음과 같이 제시하였다. 첫째는 '명료'로 대상을 뚜렷하게 인식하는 단계이며, 둘째는 '연합'으로 이전의 관념과 새로운 관념을 결합해서 인식하는 단계이며, 셋째는 '계통'으로 연합한 관념을 질서 있게 체계적으로 조직하는 단계이며, 마지막에는 체계화된 지식을 활용하고 응용한다.

토의법은 문답법을 개선 · 발전시킨 것으로 1915년 파커(Parker)에 의해서 시작되어 학습현장에 도입되었다. 토의란 비교적 다수 참여자로 구성된 집단이 어떠한 문제를 해결하는 데 서로의 의견을 교환함으로써 학습이 이루어지는 방법을 말한다. 여기에는 전체학습토의, 원탁식토의, 배심토의, 공개토의, 단상토의, 세미나, 버즈학습 등 다양한 방법이 있다.

탐구학습이란 사실과 가치의 문제를 인지하고 그것을 가정에 비추어 평가하고, 어떤 평가기준에 입각하여 이를 입증하는 과정이다. 이 과정은 어떤 아이디어들을 지지하는 기초에 비추어 그 아이디어들을 판단 · 평가하고, 그로부터 입증된 결론을 도출해내는 것이라는 듀이(Dewey)의 반성적 사고에 기초를 둔다.

문제해결학습이란 문제를 매개로 한 학습형태이다. 이 방법 또한 듀이에 의해 제안된 것으로 학습자가 일상생활에 부딪치는 문제를 스스로 해결해가는 과정을 경험함으로써, 사회에서 살아갈 수 있는 능력과 태도를 기를 수 있다는 것이다.

프로젝트법은 진보주의 교육의 영향을 받은 열린 교육자들이 많이 이용하는 교수법으로 킬패트릭(kilpatrick)에 의해 구체적으로 제시되었다. 이 방법은 학생들이 학습할 주제를 선정하고 학습의 방법을 구안하여 수행하는 기획-체험학습이다. 따라서 학생이 학습할 내용과 학습방법을 결정하는 데 상당한 자율성을 가진다.

학생 수를 기준으로 할 때 다양한 교육방법은 다음과 같은 스펙트럼으로 구분해볼 수 있다.

표 7-1 **교수 학습 상황과 교육방법 스펙트럼**

← 학생수 많음 → 학생수 적음

강의법	시범 실습	협동학습, 사례연구, 문제중심학습	게임, 역할극, 토론	탐구학습	개인교수
전통적 학습/교육내용이 개념과 원리 학습/지식 습득에 초점	새로운 지식습득&숙달/교육내용이 운동기능&신체적 영역	교육내용이 인지적 영역/새로운 지식의 창출&탐구&문제해결	교육영역이 태도&정의적 영역/기존 지식의 이해&적용강화	새로운 지식의 습득 발견적 접근에 의한 문제해결	개별화학습/개념&원리&절차 학습

3) 교육방법 선정 기준 및 활용

(1) 교육방법 선정 기준

수업에서는 다양한 교육방법을 사용할 수 있다. 다양한 교육방법 가운데 교수 · 학습과정에서 교육내용에 부합하는 적절한 교육방법의 선정은 수업을 설계하고 실제 수업을 담당하는 교수자의 몫이다. 수업 내용에 부합하는 교육방법의 선택기준과 주의사항에 관한 기본적인 고려사항을 참고하여 교육방법을 선정하면 된다. 한정선 외(2008)에서 재인용한 교육방법 선정 기준은 다음과 같다.

표 7-2 **교육방법 선정 기준**

분류	구체적인 기준
교육내용	• 교육내용의 성격(지식, 기능, 태도) • 교육내용에 관한 논쟁의 정도 • 교육내용의 수준: 추상적, 구체적
학습자	• 개인차로서 학습양식 • 학습경험 정도 및 학습자의 수준 (연령, 학년, 학업성취도 등) • 학습자의 수 • 학습자의 위치 • 지속적인 교육의 필요성 • 학습자의 기대 정도
교수 · 학습 자원 및 환경	• 교수기술과 자격을 갖춘 교수자/ 교수보조원의 도움 정도 • 기존 교수 · 학습 자료의 사용과 새로운 학습 자료의 개발 정도 • 자원의 종류, 활용장소의 환경문제 및 시간제약의 문제
조직의 기대	• 조직(학교)에서 선호하는 교육방법 • 조직(학교)이 요구하는 구체적인 학습목표의 유무 • 조직(학교)이 요구하는 구체적인 측정과 평가방법의 유무

물론 위에서 제시한 기준은 교육방법을 선정하는 데 있어서 절대적인 기준은 아니다. 여기에 제시한 기준에 추가하여 교수자 측면의 기준을 추가할 수 있다. 예를 들어, 교수자의 교육철학, 교수자의 교육방법 활용에 대한 준비의 정도, 교수자가 생각하는 교수 · 학습의 관점, 선호하는 활용 매체 등을 고려하여 교육방법의 선정은 달라질 수 있을 것이다.

이러한 선정 기준을 바탕으로 학습 집단의 크기와 교수 · 학습 상황에 따라 다음과 같이 선정할 수 있다.

표 7-3 **집단의 크기에 따른 교수 · 학습 상황과 교육방법 선정 기준**

학습 집단의 크기	교수 · 학습 상황 변인	교육방법
50명 이상의 대집단	• 학습공간이 전통적 교실 • 교육내용이 개념과 원리학습 • 새로운 지식습득에 초점	• 수용학습 • 강의법 • 협동교수
30~40명 수준의 중집단	• 학습공간의 융통성 • 교육내용: 운동기능 및 심체적 영역 • 새로운 지식습득 및 숙달에 초점	• 시범 • 실습 • 동료교수(학습)
	• 소집단 구성 가능 • 학습공간의 융통성 • 교육내용: 인지적 영역 • 새로운 지식의 창출, 탐구, 문제해결	• 소집단학습 • 협동학습 • 사례연구 • 문제중심학습
20명 이하의 소집단	• 학습공간이 전통적 • 교육내용: 태도, 정의적 영역 • 기존 지식의 이해 · 적용 강화	• 모의실험 • 게임 • 역할극 • 토론
	• 학습공간이 융통성 • 교육내용: 개념 및 원리학습 • 새로운 지식의 습득, 문제해결	• 발견학습 • 탐구학습
개별학습	• 학습공간의 융통성 • 교육내용: 원리, 절차학습 • 새로운 지식습득에 초점	• 개인교수 • 컴퓨터보조수업 • 웹기반수업

(2) 교육방법의 활용

다음으로 수업에서 대표적으로 활용할 수 있는 정보 전달을 위한 강의교수법, 탐구를 위한 실험형 교수법, 문제해결을 강조하는 토의법, 자율학습과 개인교수가 종합된 컴퓨터 활용 교수법을 살펴보고자 한다.

① 정보전달을 위한 강의식 교수법

강의법은 가장 보편화된 수업방식으로 다수의 학습자에게 학습내용을 직접 전달하는 의사소통의 형태로 이루어진다. 수업내용이 특정 분야의 체계적인 지식에 대한 내용으로 구성되어 있을 때 자주 사용하는 방법으로 교육에 대한 전통적인 입장을 가진 사람들이 자주 사용한다. 교수자가 그 방면에 대하여 많이 알고 있으며, 짧은 시간에 학습자에게 많은 양의 지식을 전달하려고 할 때 효과적인 방법이다. 수업에서 교수자는 학습 내용을 서술, 기술, 설화 등의 형태로 설명식으로 정보를 제시하고, 학습자들은 이것을 수동적으로 받아들인다. 강의법은 교수자가 학습내용을 설명하고, 학습자들은 그것을 받아들이는 방식이기 때문에 교수자의 권위가 없으면 수업내용을 이해하고 받아들이기 어렵다. 또한, 강의법은 토론이 배제될 경우에는 학습자의 참여도가 낮고, 개인의 흥미와 능력을 고려할 수 없으며, 사고력 훈련을 위한 교육내용에는 부적절하다. 강의식 교수법의 장점과 단점은 아래와 같다(나일주 · 정인성, 1998).

표 7-4 **강의식 교수법의 장 · 단점**

장점	단점
• 친밀성: 교사와 학생에게 익숙한 형태의 교육 방법으로 편안한 기분으로 학습이 가능 • 경제성: 1인 교사가 다수의 학생에게 많은 양의 정보를 짧은 시간에 전달 가능 • 효과성: 기초지식, 정보전달 등 낮은 수준의 교육목표 달성에 효과가 있음	• 비능동성: 학습자는 수동적이고 상호작용에 활발하게 참여하지 않은 수업형태 • 비표준성: 개별 교사의 역량에 의존하므로 표준화가 어려움 • 비효율성: 다양한 학생의 선수학습 정도, 경험 등을 고려하지 않은 일반적인 수업 형태

② 탐구를 위한 실험형 교수법

탐구를 위한 실험형 교수법은 학습자에게 해결할 학습문제를 주고, 그것을 해결하는 과정에서 학습이 이루어지는 교육방법이다. 이 과정에서 학습자는 단독으로 또는 동료학생과 협력하여 과제를 해결한다. 교수자의 역할은 실험을 위한 문제와 관련 자료를 제공하는 것이다. 탐구를 위한 실험형 교수법은 자연과학에서 자주 사용하는 방법으로 발견학습이라고도 한다. 학습자는 자신이 기존에 가지고 있던 지식을 이용하여 주어진 문제를 파악하고, 문제해결방안을 생각하며, 문제

해결에 필요한 자료를 수집 · 분석하면서 학습을 진행한다. 실험형 교수법은 학습자의 문제해결 능력을 향상시키는 것이 중요한 목적이다. 실험형 교수법은 구조화되지 않은 학습내용으로 논리성이 부족한 것으로 보이지만, 학습자는 구조화되지 않은 학습문제에서 중요한 기본 개념과 원리를 찾고, 그 개념 간의 관계를 알아내게 된다.

교수자는 학습자가 스스로 구조를 발견할 수 있도록 학습시간을 충분히 제공하여야 하며, 학습문제와 관련된 내용을 많이 알고 있어야 한다. 실험형 교수법은 학습자의 내재적 동기유발에 도움을 주고, 자기주도적 학습태도 형성에 도움을 주는 방법이다. 한편, 실험형 교수법은 학습에 소요되는 시간이 너무 길고, 많은 학습 자료와 실험도구가 있어야 하며, 교수자가 전반적인 내용을 알고 있어야 하는 등 교수자에게는 많은 준비가 필요한 방법이다. 실험형 교수법의 장점과 단점은 다음과 같다(나일주 · 정인성, 1998).

표 7-5 실험형 교수법의 장 · 단점

장점	단점
• 현실성: 모의상황에서 실제의 현장과 같은 환경에서 경험을 통한 지식획득 가능 • 능동성: 학습자의 능동적인 참여와 즉각적인 송환(feedback)을 통한 동기유발이 가능 • 효과성: 인지적, 정의적, 심동적 영역의 동시 수행이 가능	• 능력의 차이성: 개별 학습자의 역량에 따른 학습효과의 차이 발생 • 흥미로 전락 가능성: 실험 계획과 자료의 잘못으로 하나의 오락거리로 전락 가능 • 비경제성: 학습진행에 많은 시간과 비용이 필요

③ 문제해결을 강조하는 토의법

토의법은 교수자와 학습자가 공동으로 참여하는 교육방법이다. 이 방법은 광범위한 영역에서 자주 사용되며, 학습자가 혼자의 힘으로 문제를 해결할 수 없는 경우, 서로 의견을 교환하고 집단사고에 의하여 문제를 해결하는 수업방법이다(윤영선, 1996). 토의법을 활용할 경우에는 학습 문제가 분명해야 한다. 학습문제 해결을 위한 토의 목적을 교수자가 설정할 수도 있지만, 교수자와 학습자가 협력하거나 학습자들이 결정할 수도 있다. 토의 목적과 내용은 어느 정도 구체적이어야 하고 실행가능성이 있어야 한다. 토의 내용은 학습자들이 관심을 가지는 사회적으로 의미 있는 문제일 경우, 학습자를 수업에 적극적으로 참여시킬 수 있다.

토의법은 교수 · 학습과정을 통하여 문제해결과정을 배우는 것이 교육목적이기 때문에 의견차가 있더라도 상호 간의 의견을 존중하고 최선의 결론에 도달할 수 있도록 수업을 진행해야 한다. 토의법에서 교수자는 토론과정에서 의견대립이 커지거나 소극적인 경우를 제외하고는 토론에 참여하지 않는 것이 바람직하다. 토의법은 장점과 단점은 아래와 같다(박숙희 · 염명숙, 2007).

표 7-6 **문제해결을 강조하는 토의법의 장 · 단점**

장점	단점
• 민주성: 토의를 통한 집단활동이 가능하고 의사소통 기술을 연습 가능 • 능동성: 개방적인 의사소통과 학습자의 능동적인 참여로 인한 동기유발과 흥미유발 가능 • 협동성: 상호의견 교환을 통한 협력과정에서 사회적 기능 및 태도 형성 가능	• 집단 구성원의 한계: 원활한 의사소통을 위한 집단 크기의 한계성 • 부정적인 태도형성: 평가불안으로 인한 사회태만으로 방관적인 태도형성의 가능성 • 비효과성: 토의주제에 대한 일정 수준 이상의 선수학습 필요, 계획과 진행에 비교적 많은 시간 소요

④ 자율학습과 개인교수가 종합된 컴퓨터 활용 교수법

지식기반 정보사회에서 첨단 ICT를 사용하는 자율학습과 개인교수가 가능한 수업방법에 많은 관심이 집중되고 있다. 컴퓨터를 중심으로 각종 첨단 ICT를 수업에 활용하는 방법은 학습자가 적극적으로 수업에 참여할 수 있으며, 수업내용도 학습자 자신에게 적합한 것으로 선택할 수 있고, 개별학습도 가능하다는 점에서 교육현장에서 광범위하게 활용 할 수 있다. 또한, 인터넷의 확산과 함께 가상공간에서 진행되는 교육은 학교교육을 포함하여 일반 성인을 위한 학습기회 충족에도 공헌하고 있으며, 평생교육 실현을 통한 학습사회 건설에 중요한 역할을 담당하고 있다.

이와 같이 첨단 ICT와 컴퓨터의 결합으로 학교현장에서 도입되어 사용되는 컴퓨터 활용 교수법은 지금까지 칠판을 통한 교실수업에서 시 · 공간을 초월하는 수업형태를 변화시키는 계기를 마련하여 원격교육이 가능하게 되었다. 컴퓨터를 활용한 수업방법이 적절하게 교실현장에서 사용되어 학습자의 학습력 신장에 효과적으로 사용되기를 기대한다. 컴퓨터 활용 교수법의 장 · 단점은 자율학습법과 개인교수법의 장 · 단점이 종합된 형태로 나타날 수 있다.

표 7-7 **문제해결을 강조하는 토의법의 장 · 단점**

장점	단점
• 자기주도학습: 학습자의 특성과 수준에 맞는 수준별 학습이 가능 • 능동적이 상호작용: 교육내용과 학습자간의 계속적인 상호작용을 통하여 완전학습 추구 가능 • 독립심 신장: 학습자 스스로 자신의 학습을 이끌어 가고 책임감을 가지며 문제해결 능력 배양	• 비효율성: 개별학습으로 많은 시간과 노력이 요구되고, 학교현장 적용이 제한적임 • 학습효과에 대한 실증자료 부족: 컴퓨터 가 활용되는 형태와 방법이 다양하여 학교 교육에서의 효과성에 대한 검증 미흡 • 통제기능 불충분: 자기주도적 학습을 촉진할 수 있는 학습과정의 통제장치가 부족하고, 정의적 교육목표 달성에는 한계

2. 교육공학의 개념 및 발달[20]

1) 교육공학의 개념

1994년 미국교육공학회에서는 교육공학의 개념을 '학습을 위한

20 백영균 외(2012), 교육방법 및 교육공학, 학지사, 25-39쪽; 한상길 외(2007), 291-314쪽에서 재구성하였음.

과정과 자원을 설계, 개발, 활용, 관리, 평가하는 이론과 실제'로 정의하였다(Seels & Richey, 1994). 그러나 시대의 변천으로 교육공학의 정의를 새롭게 다듬을 필요성에 따라 2004년 AECT의 교육공학정의연구위원회에서는 '교육공학이란 적절한 공학적 과정 및 자원을 창출, 활용, 관리함으로써 학습을 촉진하고 수행을 개선하는 연구와 윤리적 실천이다'라는 새로운 정의를 내놓게 되었다(AECT Definition and Terminology Committee, 2004). 이는 과거의 개념과 유사하지만 직업윤리의 중요성이 부각되었고, 학습자를 능동적인 존재로 파악하여 학습에서 촉진자 역할을 강조하고 있다.

교육공학은 교육목표의 달성을 위해 교육과 그에 관련된 과정 및 요소들을 통합적인 체제로 이해하면서 여기서 발생할 수 있는 문제의 해결이나 목표의 성취를 위해 체계적인 접근법을 사용한다. 체계적인 접근법이란 문제의 해결을 위해 전체를 분석하고 이 전체 속에서 각 부분의 기능이 어떻게 역동적이며 상호보완적으로 관계되는지를 파악하고, 다시 이것들을 전체 속에서 이해하려는 방법으로, 교육공학에서 가장 중요한 특성 중의 하나이다.

교육공학은 단순히 수업매체를 활용하는 차원이 아니라, 교육의 효율성을 증대시키기 위하여 교육의 전 과정을 계획하고 실천하며 평가하는 차원의 활동을 의미하는 것이다. 즉, 교육공학의 주요 목적은 교수학습의 효과 증진과 학습문제의 능률적 해결에 있다. 또한 최근에는 교육목적을 달성하기 위하여 교수학습의 전 과정을 계획하고, 실행하고 평가에 기초하여 인간적 자원은 물론 비인간적 자원을 적절히 체계적으로 활용하는 과정으로까지 폭넓게 정의하고 있다.

2) 교육공학의 영역

교육공학의 영역은 설계, 개발, 활용, 관리, 평가로 크게 다섯 가지로 나눌 수 있다(Seels & Richey, 1994). 각 영역은 상호보완적이며 서로 영향을 주고받지만, 반드시 연속적인 관계는 아니다.

첫째, 설계(design)란 학습에 관한 조언을 구체화하는 과정으로 교수심리학을 그 모체로 한다. 체제이론(systems theory)이 도입되면서 교수행위를 일회적인 행사로 보는 것이 아니라 여러 요소가 서로 긴밀히 연결되어 영향을 주고 받는 거시적인 입장에서 체계적으로 바라보게 되었고, 이는 교육공학을 학문으로 정착시킨 원동력이 되었다.

둘째, 개발(development)이란 설계에서 구체화된 내용을 물리적으로 완성하는 것을 말한다. 개발의 원류는 시청각 매체의 제작이라 할 수 있다. 영화의 제작은 시청각운동을 촉발시키고 현대적 의미의 교육공학을 정착시킨 시발로 볼 수 있다. 개발은 단순히 매체를 제작한다는 것 외에, 내용이 중심이 되는 메시지를 담고 있어야 하고 이론에 기반한 교수전략이 포함되어 있어야 하며, 하드웨어 · 소프트웨어 · 교수자료 등 테크놀로지의 물리적 실재가 내포되어 있어야 한다.

셋째, 활용(utilization)은 학습을 위해 과정(process)과 자원을 사용하는 행위이다. 곧 학습자와 학습자료 및 활동을 연결하고, 학습자를 이에 맞게 준비시키며, 수업활동 중의 학습자를 이끌고 결과에 대해 평가하며, 조직 내에서 이런 행위가 지속될 수 있도록 체계화하는 일을 포함한다. 활용영역은 교육공학의 영역 중 가장 오랜 역사를 가졌다고 볼 수 있다. 체계적인 설계나 제작이 이루어지기 전부터 학교현장에서는 시청각 매체가 이용되어 왔기 때문이다.

넷째, 관리(management)란 계획, 조직, 조정, 감독 등을 통해 교육공학을 통제하는 것을 말한다. 교수조직의 크기가 증가함에 따라 인적 · 물적 자원과 이에 따르는 설계와 개발의 노력이 달라진다.

다섯째, 평가(evaluation)는 교수학습의 적절성을 결정하는 과정이다. 이 영역은 교육연구방법의 발달과 함께 성장하였다. 하지만 전통적인 연구와 다른 점은 전통적인 교육연구의 목표가 지식의 확대에 있다면, 평가연구는 프로젝트, 프로그램, 제품의 개선, 확장, 중단에 따른 의사결정을 하기 위한 자료를 얻는 것을 목적으로 한다. 평가는 확고한 가치판단을 하기 위한 것이지 가설의 검증을 목적으로 하지 않는다.

제2절

교육방법 및 교육공학의 최근 동향

1. 구성주의 학습이론의 등장

전통적인 인식론에서는 지식이란 객관적이며 고정적이고 절대적인 것으로서 맥락을 초월해 존재하는 것이라 보았다. 그러한 입장에서 지식은 이미 존재하는 것으로 인간의 이성에 의해 발견되어지는 것이었다. 그러나 구성주의에서 지식은 시간적 공간적 삶의 맥락을 초월해 존재하는 실재에 관한 정확한 표상이 아니라 삶의 맥락 속에서 구성된 것이다. 즉, 지식은 삶에서의 관심과 발생된 문제의 해결을 위한 요구에 의해 구성된다고 할 수 있다. 따라서 지식은 삶의 맥락 속에서만 의미와 가치를 갖는 것이지 삶을 초월해 다른 의미를 갖는 것이 아니다.

즉, 구성주의(Constructivism)는 인간이 자신의 경험으로부터 지식과 의미를 구성해낸다는 이론으로 교육학에서는 피교육자들이 교육을 받을 때, 학습 이전의 개념을 토대로 학습이 진행된다는 의미가 된다. 또한, 교수학습이론으로서의 '구성주의'는 그러한 현상이 있기 때문에 그것을 고려하여 수업을 해야 한다는 주장이다. 그에 따르면, 교수자의 역할은 피교육자가 사실이나 생각을 발견할 수 있도록 돕는 것이 된다. 구성주의 이론은 학습자에게 지식이 체화되는 기작을 나타내는데, 장 피아제는 이를 정형화하는 데 큰 공헌을 하였다. 그의 구성주의 학습이론은 교육개혁운동의 주제로 활용되어 학습이론과 교수방법론에 큰 영향을 주기도 했다. 1970년대에 대두되기 시작하여 1980년대에는 객관주의 또는 표상주의에 대한 대안으로 자리 잡게 되었다(위키백과사전, 2013).

객관주의와 구성주의의 특징을 비교해보면 아래의 〈표 7-8〉과 같다.

표 7-8 **객관주의와 구성주의 비교**

관점	객관주의	구성주의
지식의 생성	지식은 인식주체의 외부에 존재하며 개인은 암기를 통해 저장함	기존 경험을 바탕으로 역동적이며, 개인적, 합리적으로 개인이 구성함
교육목표	보편타당한 절대적 진리와 지식 추구	상황에 의미 있는 지식의 구성
교육과정	의도적(intended) 교육과정, 교과서 중심의 사실 지식 및 기본기능 강조	창조적, 아이디어 중심, 실천적 교육과정 다양한 학습 자료에 근거한 구성활동 강조
주요개념	발견, 암기, 전수	의미의 구성, 의미의 연결, 창조, 아이디어 교환
학습자	지식의 수동적 수용자	생각의 능동적 창조자
교수자의 역할	지식, 아이디어의 보고 또는 전달자, 지휘자(commander), 재촉자, 교육과정 실행자	생각, 아이디어를 듣는자, 촉진자, 안내자(guider), 조력자(helper), 교육과정 재구성자
교육방법	일체식 수업, 강의중심 수업, 암기위주 수업, 반복학습	협동학습, 소집단 활동, 문제해결학습, 고등사고 및 비판적 사고
수업스타일	태권도 사범식 수업	코치식 수업
강조점	완전학습	고등사고, 비판적 사고, 창조적 사고
평가	결과중심의 평가, 양적 평가, 학습자 서열을 정하는 데 사용	과정중심의 평가, 질적 평가
특징	• 정적이고 지식이 직선적으로 조직된 교육과정 • 처방적이고 유일하며, 절대적이고 보편적인 교육과정 • 분절되고 독립적인 학문영역으로서의 교육과정 • 중립적이고 객관적 교육과정	• 대화중심의 참여적 교육과정 • 이해, 행위, 탐구, 질문, 도전 등에 의해 촉발되는 교육과정 • 상호연관된 경험으로서의 교육과정 • 복합적이고, 도전적이고, 풍요로운 교육과정

이러한 구성주의는 성숙자(1987)가 미국의 유아교육 프로그램을 소개하면서 우리나라에 처음 알려졌다. 그 후 이명숙(1992), 이종원(1992),

이종일(1992), 강인애(1995)에 의해 본격적으로 소개되기 시작하였다. 구성주의는 미국 국회에서 발간하는 백서에서 현실문제 해결능력이 현저히 떨어지는 인력을 양산한다고 비판받는 현 교육제도에 대한 새로운 대안으로 제시되기도 하였다(변호승, 1996).

이렇게 구성주의가 관심을 끌고 있는 것은 교수자가 학습자에게 지식을 전달하는 전통적 교육방식에 대한 반성도 일조했다고 할 수 있지만, 테크놀로지의 발달도 주요한 이유라 할 수 있다. 테크놀로지는 인간이 정보를 획득 · 분석 · 교류하는 데 속도와 용이성을 더해주었고, 이에 따라 현실을 분석하고 결정을 내리며, 문제를 해결하는 능력의 습득이 더욱 중요해졌기 때문이다(Newby, 2000).

학습자가 비판적인 사고를 하고 창의성을 발휘하기 위해서는 단순

표 7-9 **구성주의 학습원칙과 세부내용**

구성주의 학습원칙	세부내용
1. 체험학습	• 학습자 주도적으로 학습목표, 내용 및 평가에 참여한다. • 학습자에 의한 지식구성 및 공유할 수 있는 학습환경을 제공한다. • 학습자가 전체적으로 학습환경의 통제권을 지니고 있다.
2. 자아성찰적 학습	• 메타인지(Meta cognition)의 습득 및 활용이 가능한 환경이다. • 학습자의 기존 지식과 개념을 활용할 수 있는 학습환경이다. • 주어진 과제해결을 위해 깊이 있는 사고와 탐색을 필요로 하는 환경이다.
3. 협동학습	• 학습자들이 서로 지식을 구성하고 공유할 수 있는 학습환경이다. • 개념과 내용에 대하여 다양한 관점과 시각이 자유스럽게 제시되고 받아들여진다. • 학습자 간의 토론, 대화, 상호작용을 통해 성찰적 학습기회를 촉진한다.
4. 실제적 성격의 과제	• 통합교과목적인 성격의 과제를 다룬다. • 특정상황을 기반으로 하는 과제여야 한다(situatied learning). • 실제적(authentic) 평가: 과제 성격 및 해결안을 제대로 평가할 수 있는 기준과 방법이어야 한다.
5. 교사의 역할: 코치, 동료학습자	• 인지적 도제학습 환경을 제공한다. • 과정 중심적 평가여야 한다. • 실수와 오답에 대하여 관대함과 인내가 필요하다.

자료: 강인애(2003)에서 인용

한 사실적 지식의 습득을 넘어서야 하며, 교수자의 교육방식의 변화가 불가피하다. 이러한 변화는 학습자중심의 수업, 고차적 사고능력의 배양, 문제해결능력의 함양 등으로 나타났다. 학습의 단위도 개인위주에서 모둠활동으로 확산되면서 협동학습이 강조되고 있다(Driscoll, 2005).

이러한 구성주의의 학습원칙과 세부적인 내용을 살펴보면 〈표 7-9〉와 같다.

2. e-러닝 및 유비쿼터스 러닝[21]

e-러닝은 테크놀로지가 발달하고 브라우저를 이용한 월드와이드웹이 급속히 보급되기 시작한 1995년부터 웹기반수업의 설계 · 개발 · 활용에 대한 관심과 연구가 활발해졌다(박성익 외, 2001).

그 이후 인터넷을 통해서만 학위를 수여하는 대학이 출현하였고, 전통적인 수업을 고집하던 대학뿐만 아니라 사설 기업도 인터넷을 이용하는 교육사업에 뛰어들고 있다. 이와 함께 전자학습(electronic learning: e-learning)이라는 의미에서 e-러닝이라는 말이 유행하게 되었다.

e-러닝이란 교실내외에서 이루어지는 인터넷 등 첨단 테크놀로지를 기반으로 한 학습이다. 인터넷을 비롯한 여러 테크놀로지의 지원을 받아 수업을 이전보다 다양하고 효과적으로 실시하는 것을 의미하기도 하고, 전통적인 면대면 수업이 아닌 교실 밖에서 테크놀로지와 교육자료에 의존해 학습자 혼자 학습하는 것 모두를 의미하기도 한다. 이러한 e-러닝은 접근의 용이성과 편리성, 학습자 주도의 학습 및 개별화 학습 가능, 높은 비용효과성 등의 이유로 빠른 성장세를 보이고 있다.

유비쿼터스 러닝(ubiquitous learning: u-learning)은 학습자가 언제 어디에

---

21 이병승 외(2013), 『쉽게 풀어 쓴 교육학』, 학지사, 252-255쪽; 백영균 외(2012), 『교육방법 및 교육공학』, 학지사, 346-418쪽에서 재정리하였음.

서나 어떤 내용이건, 어떤 단말기로도 학습할 수 있는 지능화된 학습환경을 의미한다. 이는 학교나 도서관 등 특정 장소에서 공부하거나 인터넷을 통해 학습정보를 습득하던 기존의 방식과는 구분된다. 학습자가 원하는 정보를 찾기 위해서 특정 시간에 특정 장소에 가는 것이 아니라 학습정보가 학습자를 찾아다니게 된다는 점에서 기존 방식과 큰 차이가 있다.

이와 같은 유비쿼터스 학습체제에 대해서 교육부(2004)는 언제, 어디서나, 누구나, 편리한 방식으로 원하는 학습을 할 수 있는 이상적인 학습체제, 즉 에듀토피아(education utopia)로 정의하고 있다. u-러닝(u-learning)에 대해 무선 인터넷과 초고속 인터넷을 이용해 PDA 단말기나 태블릿 PC, 노트북 상에서 교육을 받거나 실시간으로 자료를 검색, 다운로드 받을 수 있는 교육서비스로 일부 정의하기도 하나 이는 매우 협소한 개념이다. u-러닝은 특정한 단말기나 매체를 의미하는 것이 아니라 학습기제(학습 매커니즘)를 의미한다.

학습자가 언제 어디에서나 어떤 내용이건, 어떤 단말기로도 학습할 수 있는 교육환경을 조성함으로써 더욱 창의적이고 학습자중심적인 교육과정을 실현하는 것이 유비쿼터스 교육의 목표다. 유비쿼터스 교육환경은 획일적이거나 강제적이지 않고 학습자는 각자의 욕구에 따라 학습한다. 이 같은 학습환경에서 학부모와 교수자 간의 상호작용도 자연스럽고 편안하게 이루어진다.

양방향 의사소통을 기본으로 하는 지식기반사회의 교육패러다임 변화는 교육환경을 변화시켰다. 컴퓨터 활용 교육에서 인터넷 활용 교육으로, ICT활용 교육에서 e-러닝으로, 다시 u-러닝으로의 교육환경이 변화하고 있다. 이렇듯 정보통신 매체를 활용한 교육의 패러다임은 지속적으로 변화와 성장을 거듭하고 있다.

참고문헌

강인애, 「구성주의 학습원리와 적용」, 『교육공학연구』 11(1), 25-45, 1995.

_______, 「우리시대의 구성주의」, 문음사, 2003.

교육인적자원부, 「인적자원개발 혁신을 위한 유비쿼터스 학습체제 구축방안」, 2004.

김신자 · 이인숙 · 양영선, 『교육공학의 이론과 실재』, 문음사, 1999.

나일주 · 정인선, 『교육공학의 이해』, 학지사, 1998.

박성익 · 임철일 · 이재경 · 최정임, 『교육방법의 교육공학적 이해』, 교육과학사, 2001.

박숙희 · 염명숙, 『교수-학습과 교육공학』, 학지사, 2007.

백영균 외, 『교육방법 및 교육공학』, 학지사, 2012.

변호승, 「미래의 미국교육: 구성주의 시각 확산」, 『새교육』 4월호, 1996.

성숙자, 「구성주의 유아교육 프로그램에 대한 고찰」, 『성신연구논문집』 26(1), 성신여자대학교, 1987, 127-147쪽.

위키백과사전.

윤영선, 『함께 읽는 교육학이야기』, 다산출판사, 1996.

이명숙, 「구성주의와 지식의 기제」, 『초등교육연구논총』 13(1), 대구교육대학교 초등교육연구소, 1992, 19-40쪽.

이병승 · 우영효 · 배제현, 『쉽게 풀어쓴 교육학』, 학지사, 2013.

이성흠 · 이준 · 구양미 · 이경순, 『교육방법 및 교육공학』, 교육과학사, 2014.

이종원, 「급진적 구성주의와 Piaget의 재발견」, 『초등교육연구논총』 13(1), 대구교육대학교 초등교육연구소, 1992, 41-52쪽.

이종일, 「사회적 구성주의」, 『초등교육연구논총』 13(1), 대구교육대학교 초등교육연구소, 1992, 1-18쪽.

이화여자대학교 교육공학과, 『교육방법 및 교육공학』, 교육과학사, 2001.

한상길, 『교육학개론』, 공동체, 2007.

한정선 · 김영수 · 주영주 · 강명희 · 정재삼 · 박성희, 『미래사회를 위한 교육방법 및 교육공학』, 교육과학사, 2008

황정규 · 이돈희 · 김신일, 『교육학개론』, 교육과학사, 1998.

AECT Definition and Terminology Committee, The Meanings of educational technology, http://www.indiana.edu/~molpage/pulications. html, 2004.

Corey, S. M., "The Nature of Instruction" in P. C. Lange(ed.), *Programmed Instruction, The Sixty sixth Yearbook of the National Society for the Education*, Chicago: Univ. of Chicago Press, 1967.

Driscoll, M. P., *Psychology of learning for instruction*(3rd ed.), Needham Height, MA: Allyn & Bacon, 2005.

Joyce, B., Weil, M., & Calhoun, E., *Models of teaching*(6th ed.), Needham Heights, MA: Allyn & Bacon, 2000.

Newby, T., Stepich, D., Lehman, J., & Russell, J., *Instructional technology for teaching & learning: Designing instruction, integrating computers, and using media*(2nd ed.) Upper Saddle River, NJ:Merrill, 2000.

Seels, B. B., & Richey, R. C., *Instructional Technology: The definition and domains of the field*. Washington, D.C.: Association for Educational Communications and Technology, 1994.

제8장

교육행정 및 학급경영의 기초

본 장에서는 교육행정 및 학급경영을 다룬다. 교육행정의 개념과 교육행정의 발달과정인 고전이론, 인간관계론, 행동과학론, 다원론을 통해서 교육행정의 특성을 이해한다. 그리고 교육행정의 실제에서는 교육행정에서 가장 중요한 실제 행정인 장학행정, 교육인사행정, 교육재정을 통해서 교육행정이 실제 운영되는 측면을 살펴봄으로써 교육행정에 대한 이해의 폭을 넓힌다. 마지막으로 학급경영의 개념과 학급경영의 실제에서는 학급경영계획의 수립부터 학급환경의 정비, 학급생활의 지도, 학급경영의 평가를 통해서 학급경영의 실제에 대해서 이해한다.

학습내용

- 제1절 교육행정의 개념과 발달과정
- 제2절 교육행정의 실제
- 제3절 학급경영의 이해

제1절

교육행정의 개념과 발달과정

1. 교육행정의 개념[22]

교육행정(educational administration)은 교육활동이 원활히 진행되도록 관리 · 조성 · 지도하는 활동이다. 그러나 그 개념에 대한 정의는 어떤 관점을 견지하고 어디에 초점을 두느냐에 따라 서로 다르다. 여러 학자들의 견해를 분석하여 교육행정에 대한 정의를 분류해보면 다음과 같이 정리해 볼 수 있다.

1) 국가통치권론

교육행정을 국가권력 작용, 즉 총체적인 국가행정의 관점에서 파악하려는 이론으로, 교육행정은 국가의 행정 작용 중 '교육에 관한 행정'이라고 보는 입장이다. 다시 말해, 국가통치권 중 입법 · 사업을 제외한 행정 작용을 내무 · 외무 · 군무 · 법무 · 재무 등으로 분류하고, 이 중에 내무행정을 보육행정과 경찰행정으로 분류하여 전자인 보육행정 중에 '교육에 관한 행정'인 교육행정을 포함시키는 것이다(백현기, 1964). 이는 현재 교육행정 사무를 교육부에서 담당하기 때문에 교육행정을 교육부가 수행하는 법적 기능 혹은 행정 작용이라고 정의하는 방식이라고 볼 수 있다.

---

22 윤정일 외(2007), 『교육행정학원론』, 학지사, 15-25쪽에서 재구성하였음.

2) 조건정비론

교육행정은 교육목표를 효율적으로 달성하기 위해 필요한 인적 · 물적 제 조건을 정비 · 확립하는 수단적 · 봉사적 활동이라고 보는 견해다. 이는 교육행정의 기능주의적 입장을 대표하는 정의로서, 민주적 교육행정을 설명하는 데 가장 많이 인용된다. 김종철(1985)도 교육행정이란 사회적 · 공공적 · 조직적 활동에서 교육을 대상으로 하고 교육목표의 설정, 그 달성을 위한 인적 · 물적 조건의 정비 · 확립, 목표 달성을 위한 계획과 결정, 집행과 지도, 통제와 평가 등을 포함하는 일련의 봉사활동을 지칭하며, 교육조직에서의 집단적 협동행위를 위해 효과적으로 지원하는 것을 본질로 하는 작용이라고 정의하였다(김종철, 1985). 이는 교육행정이 궁극적으로 교육목적 달성을 위한 인적 · 물적 조건을 정비 · 확립하는 수단적 봉사활동임을 명료화한 것이라고 볼 수 있다.

3) 행정과정론

행정과정(administrational process)은 계획 수립에서 실천 · 평가에 이르는 행정의 전체 경로를 가리킴과 동시에 이 경로 속에서 이루어지는 행정 작용의 제 구성요소를 의미한다. 행정과정은 1916년 파욜(Fayol)이 5개 요소로 분석한 이래, 귤릭(Gulick)은 최고 행정가가 해야 할 일을 'POSDCoRB'라는 합성어를 고안하여 7개 요소로 정리하였다 그레그(Gregg)는 교육행정과정을 의사결정-계획-조직-전달-영향-조정-평가 등 7개 요소로, 캄펠(Campell) 등이 그것을 의사결정-계획-자극-조정-평가 등 5개 요소로 분석 · 제시한 것이 그 대표적인 예라고 할 수 있다.

4) 협동행위론

이는 행정활동을 합리성을 토대로 한 집단적 협동행위로 보는 견해로서, 행정 작용을 주로 행정행위, 그중에서도 의사결정과정에 초점을 두고 정의하는 방식이다(김종철, 1985). 이러한 견해의 대표적인 학자는 발도(Waldo)인데, 그는 행정을 고도의 합리성을 바탕으로 한 집단적인 협동행위로 정의한다(윤정일 외, 1982). 이를 교육행정에 적용해보면, 교육행정은 "합리적으로 계획된 과정과 절차에 따라 교육목적을 최대한 효과적으로 달성하기 위해 교육활동과 관련된 제반 조직과 조건을 체계적으로 정비하고 조성하는 협동적 행위"라고 할 수 있다.

5) 교육지도성론

이는 교육행정이 교육목적을 효과적으로 달성하기 위해 교육지도성을 발휘하는 활동이라고 정의하는 방식을 말한다. 교육지도성이란 교육과 관련된 활동을 하는 과정에서 교육의 목적을 효과적으로 달성하기 위해 발휘되는 지도성을 말한다. 다시 말해, 그것은 교육의 목적을 더욱 잘 실현할 수 있도록 제반조건을 마련하고, 그 환경을 조성하는 과업을 수행하는 과정에서 발휘되는 지도성을 말한다(조동섭, 1988). 이 때 제반조건을 마련하고 환경을 조성하는 일은 3M, 즉 인간(man) · 물자(materials) · 재정(money) 등을 확보 · 배분 · 활용하는 일이며, 지도성을 발휘한다는 것은 그들을 보다 효과적으로 확보 · 배분 · 활용하여 교육목적 달성을 효율화하는 것을 의미한다.

또한 교육행정의 영역은 크게 행정단위 · 행정기능 · 교육대상의 측면으로 구분할 수 있다. 우선 행정단위별로는 중앙교육행정, 지방교육행정, 학교교육행정의 3단계로 구분해볼 수 있다. 이때 지방교육행정은 다시 시 · 도와 시 · 군 · 구의 두 가지로 나뉘는데, 이들 각각은 교육자치의 광역자치단체와 기초자치단체를 말한다. 행정기능별로 보면 교육행정은 기획, 조직, 교육내용 · 장학, 학생, 인사, 재정, 시설, 사무관리, 연구 · 평가로 구분된다. 그리고 교육대상별로는 유아교육, 초등교육, 고등교육, 사회교육, 사학교육, 특수교육으로 구분할 수 있다.

2. 교육행정학의 발달과정[23]

교육행정학은 우선 기존 학문의 발전된 이론들을 수용하여 교육행정 이론으로 정리한 1950년까지의 타학문 수용 단계와 그 이후 타학문과 보조를 맞춰 이론을 개발 · 공유하거나 독자적인 이론을 개발하여 독자적인 학문 체제를 구축한 종합학문으로의 발전 단계를 거쳐 이루어졌다고 할 수 있다. 교육행정학에서는 일반적으로 전자의 단계를 고전이론과 인간관계론 시대라고 하며, 후자의 단계를 행동과학론과 그 이후의 시대라고 부른다. 따라서 여기서는 일반적인 단계 구분을 고려하여 그 발전단계를 고전이론, 인간관계론, 행동과학론, 다원론 시대로 나누어 그 특징을 살펴보도록 한다.

1) 고전이론

(1) 과학적 관리론

과학적 관리론의 기본신념은 인간을 효율적인 기계와 같이 프로그램화할 수 있다는 것이다. 그리고 노동자는 아주 단순해서 경제적 요인만으로도 과업동기가 유발되고 생리적 요인에 의해 성과가 크게 제한을 받는다고 보았다.

과학적 관리운동의 창시자는 테일러(Taylor)였다. 그는 생산공정의 개별 작업을 요소동작으로 분리하여 각 요소동작의 형태, 순서, 소요시간을 시간연구와 동작연구에 의해 표준화함으로써 하루의 과업을 설정하고 그 과업을 기준으로 관리의 과학화를 도모하였다. 이러한 과학적 관리론은 특히 생산공정에서 인간의 활용을 극대화하는 기술과 지식을 체계화하는 기초를 확립함으로써 큰 반향을 일으켰으나, 인간성을 완전히 배제한 채 인간을 기계처럼 취급하였다는 점에서 많은 비

23 앞의 책, 35-70쪽에서 재구성하였음.

판을 받고 있다.

(2) 행정관리론

과학적 관리론의 시기에 그와 유사한 맥락에서 분업과 조정의 문제에 주목하여 관리과정의 과학적 접근 방법을 제시한 사람은 파욜(Fayol)이다. 파욜은 행정이란 몇 사람의 권위의식이나 책임의식에 의해 이루어지는 것이 아니라 조직 구성원 모두의 협력과 협조에 의해 이루어지는 것이라고 보았다. 그래서 그는 행정의 과정을 보다 과학적으로 체계화하는 것이 중요하다고 보고, 관리 과정에 초점을 맞추어 행정의 과정을 기획 · 조정 · 명령 · 조정 · 통제와 같은 요소로 정리하였다.

귤릭(Gulick)과 어윅(Urwick)은 행정의 과학화에 가장 크게 기여한 학자들이다. 이들은 POSDCoRB(기획 · 조직 · 인사배치 · 지휘 · 조정 · 보고 · 예산편성)로 표현되는 행정과정을 제시하였다. 이는 귤릭 등이 파욜의 행정과정 5요소를 확장 · 발전시킨 것으로, 조직관리 과정에 관심을 가진 많은 학자에게 개념적 틀을 제공하였고, 공공행정이나 기업관리에 관심을 가진 학자에 의해 보충 · 수정되어 오늘날까지 활용되고 있다.

(3) 관료제론

관료제(bureaucracy)라는 말은 특정한 조직 구조나 현대 정부 그 자체를 나타내는 용어로도 사용되며, 그러한 조직이나 정부의 병폐를 지적하는 용어로도 사용된다(오석홍, 1994). 처음 관료제론을 체계화한 베버(Weber)는 관료제를 특정한 조직의 형태 혹은 구조로 보았다. 즉, 베버는 비능률과 권위주의적 병폐 등으로 요약되는 사회통념상의 관료제와는 달리, 기존 조직에서 보다 특징적인 관료제적 측면을 추상하여 만든 순수한 이상형으로서의 조직구조를 관료제로 개념화한 것이다.

이러한 관료제 모형의 순기능과 역기능은 다음 〈표 8-1〉과 같다.

표 8-1 Weber 관료제 모형의 순기능과 역기능

관료제의 특징	순기능	역기능
• 분업과 전문화 • 몰인정성 • 권위의 위계 • 규정과 규칙 • 경력 지향성	• 전문성 향상 • 합리성 증진 • 순응과 원활한 조정 • 계속성과 통일성 확보 • 동기의 유발	• 권태감의 누적 • 사기 저하 • 의사소통 장애 • 경직과 목표 전도 • 실적과 연공의 갈등

2) 인간관계론

(1) 폴렛의 조직심리 연구

폴렛(Follet)은 고전이론 시대에 인간관계론적 접근의 단서를 제공한 학자로 특히, 행정의 심리적인 측면을 중시하여 경직된 과학적 관리원리와 조직원리에 역동감과 창의적인 민주정신을 도입하였다. 폴렛의 핵심적인 공헌은 민주사회에서 행정관리의 일차적 과업은 노동자가 자발적으로 협동할 수 있도록 작업 상황을 마련하는 것이라고 주장한 점이다.

(2) 메이요와 뢰슬리스버거의 호손실험

일반적으로 인간관계론의 발달은 미국 시카고에 위치한 서부전기회사 호손공장에서 실시된 실험연구를 그 기원에 두고 있다. 메이요(Mayo)와 뢰슬리스버거(Roethlisberger)는 8년간(1924~1932) 조직 내의 인간적 요인에 의해 생산성이 어떻게 달라지는가를 밝히는 목적으로 실험을 실시하였다. 호손실험은 과학적 관리론의 비인간적 합리론과 기계적 도구관을 부정하고, 조직관리의 인간화를 모색할 수 있는 연구결과를 도출함으로써 인간관계론의 기초를 제공하였다.

호손실험은 그때까지 공식적 체계와 구조로만 파악하였던 조직을 구성원과 그들의 상호작용, 비공식 조직 등으로 이루어지는 다원적인 사회체제로 인식하게 만드는 계기를 마련하였다. 특히, 기계적 합리성보다 인간적 요인을 중시하는 방향으로 행정관리의 관심을 전환시키는 전기를 마련하였다. 요컨대, 호손연구는 경제적 · 물리적 여건만을 중시하던 편협한 시각에서 벗어나 인간의 사회적 · 심리적 여건의 중요성을 확인하고 그에 관심을 갖도록 하였다는 점에서 큰 의의를 찾을 수 있다.

3) 행동과학론

초창기 행동과학론의 정립에 큰 업적을 남긴 버나드(Barnard)와 사이먼(Simon)은 인간관계론이 풍미하던 시대에 고전이론과 인간관계론을 하나의 틀로 통합한 협동체제의 아이디어를 제안하여 행동과학론의 토대를 만들고 그 발전을 선도하였다.

버나드는 조직을 사회적 협동체로 보고, 조직의 구성요소로서 의사소통, 협동, 공동의 목적 등을 제시하였으며, 조직 내 비공식 조직의 중요성과 공식적 조직과의 불가피한 상호작용을 설명하였다. 또한 그는 조직관리를 구조적 개념과 동태적 개념으로 구분하여, 구조적 개념은 개인, 협동체제, 공식조직, 복합적 공식조직, 비공식 조직 등이며 동태적 개념은 자유의지, 협동, 의사소통, 권위, 의사결정, 동태적 균형 등인데, 특히 의사결정의 중요성을 강조하여 행동과학의 기초를 정립하였다.

사이먼은 버나드의 평등한 인간관계, 의사결정 기법, 의사소통, 권력과 권위 등의 개념을 이어받아 이를 확대 · 발전시켰다. 그는 버나드의 이론을 확대하고 조직의 유인과 구성원의 기여가 조화를 이루는 조직 균형에 관한 개념을 정립하였다. 그는 인간형을 의사결정 과정에서 최적의 합리성만을 추구하는 경제적 인간과 만족스러운 범위 내에서 제한된 합리성을 추구하는 행정적 인간으로 구분하고, 보다 객관적이고 효과적인 의사결정을 하기 위해서는 제한된 합리성을 토대로 결정하는 행정적 인간형이 필요하다고 주장하였다.

4) 다원론

(1) 체제이론

학교 사회에서는 일반적으로 국가 사회의 정치, 경제, 사회, 문화 등 다른 체제와 긴밀한 관계 속에서 활동이 이루어지기 때문에 개방체제라 할 수 있다. 개방체제론은 조직을 복합적이고 역동적인 개방체제로 보고 조직을 연구하는 이론적 경향을 지칭한다. 그것은 조직체제와 관련된 모든 것을 하나의 연결된 단위로 본다는 특징이 있다. 체제 내의 상호작용하는 여러 요소는 체제의 생존을 위해 절대적으로 필요하며 이들은 서로 연관되어 있고, 체제와 환경에 대하여 전적으로 반응한다.

개방체제론에서의 체제적 사고란 어떠한 사태나 현상을 단순한 시각에서 보는 오류를 방지하고 모든 사태나 현상의 복잡성을 전제로 그들을 인식하려는 사고방식인 것이다(김윤태, 1984). 개방체제론의 기본모형은 투입, 과정, 산출, 환경이라는 개념으로 구성되어 있다.

(2) 대안적 관점과 이론

조직이 합리적 · 합목적적 체제라는 전통적 생각을 신랄하게 비판하면서, 조직을 보다 잘 이해하기 위해서는 새로운 패러다임의 전환이 필요하다는 주장이 일고 있다.

이 중에 해석적 관점은 조직의 구조와 역동성을 설명하거나 예측하려 하지 않는다. 해석적 관점에 따르면, 탐구의 목적은 기본적으로 질적 연구방법을 통해 특수한 상황을 해석하고 이해하는 것이다. 과학적 방법을 통해 법칙을 정립하기보다는 합리적인 사고와 간주관적 해석을 통해 현상을 이해하는 것이 근본 목적인 것이다.

또 하나의 대안적 관점인 급진적 관점은 조직의 비합리적이고 특수한 측면, 주변적이고 소외된 측면에 초점을 맞추어 조직 문제를 탐구한다. 이 관점은 해석적 관점과 유사하지만 좀 더 객관적 탐구를 추구한다는 점에서 다르다. 급진적 관점의 대표적 이론들은 포스트모더니즘, 비판이론, 페미니즘이다. 이들 이론은 이론적 가정을 서로 공유하고 있고 전통적인 조직이론에 대해 의문을 제기하며, 과학적인 사회분석에 비판적이라는 공통점을 가지고 있다.

제2절

교육행정의 실제[24]

1. 장학행정

'교육행정=장학행정'이라는 말이 있을 정도로 장학은 교육행정의 실제와 교육행정학의 이론체계에서 대단히 중요한 위치를 차지하고 있다. 실제로 교육부나 교육청과 같은 교육행정기관에는 장학을 담당하는 기구가 중요한 위치를 차지하고 있으며, 단위학교의 교장과 교감도 장학담당자의 역할을 수행할 것을 요구받고 있다.

1) 장학의 개념

장학의 개념은 사람이나 장소, 시간에 따라 다르며, 어디에 강조를 두느냐에 따라 그 내용도 달라진다. 장학이라는 말은 영어의 Supervision을 번역한 것이며, 장학의 개념은 교육의 통제보다는 조성과 지원을 통해 교수학습의 성과를 극대화한다는 좋은 의미를 가지고 있다. 버튼(Burton)과 브루크너(Brueckener)는 장학의 목적을 첫째, 학생 성장의 증진과 그 결과로 사회발전을 가져오기 위한 것이며 둘째, 장기적인 교육계획을 지속적이고 효과적으로 추진하기 위해 지도성을 발휘하게 하고 셋째, 상호협력을 통해 바람직한 교수학습의 장으로 개선하는 것이라고 정의한다.

---

24 앞의 책, 263-357쪽에서 재구성하였음.

국내의 많은 학자들도 장학의 개념을 정립하기 위해서 다양한 정의를 내리고 있는데, 이를 종합해 보면 장학의 개념은 다음 두 가지의 중요한 요소를 포함하고 있다. 첫째, 장학을 어떤 관점에서 보든 궁극적으로 수업의 개선을 목적으로 한다는 점이며 둘째, 그 대상이 교사라는 점이다. 따라서 이러한 요소를 고려하여 장학을 간단히 정의해 보면, 그것은 '교수행위의 개선을 위해 교수자에게 제공되는 장학담당자의 모든 노력'이라고 말할 수 있다.

2) 장학의 발달 과정

(1) 관리장학 시대(1750~1930)

우리나라의 경우 미국에서 장학개념이 도입되었다. 미국에서 장학의 개념이 등장한 시기는 대체로 공교육제도가 확립되기 시작한 18세기 이후의 일이다. 이 초창기의 장학은 비전문가가 학교의 시설 및 설비 등 학교 전반의 운영 상황에 대해 감독하는 형태를 띠고 있었다. 20세기 초반부터는 당시 풍미하던 과학적 관리론의 영향으로 능률과 생산성을 강화하는 방향에서의 과학적 장학이 강조되었다. 과학적 장학은 교사를 관리의 부속물 또는 관리의 대상인 고용인으로 상하관계 속에서 일의 능률만을 추구하였으며, 통제와 책임 · 능률을 장학활동의 핵심적 덕목으로 삼았다.

이러한 과학적 장학은 관료적 장학으로 정착되었는데, 관료적 장학은 관료제적 특성을 활성화한 것으로 분업과 기술적 전문화, 조직 규율을 강조하였다.

(2) 협동장학 시대(1930~1955)

1930년대부터 본격적으로 과학적 관리론이 퇴조하고 인간관계론이 부상하면서 장학의 개념도 강제적이고 통제적인 장학에서 인간적이고 민주적인 장학으로 변화하게 되었다. 이러한 장학은 장학담당자들은 종래처럼 교사들의 감독관이나 조사자가 아니라 가르치는 일에서 교사가 보다 발전할 수 있도록 도와주는 협력자, 조력자의 역할을 수행하였다. 그들은 교사들의 능동적인 참여를 유도하였으며, 이 참여를 통해 교사들이 스스로 학교에 유용한 존재라는 사실을 확인하고 만족감을 느끼도록 하는 데 노력을 기울였다. 이 시기에는 개인의 존중과 편안한 인간관계가 장학담당자의 핵심적인 덕목이 되었다.

(3) 수업장학 시대(1955~1970)

1957년 스푸트니크(Sputnik) 충격은 미국 교육의 형식과 내용을 크게 변화시키고, 소위 학문중심교육이라는 새로운 방향으로 선회하게 하는 계기를 마련하였다. 이에 따라 인간관계 중심의 장학기조도 교육과정의 개발과 수업효과 증진이라는 본연의 목표에 대한 강조로 나타났다. 교육행정 활동의 중심이 새로운 교육계획과 프로그램 설계로 모아졌고, 장학담당자는 교육과정 개발자가 되었다. 특히 장학담당자들은 각 전문교과의 전문가가 되었으며, 교육내용을 선정 · 조직하고 교사들과 함께 교육프로그램을 제작 · 보급하는 것을 주요업무로 삼았다.

(4) 발달장학 시대(1970~현대)

이 시대의 장학은 수정주의 장학과 인간자원 장학으로 나타났다. 수정주의 장학은 인간관계론 시기의 협동장학에 대한 반발로 나타난 것이다. 그래서 수정주의 장학은 인간관계론보다는 과학적 관리의 통제와 효용 등을 강조하는 특징이 있다.

한편, 인간자원 장학은 인간관계론 시기의 협동장학에 더 가깝다. 그러나 협동장학이 참여를 통해 교사들의 직무만족을 높이고 그 결과로서 학교 효과성의 증대를 목표로 하는 반면, 인간자원 장학은 참여를 통해 학교 효과성을 증대시키고 그 결과로서 교사의 직무만족을 목표로 한다는 특징을 가지고 있다.

3) 장학의 유형

장학의 유형은 장학의 조직, 주체, 내용, 방법 등에 따라 달리 구분되기도 하며, 연구자의 관점이나 실무자의 편의에 따라서도 다르게 구분되기 때문에 다양한 방식으로 분류할 수 있다.

장학의 유형은 장학 행위의 주체에 따라 중앙장학(교육부), 지방장학(교육청), 지구별 자율장학(지구별 자율장학협의회), 교내자율장학(단위학교), 자기장학(교사자신)으로 구분할 수 있다. 지방장학은 장학활동이 이루어지는 방식에 따라 다시 종합장학, 확인장학, 개별장학, 요청장학, 특별장학 등으로 구분되며 교내자율장학은 장학의 방법에 따라 임상장학, 동료장학, 약식장학 등으로 구분되기도 한다.

최근 학교컨설팅이라는 개념이 등장했는데, 이는 학교교육을 개선하기 위해서 일정한 전문성을 갖춘 사람들이 학교와 학교구성원의 요청에 따라 제공하는 독립적인 자문활동으로서, 경영과 교육의 문제를 진단하고, 대안을 마련하여, 문제해결 과정을 지원하고, 교육훈련을 실시하며, 문제해결에 필요한 인적 · 물적 자원을 발굴하여 조직화하는 일을 의미한다(진동섭, 2003).

2. 교육인사행정

조직을 운영하기 위해 최소한으로 갖추어야 할 요소로는 흔히 3M, 즉 돈(money), 물자(material), 사람(man)이 있으며, 그중에서도 사람을 가장 중요한 요소로 들고 있다. 이는 한 조직이 다른 요소들을 아무리 잘 갖추었다고 하더라도, 그 과정이나 결과는 결국 이를 운영하고 관리할 사람에 의해 좌우되기 때문이다. 이러한 점에서 교육활동에서 주체적인 역할을 담당할 교육직원을 확보하고 적소에 배치 · 활용하며, 이들이 쾌적한 조건에서 근무할 수 있도록 하는 교육인사행정은 교육행정에서 가장 중요한 부분 중 하나다.

1) 교육인사행정의 개념

학자들의 다양한 견해를 종합하여 인사행정의 개념을 보면, 유능한 인적자원을 확보 · 배치하고, 그들의 계속적인 능력 계발을 도모하며, 높은 사기와 긍지를 지니고 직무에 최선을 다할 수 있도록 제반 여건을 조성하는 과정이라고 할 수 있다(오석홍, 1983).

교육인사행정은 인사행정의 개념을 그대로 적용할 수 있을 것이다. 즉, 교육인사행정은 교육조직의 목적을 효과적으로 달성하는 데 필요한 유능한 교육직원의 채용과 그들의 계속적인 능력계발 및 사기앙양을 도모하는 일련의 과정이라고 정의할 수 있다. 채용 과정에는 인력계획, 모집, 시험, 임용 등이 포함되며 능력계발에는 현직교육 · 훈련은 물론 근무성적 평정, 승진 및 전직 · 전보 등이 포함된다. 마지막으로 사기에는 보수 및 근무환경을 포함하는 물리적 조건과 사회 · 심리적 요인을 포함한다.

2) 교육인사행정의 기능 및 영역

교육직원, 특히 교육공무원을 대상으로 하는 교육인사행정은 교육 및 교육행정 활동에 종사하는 직원에게 해당된다는 것일 뿐 일반인사행정의 영역과 크게 다를 바가 없다.

니그로(Nigro)와 같은 인사행정학자들은 인사행정의 영역을 모집과 선발, 배치, 훈련, 평가, 노사관계, 보수, 사기로 구분하고, 모르펫(Morphet)은 인사관리의 과정을 인력수급계획, 모집, 선발, 유인, 평가, 개발, 보상,

인력서비스, 안전, 노사관계, 민주적 분위기 조성 등으로 구분 · 설명하였다.

서정화(1994)는 교육인사행정의 주요 영역으로 교원의 신분과 자격, 수급계획, 양성, 선발과 임용, 연수, 근무평정, 승진, 전보와 전직, 보수와 후생, 근무부담, 신분보장, 징계, 퇴직제도, 사기, 인간관계, 교직단체, 윤리강령 등을 제시하고 있다.

이처럼 인사행정 혹은 교육인사행정의 영역 및 기능에 관한 여러 학자들의 구분을 종합해볼 때, 교육인사행정의 주요영역은 교직에 종사하기를 희망하는 사람들의 수급계획에 따라 선발하는 일에서 교원의 양성, 채용, 연수, 승진, 전보, 퇴직은 물론 근무조건, 복지후생, 사기진작에 이르기까지 전 과정을 포괄하는 것으로 볼 수 있다.

3. 교육재정

1) 교육재정의 개념

교육재정(educational finance)이란 국가 사회의 공익사업인 교육활동을 지원하기 위하여 국가나 공공단체가 필요한 재원을 확보 · 배분 · 지출 · 평가하는 일련의 경제활동을 말한다. 따라서 교육재정은 국 · 공립학교의 교육활동뿐만 아니라 사립학교의 교육활동, 사회교육활동을 지원하는 일까지 포함한다. 이와 같은 정의는 교육재정의 주체를 국가와 공공단체로 한정하고 있고, 교육재정의 성격을 교육활동 지원을 목적으로 하는 수단성과 공공성으로 규정하고 있으며, 아울러 교육재정의 영역을 재원의 확보 · 배분 · 지출 · 평가로 설정하고 있다(김종철, 1982).

2) 교육재정의 특성

교육재정에는 다음과 같이 크게 네 가지 특성이 있다.

첫째, 교육재정은 가계나 민간기업과 같은 민간 개발경제와는 달리 공권력을 통하여 기업과 국민소득의 일부를 조세를 통해 정부의 수입으로 이전시키는 강제적 성격을 가지고 있다.

둘째, 교육재정은 사적 이익을 위해서가 아니라 국가 활동과 정부의 시책을 효과적으로 달성할 수 있는 방향으로 사용되어야 하는 공공성을 지니고 있다. 즉, 재정은 공공의 경제로서 국가의 목표 내지 정부의 시책을 효과적으로 달성하도록 해야 할 뿐만 아니라 국민 전체의 욕구를 최대로 충족시킬 수 있도록 해야 한다.

셋째, 재정에 있어서 국가활동의 종류와 범위를 결정하고, 이에 필요한 경비를 산출한 후 수입을 확보하는 양출제입의 회계원칙이 적용되는 반면에 민간재정에 있어서는 양입제출의 회계원칙이 적용된다. 다만 재정에 있어서도 수입을 확정하거나 예측하지 않고 지출을 정할 수는 없다.

넷째, 교육재정은 민간경제보다는 존속기간이 길다고 하는 영속성을 특성으로 한다. 정부가 주체가 되어 행하는 경제활동은 계속성이 보장된다는 점에서 신뢰성이 생기게 된다는 것이며, 이것이 바로 재정의 특성이 될 수 있다는 것이다.

3) 교육재정의 구조

교육재정의 구조를 이해하기 위해서는 교육재원의 세입 및 세출 구조, 교육재원의 배분 구조, 교육재정 운영 구조를 종합적으로 파악해야 한다. 교육부 예산의 경우에는 세출 구조를 이해하는 것이 중요하나, 시 · 도교육비 특별회계, 학교회계, 사립학교 교비회계 등은 교육부가 배분하는 재원의 흐름, 즉 교육부 세출예산이 교육비특별회계와 학교회계, 교비회계로 이전하는 세입과정을 이해하는 것이 중요하다.

첫째, 교육부 일반회계 및 특별회계를 보면, 교육부 예산은 일반회계와 특별회계, 기금으로 구분되고 있다. 예산의 대부분을 차지하고 있는 일반회계의 세출내역을 보면, 인건비, 기본 사업비, 주요 사업비, 지방교육재정교부금 등으로 구성되는데, 이 중에서 가장 규모가 큰 것은 지방교육재정교부금으로 총 세출예산의 76.8%(2007년)를 차지하고 있다. 특별회계로는 재정융자 특별회계, 국유재산관리 특별회계, 농어촌 특별세관리 특별회계, 책임운영기관 특별회계 등이 있으며, 교육부가 운용하는 기금으로는 사립학교 교직원 연금기금, 사학진흥기금, 학자금대출신용보증기금이 있다.

둘째, 시 · 도교육비 특별회계를 보면, 지방교육을 관장하고 있는 7개 시, 9개 도 교육청의 예산은 특별회계로 되어 있다. 세입을 보면, 국고로부터의 교부금, 보조금, 지방자치단체 일반회계로부터 전입금, 시 · 도 교육청의 자체수입으로 나누어볼 수 있다. 이 중에서 가장 중요한 재원은 지방교육재정교부금 및 보조금으로서 지방교육재정 총액의 80%이상을 차지하고 있다.

셋째, 사립학교 교비회계를 보면, 사립학교의 재원은 학생등록금, 학교법인으로부터의 전입금, 국고 또는 각종 단체로부터의 원조 · 보조금으로 구성되어 있다.

넷째, 국 · 공립 초 · 중등학교 회계를 보면, 「초 · 중등교육법」 제30조의 2와 3에 의하며, 학교회계는 국 · 공립의 초등학교 · 중학교 · 고등학교 및 특수학교에 설치되며, 국가의 일반회계 또는 지방자치 단체의 교육비 특별회계의 전입금, 학교운영지원비, 학교발전기금의 전입금, 수업료 기타 납부금 및 학교운영지원비 외에 학교운영위원회의 심의를 거쳐 학부모가 부담하는 경비, 국가 또는 지방자치단체의 보조금 및 지원금, 사용료 및 수수료, 이월금, 물품매각대금, 기타 수입을 세입으로 하고, 학교운영 및 학교시설의 설치 등을 위하여 필요한 일체의 경비(인건비, 학생복리비, 교수학습활동비, 일반운영비, 수익자부담경비, 예비비)를 세출로 하고 있다.

그리고, 국립대학의 경우 한해 교비회계와 별도로 기성회계를 운영하고 있다. 또한 2003년부터 「산업교육진흥 및 산학협력촉진에 관한 법률」 제25조의 규정에 의해 대학에 산학협력단을 둘 수 있게 되었다. 산학협력단 회계는 국가 또는 지방자치단체의 출연금 및 보조금, 산학협력계약에 의한 수익금, 산학협력 성과에 의한 수익금, 산학협력에 관하여 접수한 기부금품, 학교기업의 운영수익금, 이자수입, 사용료 등을 수입으로 하고, 산학협력단의 관리 · 운영비, 계약의 이행에 필요한 경비, 대학의 시설 · 운영 지원비, 산학협력단의 재원 수입에 기여한 교직원 및 학생에 대한 보상금, 각종 업무수행에 필요한 경비 등을 지출로 한다.

제3절

학급경영의 이해[25]

1. 학급경영의 개념

학급은 교육목표를 달성하기 위해 인위적 · 합리적 · 의도적으로 구성한 집단이다. 학급은 동일한 지역사회에서 성장하여 공통의 생활경험을 가지고 신체적으로나 정신적으로 발달 단계가 비슷한 동일 연령층의 아동을 대상으로 보다 효과적인 교수학습을 위해 인위적이고 의도적으로 만든 학습집단이며 생활집단인 것이다.

학급경영이란 이러한 학급을 관리 · 운영하는 활동을 말한다. 그것은 교육목표를 달성하기 위한 학교교육 활동의 기본단위로서 학급을 대상으로 교육목표 달성을 위한 계획 · 조직 · 실행 · 지도 · 평가 등을 시행하는 교육활동이면서 동시에 교수학습활동과 생활지도가 효율적으로 이루어질 수 있도록 도와주는 교육지원활동이라고 할 수 있다.

학급경영의 영역에 대해서는 두 가지 입장이 있는데, 하나는 수업활동과 경영활동을 분리하여 수업활동을 제외한 모든 학급활동을 학급경영의 영역으로 보는 입장이고, 다른 하나는 수업활동과 경영활동을 구분하지 않고 학급활동 전체를 학급경영의 영역으로 보는 입장이다(김명한 외, 1989).

효과적이고 능률적인 학급경영을 위해서는 그 실천 과정에서 반드

25 앞의 책, 443-464쪽에서 재구성하였음.

시 지키고 따라야 할 기본원칙이 필요하다. 여기에서 학급담임을 처음 맡게 되는 교사가 취해야 할 자세를 중심으로 그 원리를 간략하게 제시해보면 다음과 같다.

- 학년도 개시 후 며칠 내에 사용하기 편리하고 가장 효과적으로 학생들을 통제할 수 있는 방안을 마련하고, 필요한 행동 규칙을 설정한다. 학급 규칙을 설정할 때 학생들을 참여시켜야 한다.
- 학생들의 이름을 신속하게 외우고 자주 불러주도록 한다. 학생들을 꾸짖을 때에는 먼저 이해시켜야 하고, 비행에 대해서는 인간적인 감정을 유지하면서 우호적으로 그러나 엄정하게 처리해야 한다.
- 교장 및 교감, 동료 교사들로부터 학급경영 실무와 의사소통방식 등을 배워서 활용하는 것이 좋다.
- 다른 교사가 학급을 경영하는 방식을 배우되, 단순히 모방하기보다는 자신만의 학급경영 방식을 찾도록 노력하는 것이 중요하다.
- 학급활동은 다양하고 변화 있게 계획하며, 활동의 속도에 변화와 리듬을 주는 것이 필요하다.
- 소수의 학생이 잘못한 것을 가지고 학급 전체를 벌주는 것을 피하고, 고함을 치거나 비하 · 무시하는 행위를 삼가는 것이 좋다.
- 학생이 했으면 하는 행위를 교사 스스로 먼저 하여 모범이 되도록 한다. 학생은 교사의 거울임을 명심해야 한다.
- 학생의 문제를 진단하고 해결책을 찾는 일에 보다 많은 시간을 보내고, 학생 이해를 통해 스트레스를 스스로 관리해야 한다.

2. 학급경영의 실제

1) 학급경영계획의 수립

학급을 경영하기 위해서는 체계적인 계획이 필요하다. 일반적으로 학급경영계획은 학급경영 목표 및 방침 결정, 필요한 기초자료의 수집, 필요한 조직 구성, 학급환경 구성계획 수립, 학생지도계획 수립, 학급경영의 평가와 반성계획 등을 절차를 거쳐 수립된다(김봉수, 1982).

효과적인 학급경영을 위해서는 우선 학급경영의 목표와 방침을 명확하게 설정해야 한다. 학급경영목표는 학교목표와 학년목표, 교육방침 등과의 일관성을 유지해야 하며, 학급의 교육적 수준과 학생실태 파악을 기초로 하여 설정되어야 한다.

학급경영계획을 수립하기 위해서는 학생들의 개인적 · 집단적 사정의 파악을 위한 정확한 자료를 확보해야 한다. 필요한 기초 자료의 수집이 있어야 하는데, 학급경영에 필요한 자료는 학생 개개인의 능력, 소질, 취미, 학력 수준을 알 수 있는 자료, 신체적 발달, 사회성, 정서적 경향을 알 수 있는 자료, 장래의 희망, 가정환경, 학부모의 기대를 알 수 있는 자료 등이다.

학급경영계획에는 학급활동에 필요한 조직을 구성하는 계획도 포함되어야 한다. 학급경영에 필요한 조직으로는 교과학습이나 공동 과업수행을 위한 협동집단으로서의 분단조직, 민주적 생활경험을 쌓게 하기 위한 자치회나 학급회조직, 학생의 특기나 취미 신장을 위한 특별활동조직, 지역사회에 기여할 수 있는 봉사활동조직, 건전한 학습생활을 위한 생활지도조직 등이 있을 수 있다.

교실은 학생들이 생활하고 학습하는 공간으로서 학급 담임교사의 세심한 배려가 필요한 부분이므로 계획에서부터 환경 구성에 신중을 기해야 한다. 학습환경은 학생들이 학급생활에 애착을 느낄 수 있도록 구성되어야 한다. 즐겁고 명랑한 분위기를 조성하고, 학습동기를 자극하며, 학습활동에 직접 도움이 될 수 있도록 조성하는 것이 필요하다.

학생지도계획에는 학급 학생지도를 통하여 학교 교육목적을 실현할 수 있는 구체적인 내용이 담겨 있어야 한다. 학생지도계획은 학습지도계획, 생활지도계획, 특별활동지도계획, 건강지도계획, 기타 지도계획 등으로 나누어 수립하는 것이 좋다.

학급경영의 평가계획도 세워야 하는데, 이 때는 영역 혹은 활동별로 학급경영의 성과를 진단 · 평가할 수 있는 방법을 구체적으로 계획하되, 교사와 학급 학생이 공동으로 평가하는 방안을 포함시키는 것이 바람직하다.

학급경영계획의 마지막 단계는 앞의 구상과 조사 및 계획을 기초로 일정한 양식에 의거하여 학급경영안을 기록 · 작성하는 일이다. 학급경영안은 학교의 통일된 양식에 따라 작성할 수도 있고, 교사 자신이 별도의 양식을 개발하여 사용할 수도 있다.

2) 학급환경의 정비

학급경영계획 수립이 완료되었으면, 이제 학급환경을 정비해야 한다. 우선 좌석의 배치인데, 좌석 배열방식으로는 교실 정면을 향해 몇 개의 열로 배열하는 전통적 배열방식이 주로 사용되지만, 때때로 앞뒤의 배열 수를 적게하고 옆을 상대적으로 길게하는 수평적 배열, 소수의 학생들로 나누어 그들을 서로 마주보고 앉게 하는 소집단 배열, 전체 학생을 둥글게 앉게 하는 원탁형 배열, 학생들을 특정한 방향으로 집중시키는 모둠형 배열, 말발굽 형태로 좌석을 배치하여 앉게 하는 말발굽형 배열 등을 사용할 수 있다.

또한 교실환경의 정비가 필요한데, 교실환경은 학생들이 하루 중 거의 대부분의 시간을 보내는 공간이며 동시에 생리적 · 심리적 · 사회적 영향을 주며, 학업성취에도 큰 영향을 미친다고 한다. 따라서 담임교사는 특히 학년과 학기 초에 교사와 학생, 학생과 학생 간의 원만한 인간관계를 형성하도록 하기 위한 교실환경 구성에 많은 관심을 기울여야 한다.

3) 학급생활의 지도

교사의 임무 중에서 가장 핵심적인 임무는 수업을 통한 교과지도이다. 교과지도는 교과지도안을 구안하고 실천하는 활동으로, 교과로 주어진 학습목표와 내용을 학생들에게 설득력있게 제시하고 교수학습활동을 통해 학생들의 이해와 적용을 이끌어내는 활동이다. 따라서 교사는 교과지도를 위해 교과별 시간 배당기준에 따라 구체적인 수업계획을 세우고, 매일의 교과지도 활동을 체계적으로 전개해야 한다.

생활지도는 학생들로 하여금 자기 자신의 이해와 현실 환경에 대한 이해를 통해 건전한 적응을 하며, 또 자신의 가능성을 발달시켜 계속 건전하게 성장할 수 있도록 조력하는 기술적이고 조직적인 교육활동이다(이성진, 1996). 이는 학급경영에서 교과지도 못지않게 중요한 활동이다. 학급의 생활지도 활동은 문제의 성질에 따른 생활지도와 학생의 필요에 따른 생활지도로 구분된다. 전자의 활동에는 교육지도, 성격지도, 직업지도, 사회성지도, 건강지도, 여가지도 등이 포함되며, 후자의 활동에는 학생조사활동, 정보활동, 상담활동, 정치활동, 추수지도활동 등이 포함된다.

또한 학생들의 행동지도가 필요한데, 행동지도는 학습활동에의 몰입 여부와 학급 생활규칙의 준수 여부에 초점을 두고 이루어진다. 교사가 학생들의 행동을 통제할 때에는 적절한 행동을 강조 · 강화함으로써 긍정적인 학습풍토를 조성해야 하며, 학생의 특정한 행동과 학업성취와 관계를 주도면밀하게 관찰해야 하고, 절차와 규칙 등의 적용은 항상 일관성을 유지해야 하며, 부적절한 행동에 대해서는 즉각적으로 제지해야 한다.

학급자치활동은 타인의 인격과 생각을 존중하고, 다수결의 원칙을 준수하면서도 소수의 의견을 존중하는 태도를 기르는 중요한 계기가 된다. 따라서 자치활동에서는 자유와 권리를 주장하기에 앞서 책임과 의무를 다하는 자세를 배우게 하고 법과 질서를 준수하는 자세도 배우도록 지도한다. 또한 대화와 토론을 통한 타협, 양보와 관용의 태도, 자주정신으로 자신의 권리를 행사하는 태도 등을 기르도록 지도한다.

4) 학급경영의 평가

학급경영에 대한 평가는 학급경영의 발전과 개선, 학급 담임교사의 성장을 위하여 꼭 필요한 활동이다. 학급경영평가는 학기말이나 학년말에 실시하는 것이 보통이나 월말에도 실시할 수 있다. 평가의 결과는 다음 달이나 다음 학기, 다음 학년의 계획을 수립하는 자료로 활용한다. 학급경영평가는 학급 담임교사 자신이 평가자가 되는 것이 일반적이나 경우에 따라서는 학교경영평가의 일부로서 학교장이 직접 평가하는 경우도 있다. 학교장이 평가하는 경우는 학급 담임교사의 능력을 평가하기도 하고, 지도 · 조언하기 위한 자료로 활용한다. 그러나 가장 중요한 것은 학급 담임교사 자기 자신의 평가이다.

참고문헌

김명한 외, 『교육행정 및 경영』, 형설출판사, 1989.

김봉수, 『학교와 학급경영』, 형설출판사, 1982.

김윤태, 『교육행정학』, 배영사, 1984.

김종철, 『교육행정의 이론과 실제』, 교육과학사, 1982.

______, 『교육행정학신강』, 세영사, 1985.

백현기, 『신고 교육행정』, 을유문화사, 1964.

서정화, 『교육인사행정』, 세영사, 1994.

오석홍, 『조직이론』, 박영사, 1994.

______, 『인사행정론』, 박영사, 1983.

윤정일 외, 『신간 현대교육행정학』, 교육출판사, 1982.

윤정일 외, 『교육행정학원론』, 학지사, 2007.

이성진, 『교육심리학 서설』, 교육과학사, 1996.

조동섭, 「교육의 의미에서 비추어 본 교육지도성의 탐색」, 석사논문, 서울대학교, 1988.

진동섭, 『학교컨설팅』, 학지사, 2003.

제9장

실천 교수학습전략

본 장에서는 실천 교수학습전략을 다룬다. 실천 교수학습전략으로 유의미학습이론, 질문의 기술, 인지전략을 중심으로 설명하고자 한다. 먼저 오수벨의 유의미학습이론을 이해하기 위해서 유의미학습이론의 개념과 실천방법으로서 조건, 실천전략, 유의미교수학습 모형을 살펴볼 것이다. 다음으로 질문의 기술을 이해하기 위해서 개념, 질문의 기능, 질문의 유형, 질문제시와 답변유도 전략을 살펴볼 것이다. 마지막으로 인지전략을 이해하기 위해서 인지전략의 개념, 인지전략의 활용방법, 인지전략 교수법을 살펴보고자 한다.

학습내용

- 제1절 유의미학습이론 이해
- 제2절 질문의 기술
- 제3절 인지전략의 이해

제1절

유의미학습이론 이해[26]

1. 유의미학습이론의 개념

최근 학습자중심의 수업에 관한 관심과 연구가 많아지면서, 교수자가 주도하는 설명식 수업의 가치가 다소 약화되는 듯하다. 그렇다고 교수자중심의 설명식 수업이 학습자중심의 자기주도적 학습을 강조하는 흐름에서 벗어난 고리타분하고 구태의연한 수업방식은 아닐 것이다. 학습은 이미 머릿속에 들어있는 지식과 새로운 지식이 서로 관계를 형성할 때 일어난다. 이는 교수자중심의 설명식 수업으로도 학습자에게 의미있는 학습이 가능함을 말해준다. 설명식 수업을 전개해나가는 데 있어 활용도 높은 이론 중의 하나가 오수벨의 유의미학습이론이다.

유의미학습이란 새로운 학습내용이 학습자의 기존 인지구조와 의미있게 연결됨으로써 그 안으로 포섭될 때 일어나는 학습을 의미한다(Ausubel, 1963). 즉, 유의미학습은 학습할 내용과 학습자가 가지고 있는 인지구조 사이의 상호작용을 통해서 기존의 인지구조가 변화하고 그에 따라 새로운 의미가 구성됨으로써 일어나는 학습이다.

오수벨은 학습에 있어 인지구조의 중요성을 강조하였다. 그리고 학습자의 인지구조에 변화를 가져오는 학습을 진정한 학습이라고 보

---

26 김재춘 외(2010), 『교실수업 개선을 위한 교수학습 활동의 이론과 실제』, 305-325쪽에서 재구성하였음.

았다. 오수벨에 따르면, 학생은 수동적으로 교수의 수업을 받아들이는 존재인 것처럼 보이나 이는 겉으로 보기에만 그럴 뿐이다. 실제로 학습자 내부에서는 학습내용을 수용하기 위한 인지과정이 활발하게 일어나고 있을 수 있다. 그리고 이러한 과정을 거쳐 학습내용이 인지구조 속에서 수용되고, 변화가 일어나게 된다. 이는 곧 유의미학습(meaningful learning)이 이루어졌음을 의미한다.

오수벨은 지식획득의 방식과 인지구조에 통합시키는 방식에 따라 학습의 형태를 네 가지로 분류하였다. 지식획득 방식에 따라서는 수용학습과 발견학습으로, 지식을 인지구조에 통합하는 방식에 따라서는 기계적 학습과 유의미학습으로 구분하였다. 수용학습이란 이미 제시되어 있는 내용을 받아들이는 학습을 의미하며, 발견학습이란 주어진 자료를 근거로 하여 개념이나 원리를 도출하는 학습을 의미한다. 또한 기계적 학습이란 학습내용이 기존의 인지구조에 통합되지 않는 학습을 의미한다. 반면 유의미학습이란 인지구조의 변화를 가져오는 학습, 즉 유의미학습은 새로운 도식(schema) 속에서 아이디어들이 서로 관련될 뿐만 아니라, 기존의 도식과도 논리적인 방식으로 관련될 때 일어나는 학습이다.

이상에서 살펴본 학습의 형태를 정리하면 〈표 9-1〉과 같다(박승재 외, 1999).

표 9-1 오수벨의 학습형태 분류

지식획득 방식 / 지식을 인지구조에 통합하는 방식	수용학습	발견학습
기계적 학습	예) 무의미한 철자학습	예) 시행착오적 실험
유의미학습	예) 개념 간의 관계 명료화	예) 과학자들의 창의적 연구

위의 표와 같이 기계적 학습이면서 수용학습에 해당하는 예로 무

의미한 철자학습이 있다. 그리고 유의미학습이면서 수용학습에 해당하는 예로는 설명식 수업을 통해 개념 간의 관계를 명료하게 이해한 경우를 들 수 있다. 기계적 학습과 발견학습이 동시에 일어나는 예로는 시행착오적인 실험의 경우가 있으며, 유의미학습과 발견학습이 동시에 일어나는 예로는 과학자들의 창의적인 연구를 제시할 수 있다.

흔히 수용학습이 기계적 학습이고 발견학습이 유의미학습인 것으로 잘못 이해하는 경우도 있다. 그러나 오수벨은 수용학습과 암기학습을, 그리고 발견학습과 유의미학습을 분명하게 구분하고 있다. 오수벨에게 있어서 학습은 발견의 형태가 아니라 수용의 형태로도 얼마든지 유의미한 학습이 될 수 있는 것으로 간주한다. 오수벨은 대부분의 수업시간이 설명식으로 이루어질 것이기 때문에 유의미한 수용학습의 중요성을 강조하였다.

2. 유의미학습이론의 실천 방법

1) 유의미학습의 조건

학습자의 '기존 인지구조'는 유의미한 새로운 자료의 학습과 파지(기억하고 이해하는 상태를 지속하는 것)에 영향을 미치는 주요 요인이다. 여기에서 인지구조란 학습자의 의식 내부에 존재하는 조직화된 개념이나 아이디어의 집합체이고, 유의미학습이란 새로운 학습과제가 학습자의 기존 인지구조와 '상호작용'하여 인지구조 안으로 포섭되는 것(학습내용이 인지구조 속에 수용되고 인지구조의 변화가 일어나는 것)을 말한다.

흔히 기계적 학습이 일어나는 원인으로는, 첫째 학습과제가 적절하지 않을 때이다. 학습과제의 논리적 유의미가(有意味價)가 낮을 때 유의미한 학습이 일어날 가능성은 희박하다. 둘째, 학습자 인지구조 내에 새로운 학습내용과 관련된 내용이 없을 경우이다. 학습자가 사전지식이 없는 상태에서는 새로운 학습내용을 받아들이기 어렵다. 셋째, 학습자의 학습의욕이 결핍된 경우이다. 학습자가 능동적으로 학습의 과정에 참여하지 않을 때 유의미학습이 일어나기란 쉽지 않은 일이다.

이런 점을 생각해볼 때 유의미학습이 이루어지기 위해서는 다음의 세 가지 조건이 필요하다. 그것은 학습과제의 논리적 유의미가, 학습자 인지구조 내의 관련 정착 의미, 학습자의 유의미학습 의향이 그것이다.

유의미학습의 첫 번째 조건은 학습과제의 논리적 유의미가(有意味價)이다. 즉, 유의미학습이 일어나기 위해서는 우선 학습할 과제 또는 학습자료가 학습자에게 의미있는 것이어야 한다. 이는 해당 학습과제 또는 학습자료가 실사성과 구속성을 지니고 있어야 함을 의미한다. 실사성(nonverbatimness)이란 어떠한 개념이나 법칙, 이론, 명제들을 어떤 부호나 언어로 다르게 표현하더라도 그 의미가 변하지 않고 동일한 의미로 인식될 수 있는 불변적인 속성을 의미한다. 구속성(nonrandomness)이란 해당 개념, 법칙, 이론, 명제들의 의미를 임의로 변경할 수 없는 성질을 의미한다.

유의미학습의 두 번째 조건은 학습자 인지구조 내의 관련 정착 의미이다. 새로운 학습과제가 아무리 논리적 유의미가를 가지고 있다고 하더라도 학습자가 인지구조 내에 그와 관련된 내용을 가지고 있지 않다면, 학습자는 유의미한 학습을 하기가 어렵다. 그럴 경우 학습자에게는 기계적 암기에 의한 학습이 일어날 수밖에 없다. 즉, 유의미학습이 이루어지기 위해서는 학습과제 자체에 논리적 유의미가 있어야 할 뿐만 아니라 학습자에게도 그 과제와 연결될 수 있는 인지구조가 있어야 한다.

유의미학습의 세 번째 조건은 학습자의 학습하려는 의욕, 즉 학습 의향(learning sets)이 있어야 한다는 것이다. 학습 의향이란 학습과제를 인지구조에 연결시키려고 하는 학습자의 열의 혹은 준비태세를 말한다. 오수벨은 학습과제가 아무리 잠재적 유의미가를 가지고 있다 하더라도 학습자에게 학습 의향이 없다면, 그 과제는 단순히 암기식으로 학습될 뿐이라고 설명한다.

2) 유의미학습의 실천전략

오수벨은 유의미학습을 가능하게 하는 실천전략으로 다음의 세 가지를 강조한다. 그것은 선행조직자의 활용, 점진적 분화, 그리고 통합적 조정이다.

첫째는 선행조직자의 활용이다. 선행조직자(advance organizer)라는 용어는 새로운 자료를 받아들이기 위한 정착점을 설명하기 위해 오수벨이 제안한 개념이다. 선행조직자는 학습될 새로운 자료를 학생의 기존 인지구조에 존재하는 내용과 관련짓기 위한 일종의 징검다리로서의 성격을 지닌다. 선행조직자는 흔히 진술문의 형태나 질문, 이야기, 영화, 시범 혹은 비유의 형태로 제시될 수 있다. 선행조직자는 학습자료에 풍부한 맥락을 부여하는 데도 도움을 준다. 이러한 선행조직자가 일반적인 요약이나 개요 또는 서론과 다른 점은 수업에서 제시할 내용보다 더 포괄적이고 일반적인 수준으로 제시된다는 점이다.

둘째는 점진적 분화이다. 점진적 분화(progressive differentiation)의 과정에서는 보다 일반적이고 포괄적인 아이디어들이 먼저 제시되고, 그리고 나서 보다 적은 단위의 요소들로 나뉘어 제시된다. 이것은 다음의 세 가지 방식으로 이루어질 수 있다. 먼저 점진적 분화의 가장 일반적인 형태로서 상위개념에서 하위개념을 분화하는 것이다. 두 번째 형태는 하나의 개념을 그것을 구성하는 요소들로 분해하는 것이다. 예를 들면, 각뿔이라는 개념은 모서리, 꼭지점, 높이로 분해될 수 있다. 마지막으로 광범위한 일반화를 보다 구체적인 일반화로 분해하는 것이다.

셋째는 통합적 조정이다. 통합적 조정(integrative reconciliation)은 학생이 아이디어들 간의 논리적 관계를 만들 수 있도록 해주는 교수의 과정을 의미한다. 오수벨은 통합적 조정의 목적으로 아이디어들 간의 관계를 탐구하고 중요한 유사점과 차이점을 지적하며 실제적이거나 분명한 불일치들을 조정하는 것이라고 설명한다. 통합적 조정에는 수직적 조정과 수평적 조정이 있는데, 수직적 조정은 추상성의 수준이 다른 아이디어들 간의 관계를 탐색하는 것이다. 이는 새로운 아이디어가 위계적인 형태로 기존 아이디어에 연계될 수 있도록 설계된다. 수평적인 조정은 추상성이 유사한 수준에 있는 등위 개념들 간의 유사점과 차이점을 파악하도록 한다.

3) 유의미교수학습 모형

오수벨의 유의미학습을 위한 교수학습 모형으로는 조이스와 웨일의 3단계 모형이 널리 알려져 있다(박승재 외, 1999). 이 모형은 ① 선행조직자의 예시, ② 학습 과제 및 자료의 제시, ③ 학습자의 인식구조 굳히기의 3단계로 구성되어 있다. 여기에 선행조직자를 준비하는 단계를 포함한 모형이 있다(강문선, 2002; Eggen&Kauchak, 1988).

1단계는 선행조직자를 개발하는 단계이다. 여기에는 먼저 수업목표와 학습자의 인지구조 내 관련 정착 의미를 확인한 뒤 수업내용을 구조화한다. 그리고 이에 근거하여 선행조직자를 준비해야 한다. 이때 수업 내용의 구속성과 실사성을 분명히 할 필요가 있다. 그리고 수업내용과 학습자의 인지구조 내 관련 내용에 근거하여 선행조직자의 유형을 선정해야 한다. 선행조직자는 수업할 정보에 대한 지도를 제공할 수 있어야 한다.

2단계는 선행조직자를 제시하는 단계이다. 우선 수업목표를 명확히 하고 선행조직자를 제시한다. 수업 초기에 선행조직자를 제시함으로써 유의미학습의 가능성을 더욱 높일 수 있다.

3단계에서는 교수학습 과제와 자료를 다양한 방식으로 제시한다.

과제와 자료를 제시할 때는 학생들이 학습해야 할 전반적인 방향을 지각하고 논리적인 구조와 순서를 인식하며 선행조직자와의 관련성을 이해할 수 있도록 그 구조를 분명하게 밝혀주는 것이 필요하다. 이때 점진적 분화의 원리를 적용하여 수업을 진행해나간다.

4단계에서는 교수학습 내용과 인지구조를 연결하기 위하여 통합적 조정의 원리를 적용한다. 그리고 능동적 수용학습을 자극하고 교과에 대한 비판적 접근법을 제시하며 학생들의 생각을 더욱 명료화하게 하는 활동을 수행할 수 있다.

새로운 내용의 학습 세계는 학생들에게 희망뿐만 아니라 두려움을 불러일으키기도 한다. 교사는 학생이 낯선 것에 부딪혔을 때 느끼는 불안감을 이해하고 학생을 도와주어야 한다. 요컨대 교사는 학생의 어려움을 미리 상상해, 낯선 것을 친숙하게 만들 수 있는 선행조직자를 적극적으로 활용할 필요가 있다.

제2절
질문의 기술[27]

1. 질문의 기술 이해

질문은 수업을 이끌어가는 중요한 수단 중 하나이다. 좋은 질문은 호기심과 사고를 자극하고 영감을 불러일으키며 더 나아가 학습태도와 삶을 변화시킬 수 있을 정도의 효력을 발휘하기도 한다. 질문이 사용하기 편리하면서도 효과적으로 인식되고 있음은 질문의 빈도를 분석한 연구에 의해서도 잘 나타난다. 그러나 질문이 학생들을 늘 학습과정에 적극적으로 끌어들이는 것은 아니다. 이는 모든 질문이 효과적인 것은 아님을 나타낸다. 교수자는 미리 효과적인 질문을 준비할 필요가 있다.

수업 중에 질문을 하고 대답하는 주체는 다음의 네 가지로 나누어 볼 수 있다(조벽, 2004). 이것은 교수자의 자문자답, 교수자의 질문-학습자대답, 학습자 질문-교수자 대답, 학습자 간의 질의응답이다.

첫째, 교수자의 자문자답이다. 이는 교수자가 묻고 교수자가 대답하는 형태로 한편으로는 소크라테스식 질문에 해당하는 경우이다. 이는 한편으로 긍정적인 방법이라 할 수 있으나, 다른 한편으로 볼 때 학습자들의 반응이 없어서 교수자가 답할 수밖에 없는 경우라면 별도의 기술이 필요하다.

둘째, 교수자 질문-학습자 대답이다. 이는 교수자가 질문하고 이에

---

27 앞의 책, 327-351쪽에서 재구성하였음.

학습자가 대답을 하는 경우를 말한다. 교수자가 묻고 학습자가 대답을 하였다면 일단 성공적인 것으로 평가할 수 있다. 여기에서 더 나아가 학습자들이 대답에 대해 판단하고 서로 반응할 수 있는 기회를 준다면 더욱 효과적이다.

셋째, 학습자 질문-교수자 대답이다. 이는 학습자가 질문하고 교수자가 대답하는 경우를 말한다. 이때 학습자의 질문에 대하여 교수자가 대답을 하더라도, 교수자가 대답하기 전에 학습자들이 먼저 반응하도록 기회를 주는 것이 좋다. 예컨대, '이 질문을 이해하기 쉬운 방법으로 다시 질문해볼 사람 있나요?'라든지, '이 질문에 대해 누가 대답해보겠어요?'와 같이 학습자가 제기한 질문에 학습자들이 먼저 반응을 나타내 보이도록 기회를 준다면 학습자들에게 훨씬 더 다양한 사고를 경험하게 할 수 있다.

넷째, 학습자 간의 질의응답이다. 이는 학습자들이 서로 질문과 응답을 주고받는 경우이다. 학습자들이 서로 질의 · 응답하는 경험은 질문을 하고 답하는 것에 익숙해질 수 있는 기회를 제공한다. 또한 확산적이거나 열린 질문을 할 수 있는 기회를 최대한 많이 확보하는 데도 도움이 된다.

이처럼 수업에서는 교수자와 학습자가 모두 질문하고 대답하는 주체가 될 수 있다. 어느 한 가지 유형으로만 수업이 진행되면 학습자에게 지루함을 안겨다 줄 수 있기 때문에 수업을 진행하는 데 있어서 다양한 유형의 질문을 상황에 맞게 적절하게 병행할 필요가 있다.

2. 질문의 기술 활용 방법

1) 질문의 기능

질문은 학습자들로 하여금 흥미를 유발하게 하고, 주의를 집중시키며, 동시에 내용에 대한 진단과 검점이 가능하며, 고차적 사유의 경험을 제공할 수 있다. 동시에 질문은 정서 표현을 허용한다는 점에서 긍정적인 기능이 있다.

첫째, 흥미유발과 주의집중이 가능하다. 잘 만든 질문은 학습자들의 지적 긴장감을 발생시킴으로써 생동감 넘치는 수업을 시작하도록 하는 좋은 계기가 될 수 있다.

둘째, 진단과 점검 기능이다. 질문은 학습자들의 학습상태를 진단하고 점검하는 데 도움을 준다. 질문을 통해 학습자들이 배운 내용을 잘 이해하고 있는지 확인할 수 있다.

셋째, 고차적 사유의 경험이다. 질문은 학습자들이 배운 것들을 적용하고 분석하며 종합하고 평가하는 사고력을 발전시키는 좋은 수단이 될 수 있다. 더 나아가서는 토론을 불러일으켜 학습자들의 사고력과 의사소통 기술을 발전시킬 수 있다. 이러한 질문은 학습자의 사유 수준을 한층 높이는 데 기여할 수 있다.

넷째, 정서 표현의 허용이다. 질문은 어떤 대상에 대한 학습자의 선호, 느낌, 흥미 등을 표현할 수 있는 기회가 된다. 이를 통해 학습자들의 감정 상태를 이해할 수 있다.

이처럼 질문은 단지 시간 때우기 내지는 공허는 잡담이 아니라 본질상 교육적인 목적을 갖고 있다. 따라서 교수자는 질문을 미리 신중하게 잘 만들어 수업 계획에 포함시킬 필요가 있다. 적절한 질문이 저절로 생겨날 것이라고 기대해서는 안 된다. 교육목표와 수업목표를 염두에 두고 사전에 질문을 잘 계획함으로써 적절한 시점에 적절한 질문을 제기할 수 있어야 한다.

2) 질문의 유형

질문을 할 때에는 학습자들이 대답할 수 있는 질문을 해야 한다. 이것은 정답이 분명한 질문을 하라는 의미가 아니다. 정답이 분명한 질문은 대체로 반응을 얻기가 힘들고 학습자들의 지적 도전감을 유발하기 어렵다. 그렇다고 하여 학습자가 대답하기 너무 어려운 수준의 질문을 해서도 곤란하다. 현 수준에서 한 단계 정도 향상시킬 수 있는 수준의 질문을 하면 학습자들의 학습동기를 유발하는 데 가장 효과적이다.

(1) 인지과정에 따른 질문의 유형

아래의 〈표 9-2〉는 인지과정에 따른 질문의 유형을 최근 블룸의 연구생들이 다시 개정한 것이다(Anderson et al., 2001).

표 9-2 인지과정에 따른 질문의 유형

인지과정	질문의 예	대답하는 데 필요한 인지형태
암기	현재의 화폐는 언제부터 사용되었나?	사실적 지식의 회상
이해	오늘날 화폐의 기능을 대신하는 것에는 어떤 것이 있나?	의미의 구성
적용	고려시대 은병을 예로 들어 위폐가 유통될 경우의 피해를 설명해보자	원리, 절차의 적용 및 활용
분석	새 지폐가 발행될 경우의 장단점을 말해보자	관계, 혹은 전체적인 의도의 설명
평가	새 지폐에 들어갈 인물로 누가 좋은지를 평가해보자	준거와 기준에 근거하여 판단
창조	미래의 화폐 상을 제안해보자	가설 생성

암기와 이해의 범주는 이미 학습한 정보(사실, 사태, 원리)를 회상하고 그것이 의미하는 바를 설명하도록 요구한다. 적용과 분석의 질문은 특정한 종류의 원리, 절차를 적용하는 데 초점을 맞추도록 요구한다. 이 질문들은 단 하나의 최상의 해답 혹은 결론에 초점을 맞추고 이미 알려진 관계를 설명하도록 요구한다는 점에서 수렴적 질문이라고 한다. 반면 평가와 창조의 질문들은 기준에 비추어 판단을 하거나 '~라면 어떻

게 될까'라는 질문에 답하도록 한다. 이 질문들은 다양한 대답, 결론, 창의력을 허용한다는 점에서 확산적 질문이라고 한다.

(2) 대답의 유형에 따른 질문의 유형

대답의 유형에 따라 수렴적 질문과 확산적 질문으로 구분할 수 있다. 이 두 가지 유형을 구체적으로 비교하면 〈표 9-3〉과 같다(Borich, 2000).

표 9-3 **수렴적 질문과 확산적 질문의 비교**

구분	수렴적 질문(convergent question)	확산적 질문(divergent question)
개념	수렴적 질문이란 대답의 범위가 좁아서 하나 또는 적은 수의 응답으로 대답을 한정하는 질문을 의미한다.	확산적 질문이란 여러 개의 다양한 답을 이끌어내는 질문, 서로 다른 여러 대답을 허용하는 질문을 말한다.
사고과정	주로 기억력을 요구한다.	단순한 기억력이 아닌, 좀 더 높은 수준의 사고기술을 요구한다. 여러 가지 생각과 아이디어를 스스로 만들어내고 평가하도록 요구한다.
예	프랑스의 수도는 어디인가? 어린왕자의 저자는 누구인가?	지진은 왜 일어나는가? 빈 우유곽으로 무엇을 할 수 있는가?
관련 연구결과	교수자들은 일반적으로 수렴적 질문에 많이 의존하고 있다. 수업 중 제기되는 질문의 75%이상이 수렴적 유형의 질문이다.	수렴적 질문보다 확산적 질문에서 훨씬 다양한 응답을 기대할 수 있으며, 확산적 질문을 통해 학습자들로부터 높은 수준의 사고과정을 이끌어낼 수 있다.
평가	질문에 대한 대답의 맞고 틀림을 쉽게 판단할 수 있기 때문에 각종 평가도구로 자주 사용된다.	확산적 질문에 대한 다양한 반응 중, 적절하지 않은 부분은 직접 가르치거나 스스로 문제를 해결해나가도록 가르칠 필요가 있다.

질문의 가치는 수업 목적에 부합할 때, 그리고 학습자들에게 의미 있게 받아들여질 때 발생한다. 수업의 목적이 개념을 습득하도록 하는 데 있다면 수렴적 질문을 해야 하며, 수업의 목적이 다양한 사고를 하는 데 있다면 확산적 질문을 해야 할 것이다. 또한 확산적 질문을 할 때에도 질문을 수업에 적절하지 않은 수준으로 추상화시키는 것은 바람직하지 않다. 학습자들은 질문을 통해 생각하는 경험이나 아이디어가

가치롭다고 느낄 때 적극적으로 사고하고 표현하기 때문에, 확산적 질문을 할 때 그 질문이 학습자들에게 의미 있게 해석될 수 있어야 함을 염두에 두어야 한다.

3) 질문제시와 답변 유도 전략

(1) 질문의 제시 방법

첫째, 학습자 개인보다는 전체 학습자들을 대상으로 질문을 한다. 모든 학습자들이 교수자의 질문에 주의 집중하여 듣고 신중하게 대답하도록 북돋아 주어야 한다.

둘째, 질문을 제시한 후 학습자들이 답할 수 있도록 잠시 대기시간을 가진다. 학습자들이 충분히 생각한 후에 대답할 수 있도록 시간을 주어야 한다.

셋째, 묻지 말아야 할 질문의 형태에 유념하여야 한다. 예를 들어, 카멜레온 질문(질문의 초점이 바뀌면서 복잡해지고 이중적인 질문 – 여러분은 남북전쟁이나 베트남전쟁 또는 일반적으로 전쟁에 대해서 어떻게 생각하지요?), 몽롱한 질문(분명하지 않고 애매한 질문 – 동물들이 의사소통하는 것에 대해 어떻게 생각하는가?), 침묵시키는 질문(논평의 근거를 최소화하고 추가적인 토론을 폐쇄하는 질문 – 우리는 혜진이의 대안이 실행가능하지 않은 이유를 이해할 수 있겠니?) 등을 유념해야 한다.

(2) 학습자들의 답변 유도 방법

질문을 잘 준비해서 적절한 때에 질문을 할 수 있는 기술도 중요하지만 질문을 한 후에 학습자들이 대답을 하도록 유도하는 기술 또한 중요하다. 학습자들이 보다 적극적으로 사고하고 표현할 수 있도록 학습자들의 대답을 유도하는 방법은 다음과 같다.

첫째, 답할 사람을 찾는다. 대답할 사람이 나타나지 않을 경우에는 개별 학습자를 지명하는 방법과 몇 개의 소집단으로 나누어 소집단을 지명하는 방법이 있다.

둘째, 대답할 때까지 기다린다. 질문을 한 후 대답이 나올 때까지 기다린다. 이 기술은 소위 기싸움이라 할 수 있다. 교수자의 내공이 상당하여 학습자들이 만들어내는 무거운 침묵을 극복해 낼 자신만 있다면 이 방법도 필요하다.

셋째, 대답이 나올 수 있도록 다시 질문한다. 질문이 기대하는 대답의 범위와 수준이 너무 광범위하거나 적합하지 않을 때, 학습자들이 사고를 좌절시키지 않고 적절히 자극할 수 있는 질문이 필요하다.

넷째, 학습자들끼리 서로 의논할 수 있는 기회를 준다. 학습자들이 옆의 학습자와 의논할 수 있도록 약간의 시간을 주게 되면, 학습자들은 다른 학습자와 의논하면서 대답하는 데 자신감을 가질 수 있게 된다. 지명을 받게 되더라도 함께 의논하였던 내용을 답변하기 때문에 부담감을 덜어주는 효과도 있다.

마지막으로, 단골 오답을 미리 알려준다. 학습자들이 자주 실수하는 오답을 미리 제시한다. 이것은 학습자들이 생각할 수 있는 범위를 좁혀주거나 정반대의 관점에서 생각해 볼 수 있도록 한다.

우리는 학습자들의 지성만을 가르치는 것이 아니라 전인적 성장을 위하여 가르치고 있음을 기억할 필요가 있다. 즉, 질문의 범위를 순전히 학문적이거나 지적인 질문, 혹은 구체적인 내용에 국한된 질문에 제한하지 말고 학습자의 창의적인 측면에 대하여도 질문할 필요가 있다. 예컨대, 지금 다루고 있는 주제에 대해 어떻게 생각하는지, 그 주제에 대해 어떤 가치를 부여하는지, 그 주제는 자신이 생각하는 우선순위에 어떻게 관계되는지를 학습자들에게 물어볼 수도 있다. 이러한 질문에 대한 학습자들의 대답을 통해 학습자의 전인적 성장에 유의미한 교육을 계획하는 데 도움이 될 것이다.

제3절

인지전략의 이해[28]

1. 인지전략의 개념

인지(cognition)란 머릿속에서 일어나는 정신적인 활동을 의미한다. 인지는 어떤 자극을 인식하고 그 자극에 반응하는 가운데 일어난다. 인지에는 지식의 습득, 저장, 인출 및 활용이 포함된다. 이러한 인지를 촉진하기 위한 전략을 인지전략(cognition strategy)이라 한다. 인지전략은 인지를 가능하게 하는 최선의 방법이다. 학습자는 인지전략을 통해 보다 현명한 방식으로 지식을 인지할 수 있다. 인지전략 없이는 인지적 진전을 이루기 어려울 수 있다.

1) 인지양식

인지양식은 정보를 조직하고 제시하는 데 있어 개인이 선호하여 습관이 된 방식을 말한다. 인지양식은 크게 두 가지 차원으로 구분된다. 하나는 분석적 · 총체적 차원에서의 인지양식이며 또 다른 하나는 언어적 · 시각적 차원에서 인지양식이다(Riding & Rayner, 1998; Steiner,2000).

분석적 인지양식과 총체적 인지양식은 정보를 전체로 파악하느냐 아니면 부분으로 파악하느냐에 따라 구분된다. 그리고 언어적 인지양식과 시각적 인지양식은 정보를 언어로 사고하느냐 정신적인 그림으

---

28 앞의 책, 353-380쪽에서 재구성하였음.

로 사고하느냐에 따라 구분된다.

분석적 인지양식을 가진 사람은 세부사항에 대하여 많은 관심을 갖는다. 순차적으로 일을 처리하고 분명한 과제를 선호하며 도식적이고 계획적인 행동을 추구한다. 반면, 총체적인 인지양식을 가진 사람은 전체적으로 이해하는 데 많은 관심을 가진다. 여러 가지를 동시에 고려하여 여러 가지 대안을 탐색하는 과제를 선호하며 시행착오를 통한 학습을 인정한다. 한편, 언어적 양식을 가진 사람은 지식을 언어나 추상적인 상징으로 사고한다. 반면, 시각적 인지양식을 가진 사람은 그림으로 사고하며 시각적인 상상력이 뛰어나다.

많은 경우에 대부분의 사람들은 분석적 · 총체적, 언어적 · 시각적 차원에서 양극의 중간에 위치한다. 주어진 과제에 따라 분석적 혹은 총체적으로 그리고 언어적 혹은 시각적으로 생각하면서 그 양극 사이를 오간다.

2) 뇌 지배 형태에 따른 사고방식

뇌의 좌반구나 우반구에 위치하는 사고방식에도 각각 차이가 있다. 이러한 관점에서 사고방식을 네 가지로 분류하면 〈그림 9-1〉과 같다(Steiner, 2000).

사고방식 A와 C는 이성적 · 감성적 사고 차원을 나타내며, 사고방식 B와 D는 분석적 · 총체적 사고 차원을 나타낸다. 자신의 사고방식이 어느 한 가지에 편향될수록 그 사고방식에 적합한 과제를 좋아하게 된다. 예컨대, 기술자는 논리적이고 분석적인 사고를 요구하는 과제를 좋아하는 반면, 상상력과 감정이 많이 필요한 활동은 피하려고 한다. 반대로 음악가는 감정과 환상을 선호하는 반면, 숫자나 논리적이고 분석적인 사고와 관련된 것은 회피하려는 경향이 있다. 자신이 좋아하는 사고방식을 요구하는 학습에서는 학습동기가 쉽게 유발되지만, 자신

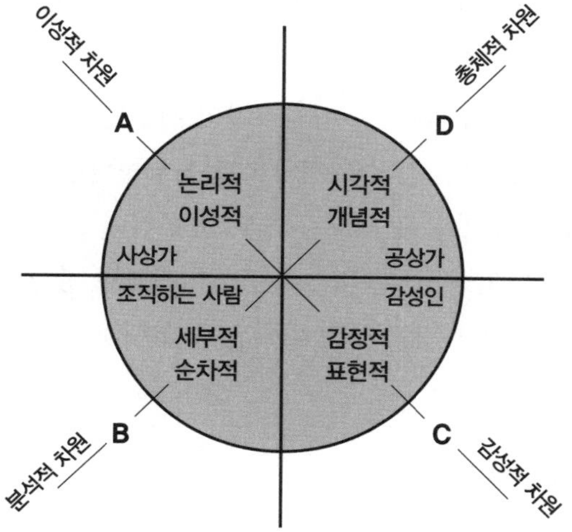

그림 9-1 뇌 지배 모델에 따른 네 가지 사고방식

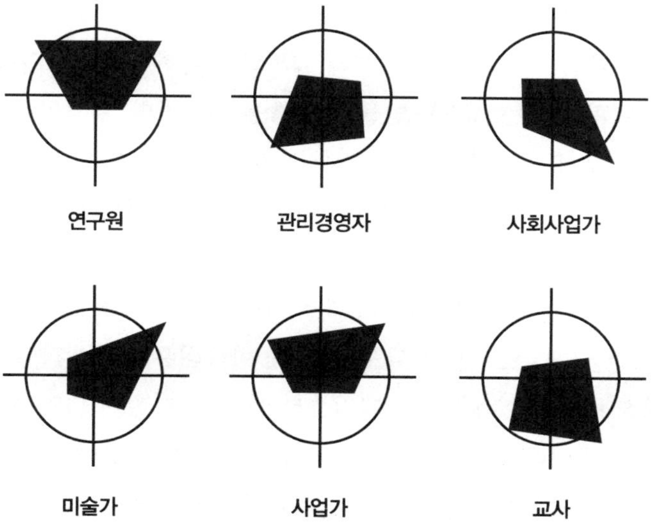

그림 9-2 뇌 지배 모델의 적용 예시

이 개인적으로 선호하지 않는 영역에 속하는 학습에서는 상당히 지루하고 힘들게 여겨질 수 있다.

그러나 공부를 할 때에는 여러 가지의 사고방식을 요구하는 과제에 직면할 수밖에 없다. 감정과 시각적인 표상능력이 필요한 과제, 논리적 · 이성적인 사고를 요구하는 과제, 세부적이고 순차적인 사고를 요하는 과제 등 다양한 유형의 과제를 그에 적합한 방식으로 사고하고 인지할 수 있을 때 효과적인 학습자가 될 수 있다.

2. 인지전략의 활용 방법

1) 인지전략

인지전략은 인지를 촉진시키는 전략이다. 인지전략을 학습함으로써 학습자들은 스스로 자신의 학습을 촉진시키게 된다. 다양한 인지전략을 소개하면 다음과 같다.

첫째, 계획이다. '계획한 만큼의 효과만 거둘 수 있다'는 말이 있다. 이것은 계획 없이는 효과를 얻을 수 없음을 의미한다. 계획이란 효율적인 학습을 위해 필요한 전략을 체계적으로 세우는 것을 말한다. 무작정 책과 공책부터 펴는 것이 아니라 미리 공부하는 순서와 방법을 계획한 후 시작하여야 능률적으로 학습할 수 있다.

둘째, 암기법의 활용이다. 제대로 이해만 하면 저절로 암기된다고들 하지만 실제로 그런 것 같지는 않다. 학습내용의 전체적인 관계와 문제해결 방법을 이해하고 논리적으로 설명할 수 있게 되었다고 하더라도 시험에 대비하기 위해서는 이를 암기할 필요가 있다. 암기에는 세 가지 과정인 외우기, 복습하기, 시연하기가 필요하다.

셋째, 개작이다. 개작(translation)이란 개인의 인지양식에 맞지 않는 형태로 제시된 정보를 더 쉽게 받아들이고 이해할 수 있는 형태로 바꾸는 것을 의미한다. 예를 들어, 시각적인 인지양식을 가진 사람은 한 쪽의 내용을 도표로 바꾸어 표현해보거나, 언어적인 인지양식을 가진 사람은 그림을 말로 서술해보는 것이다.

넷째, 정교화이다. 정교화(elaboration)란 새로운 정보를 다른 지식이나 경험과 관련짓는 것을 의미한다. 이는 새로운 정보에 다른 것을 더하거나 또는 다른 것과 관련시킴으로써 새로운 정보와 관련된 연합의 수를 증가시켜가는 과정을 말한다.

다섯째, 조직화이다. 내용을 조직화한다는 것은 분류하고 묶고 간단하게 만들며 상위개념을 찾아 계층 구조를 만든다는 뜻이다. 내용을 조직화하게 되면 지식이 압축되어 기억하는 데 효과적이다. 내용의 조직화를 위해 가장 중요한 것은 전체를 조망하는 것이다. 정교화라고 하는 것이 여러 길로 산에 오르는 것으로 비유된다면, 조직화는 산의 정상에서 전체적으로 조망하는 것에 비유될 수 있다.

여섯째, 학습할 내용 줄이기이다. 학습할 양이 많은 분야의 공부를 할 때에는 학습할 필요가 없다고 생각되는 부분을 선별해 내는 것이 중요하다. 처음부터 끝까지 모든 것을 똑같이 중요한 내용으로 간주하게 되면 늘상 공부의 시작만 있을 뿐이다. 공부할 내용을 중요한 것과 덜 중요한 것으로 구분하여 덜 중요한 것은 과감하게 공부하지 않을 필요가 있다.

일곱째, 문제해결전략이다. 문제중심학습은 비교적 덜 구조화된 문제를 중심으로 교육과정을 구성하여 학생들이 스스로 여러 분야의 지식과 기능을 활용해 그 문제를 해결하도록 하는 학습법을 말한다. 문제해결의 순서를 보면(Borich, 2000), 문제 확인(idenify)-용의정의 확인(define)-전략탐색(explore)-선택한 전략 실행(Act)-결과 관찰(look)의 순이다.

마지막으로, 두뇌의 유연화 전략이다. 두뇌의 유연화를 위해서 새로운 시각에서 다시 바라보는 방법이 있다. 이 방법은 사물을 새로운 눈으로 보고 새롭게 조명하는 것을 의미한다. 새로운 시각은 두뇌를 자극하면서 공부할 내용을 재미있고 기억하기 쉽게 만든다. 새로운 시각을 얻는 가장 쉬운 방법은 동료들과 그 내용에 관해서 토론하는 것이다. 또 다른 방법으로는 같은 주제에 관해 여러 가지의 글을 서로 비교하는 방법이 있다.

2) 인지전략의 교수법

학습자에게 인지전략을 가르칠 필요가 있는데 그 원리는 다음과 같다(Pressley & Woloshyn, 1995). 학습자들은 인지전략을 추후에 가르치는 활동에도 사용할 수 있지만 동시에 학습하는 과정에서 자기에게도 적용할 수 있다.

- **원리 1**: 한번에 하나씩 집중적으로 가르쳐야 한다.
- **원리 2**: 새로운 전략에 대해 시범을 보이고 이를 설명해야 한다. 잘 이해하지 못하는 전략은 다시 시범을 보이고 재설명해야 한다.
- **원리 3**: 언제, 어디서 전략을 사용하여야 하는지를 설명해야 한다.
- **원리 4**: 적절한 과제로 충분한 연습의 기회를 제공해야 한다.
- **원리 5**: 학생들에게 언제 어떻게 전략을 사용하는지를 관리하도록 해야 한다.
- **원리 6**: 전략의 사용과 일반화를 하도록 격려해야 한다.
- **원리 7**: 전략의 사용에 관한 동기화를 높여야 한다.
- **원리 8**: 빠른 처리보다는 반성적인 처리를 강조해야 한다.

인지전략의 교수단계를 살펴보기 위하여 전략개입 모형(strategy intervention model)을 소개한다. 이 모형은 캔사스 대학교 학습전략연구소에서 학습에 어려움을 겪은 학생들을 위하여 개발한 것이다. 학생들에게 인지전략을 가르치고자 할 때에도 이 전략개입 모형을 유용하게 활용할 수 있을 것이다. 전략개입 모형은 아래의 〈표 9-4〉와 같이 8단계로 구성되어 있다(김윤옥, 2005).

표 9-4 전략개입모형의 8단계

단계	특징
1단계	사전검사 및 배움에 대한 약속
2단계	그 전략을 설명하기
3단계	시범보이기
4단계	소리내어 연습하기 및 피드백 제시
5단계	계획된 연습 및 피드백 제시
6단계	학년 수준에 맞는 연습 및 피드백 제시
7단계	사후검사 및 전략의 사용에 대한 약속 얻기
8단계	일반화 및 실행단계: ① 방향제시 - ② 활성화 - ③ 유지

1단계는 사전검사 및 배움에 대한 약속이다. 사전검사에서는 학습자가 해당 인지전략을 얼마나 능숙하게 사용할 수 있는지를 평가한다. 그리고 학습이 필요한 전략을 확인하고 이 전략을 배우겠다는 학습자의 약속을 얻어 학습자와 함께 계획을 세운다.

2단계는 해당 전략을 설명하는 단계이다. 설명단계는 전략의 본질과 장점을 상세히 제시할 수 있도록 고안되어야 한다. 예컨대 암기 전략을 가르치고자 한다면 암기전략을 일반적으로 정의한 뒤 이 전략을 배우면 어떤 이점이 있는지 그 근거를 제시해야 한다.

3단계는 시범을 보이는 단계이다. 교수자는 이 전략을 머릿속에서 어떻게 사용하는가를 말로 표현하면서 실제로 시범을 보여주어야 한다. 듣는 것보다는 일단 하는 것을 지켜봄으로써 더 잘 배우고 이해할 수 있다. 교수자는 해당 전략의 각 단계를 분명하게 시범보여야 한다. 이때 학습자들이 제대로 이해하고 있는지를 확인하기 위해 질문을 서로 주고받는 것이 좋다.

4단계는 소리내어 연습하기 및 피드백 제시 단계이다. 이는 해당 전략의 단계들을 차례대로 소리내어 연습하고 피드백을 받는 단계이다. 이는 이 전략을 실제로 사용하게 될 때 학습자 스스로 자신에게 안내를 하도록 하는 기억장치 역할을 한다.

5단계는 계획된 연습 및 피드백 제시 단계이다. 이는 전략을 충분히 사용해보도록 기회를 주는 계획된 연습단계이다. 이때 연습한 학습자들에게 즉시 그리고 구체적으로 피드백을 제시해야 효과적이다.

6단계는 학습자 수준에 맞는 연습과 피드백 제시 단계이다. 이는 계획된 연습의 단계에서 숙달수준에 이르렀을 때, 교육과정에 제시된 학년 수준의 경험을 제공하여 그 전략을 사용해보도록 하는 단계이다.

7단계는 사후검사 및 전략의 사용에 대한 약속 얻기 단계이다. 사후검사에서는 1단계에서와 유사하게 해당 전략의 학습 효과를 확인하기 위해 실시된다. 이때 1단계에서 설정한 목표에 도달한 학습자들은 그에 대해 축하받아야 한다. 그리고 자신이 학습한 전략을 일반적인 상황에서도 일반화시켜 사용하겠다는 약속을 받아야 한다.

8단계는 일반화 단계이다. 학습자들이 배운 전략을 일반화시킬 수 있어야 한다. 일반화를 위해 하위 세 단계의 절차가 필요하다. 우선 학습한 전략을 어디에 어떻게 사용할 수 있는가에 대한 방향을 학습자들과 토의하여 제시한다. 다음 단계로 실제로 그 전략을 사용하도록 활성화시키는 작업을 한다. 이는 해당 전략을 보다 광범위한 상황에서 연습할 수 있도록 기회를 제공하는 것이다. 마지막으로 그 전략을 계속 사용하고 있고 숙달수준을 유지하고 있는가를 점검하는 단계이다. 이상에서 살펴본 8단계의 전략교수단계는 인지전략을 가르칠 때 적극적으로 활용할 필요가 있다. 특정 교과목의 학습기술을 하나의 전략으로 개발하여 가르치려고 할 때에도 적용가능하다.

참고문헌

강문선, 「선행조직자 활용 수업의 뇌과학적 의의와 방향」, 석사논문, 서울교육대학교, 2002.

김윤옥, 『학습장애 학생을 위한 교수-학습전략』, 교육과학사, 2005.

김재춘 · 박소영 · 김재현 · 변효종 · 최손환, 『교실수업 개선을 위한 교수 · 학습활동의 이론과 실제』, 교육과학사, 2010.

박승재 · 조희형, 『교수-학습이론과 과학교육』, 교육과학사, 1999.

조벽, 『조벽 교수의 명강의 노하우&노와이』, 해냄, 2004.

Anderson, L. W., & Krathwohl, D. R.(with P. W. Airasian, K.A. Cruikshank, R. E. Mayer, P. R. Pintrich, J. Raths, and M. C. Wittrock), *A taxonomy for learnig, teaching, and asssessing; A revision of Bloom's taxonomy of educational objectives*(ed.), New York: Longman, 2001.

Ausubel, D., *The psychology of meaningful verbal learning*, New York: Grune & Stratton, 1963.

Borich, G.D., 박승배 외 역, 『효과적인 교수법』, (주) 피어슨 에듀케이션 코리아, 2000.

Eggen, P. D. & Kauchak, D. P., *Strategies for teachers: Teaching content and thinking skills*, New Jersey: Prentice Hall, 1988.

Pressley, M. & Woloshyn. V., *Cognitive strategy instruction*, Cambridge: Brookline Books, 1995.

Riding, R., & Rayner, S., *Cognitive styles and learning strategies*, London: David Fulton Publishers, 1998.

Steiner, V., 안미란 역, 『전략적 공부기술』, 들녘미디어, 2000.

제10장

자기주도학습의 이해

본 장에서는 자기주도학습 및 학습자 참여학습을 다룬다. 우선 자기주도학습의 의미와 구성요소를 살펴보고, 자기주도학습이 잘 이루어지기 위한 선결과제와 학습과정을 시발행동, 교수학습 과정, 종착점행동으로 나누어 분석한다. 그리고 자기주도학습이 효과적으로 이루어졌을 때 성취할 수 있는 성과를 확인한다.

학습내용

제1절
자기주도학습의 이해

1. 자기주도학습의 의미[29]

자기주도학습 능력은 지식이 급속히 신생 · 성장 · 소멸하는 21세기 사회에서 반드시 갖춰야 할 역량 중 하나이다. 급변하는 사회 속에서 살아가기 위해서 요구되는 지식, 기술, 정보를 습득하고 자신의 아이디어를 정확히 표현하고, 어떤 과제가 주어졌을 때 스스로 해결하는 능력을 가져야 경쟁력을 갖추었다고 말할 수 있다.

자기주도학습(Self-directed Learning)은 '자기 계획적 학습', '자기조절학습', '자기교수', '자기조정학습', '자기규제학습' 등의 다양한 용어로 사용되고 있으나 그 의미는 유사하다. 우선 몇몇 학자들이 말하는 자기주도학습의 의미를 살펴보면 다음과 같다.

놀스(Knowles, 1975)는 자기주도학습이란 타인의 도움 없이 학습자 스스로 주도권을 가지고 학습목표를 설정하고, 효율적인 학습전략을 사용하며, 학습결과를 스스로 평가하는 일련의 과정이라고 말한다. 그는 〈표 10-1〉과 같이 교사주도학습(Teacher-directed Learning)과 비교하여 다섯 가지 영역으로 나누어 가정 · 비교하였다(박영태 외, 2002).

---

29 송인섭(2006), 『현장적용을 위한 자기주도학습』, 학지사, 17-30쪽; 박형근(2012), 『자기주도학습 교육방법론』, 아트블루, 26-30쪽에서 재구성하였음.

표 10-1 교사주도학습과 자기주도학습의 가정 비교

가정 영역	교사주도학습	자기주도학습
자아개념	본질적으로 의존적인 존재	자기주도성을 가지기 위한 능력과 요구를 가진 존재
경험의 역할	학습자 경험은 학습자원으로서 교사와 학습자료 제작자의 경험보다 가치가 미흡	학습자의 경험은 전문가의 자원과 함께 학습의 풍부한 자원이 될 수 있도록 개발되어야 함
학습준비도	성숙 수준이 동일한 학습자는 학습준비도가 같음	자신의 삶의 문제를 좀 더 적절하게 해결해야 할 필요성에 의하여 자기주도학습이 이루어지므로 개인에 따라 학습준비도가 다름
학습지향성	교과중심 지향으로 학습경험은 내용의 단위에 따라 조직되어야 함	문제중심 지향으로 학습경험은 문제해결 학습과제의 형태로 조직
학습동기	외적인 보상(점수, 실패에 대한 두려움)에 의해 학습이 일어남	내적동기(자아존중감, 성취욕구, 호기심)에 의해 일어남

기번스(Gibbons, 2002)도 자기주도학습과 교사주도학습을 비교하면서, 자기주도학습이란 언제, 어디서, 어떤 방법을 사용하든지 학습자 스스로의 노력으로 자신의 지식, 기술, 성취감 혹은 개인적 발달을 향상시키는 것으로, 이는 학습자 자신이 선택하고 스스로 초래한 결과라 정의하였다. 반면 교사주도학습은 교수자가 주도하여 학습자의 지식과 기술을 향상시키는 것으로 학습목표 설정, 학습과제 제시, 학습활동, 평가에 대한 선택권이 교수자에게 있는 것이라 정의하였다.

양명희(2000)는 자기주도학습은 타인의 조력 여부에 상관없이 학습자 스스로 자신의 학습상태를 파악하여 학습목표를 설정하며, 학습에 필요한 인적 · 물적 자원을 확보하여 적절한 학습전략을 선택 · 실행하며, 자신의 학습속도에 맞추어 학습을 조절하고 학습이 진행되는 동안 끊임없이 평가하고 점검하는 데 스스로 주도권을 갖는 학습방법이라고 정의한다.

또한 정미경(2003)은 자기주도학습이란 학습자가 자신의 학습활동의 주인이 되어 학습목표와 학습동기를 진단하고 학습에 필요한 인적 · 물적 자원을 관리하며, 학습의 모든 과정에서 의사결정과 행위의 주체가 되는 자기학습으로 정의하고 있다.

결론적으로 자기주도학습의 핵심적 개념은 개별학습자가 스스로 자신의 학습에서 주도권을 갖고 자신의 학습요구를 진단하고 자신의 학습목표를 설정하며, 학습에 필요한 인적 · 물적 자원을 확보하고 적합한 학습전략을 선택 · 실행한 학습결과를 스스로 평가하는 과정과 활동을 통하여 학습의 극대화를 가져오게 하는 것이다.

2. 자기주도학습의 구성요소[30]

자기주도학습이란 학습자가 자신의 인지, 행동, 정서 등을 체계적으로 조절하여 활성화하고 유지하는 과정이기 때문에 자기주도학습에 다음과 같은 구성요소들이 충분히 갖추어진다면 그 효과를 더욱더 발휘할 수 있다. 이에 많은 학자들이 다양한 요인을 제시한다.

밴두라(Bandura, 1982)는 자기주도학습을 구성하는 요인으로 극복전략, 문제해결과 의사결정기술, 목표설정, 계획, 자기평가, 자기조절, 자기강화에 대한 능력을 포함시킨다. 자기주도학습에서 상위인지요인을 강조한 코르노(Corno, 1986)는 주의통제, 약호화통제, 정서통제, 동기통제, 환경통제를 자기주도학습의 구성요인으로 보았다.

자기주도학습에서 동기요인을 강조한 핀트리치(Pintrich, 1989)는 자기주도학습을 인지적 요인, 자원관리요인, 동기요인으로 구분하였는데, 인지적 요인으로는 주어진 과제 암송과 과제의 정교화 및 조직화를 포함하고, 자원관리요인은 할당된 시간의 관리, 주어진 상황의 환경적 조건관리, 과제수행을 위한 노력의 분배관리, 필요한 도움의 요청 등을

30 앞의 책, 45-73쪽에서 재구성하였음.

포함하며 동기요인으로는 내재 동기지향, 과제가치, 신념, 성공에 대한 기대를 포함한다고 하였다.

자기주도학습은 인지적 · 동기적 측면뿐만 아니라 학습자의 행동조절, 학습환경에 통제와 활용을 포함하는 포함적인 개념으로 확장되고 있으며, 그중에서 가장 많이 사용되는 분류는 짐머만(Zimmerman, 1986)의 견해다. 짐머만은 자기주도학습자란 자신의 학습과정에 초인지적 · 동기적 · 행동적으로 적극 참여하는 자라고 정의하고 있으며, 자기주도학습을 구성하는 요인은 크게 세 가지, 즉 동기조절, 인지조절, 행동조절로 분류한다. 따라서 자기주도학습자는 학습에 대한 동기화가 되어 있으며, 다양한 인지조절 전략을 사용하고, 자신의 행동을 적절히 통제하는 능력을 갖춘 학습자라 할 수 있다.

정미경(2003)은 이러한 다양한 요소에 기초하여 동기조절, 인지조절, 행동조절을 자기주도학습의 구성요소로 정리하였다. 먼저 동기조절을 보면, 모든 일을 하고자 할 때에는 동기가 있다. 동기라는 것은 그 일을 해야 하는 이유를 말하는 것이다. 학습을 할 때도 학습을 하게 하는 원인과 이유를 동기라고 하며, 학습상황에서의 이런 동기를 학습동기라고 한다. 자기주도학습에서의 동기조절이란 학습자가 학습에 참여하는 이유와 목적을 말하는 것이다. 인지조절이란 학습자가 자료를 기억하고 이해하는 데 사용되는 실제적인 전략을 의미한다. 똑같은 능력을 가지고 있고, 똑같은 시간을 투자하여 학습을 하여도 어떤 학습자는 많은 것을 학습하고 기억하는 것을 볼 수 있다. 이런 이유가 인지전략의 차이에서 오는 것이라 할 수 있다.[31] 다음으로 행동조절은 학습자가 자신의 학습을 성공적으로 이끌기 위해 가장 적합한 학습환경을 선택하고, 구조화하며, 창조하는 것을 의미한다. 자기 스스로의 행동을

---

31 인지전략의 개념 및 구체적인 활용 방법은 본 교재 9장 3절 인지전략의 이해에서 다양한 방법을 제시하고 있으므로 이를 참고하기 바람.

의지적으로 통제하고, 시간을 조절하며, 도움이 필요할 경우 적극적으로 요청할 수 있는 능력을 말한다.

제2절
자기주도학습의 실천

1. 자기주도학습의 선결과제

자기주도학습이 효과를 가지기 위해서는 몇 가지 선결과제가 필요하다. 이것이 충족된다면 자기주도학습은 충분히 그 효과를 볼 수 있을 것이다. 송인섭(2006)이 자기주도학습모형의 적용을 위해서 제안하고 있는 내용을 정리해보면 다음과 같다.

첫째, 학습수준에 대한 정확한 진단이 필요하다. 성공적인 자기주도학습의 출발은 학습수준을 점검하는 것에서부터 비롯된다. 학습자가 이전의 학습내용을 얼마나 숙달하고 있는지, 학습자의 지적 능력은 어느 정도 수준인지의 인지적 시발행동과 학습자가 학습이나 특정 교과에 대해 갖는 태도나 흥미, 자아개념의 정의적 시발행동을 진단하는 것은 학습자 개인에게 맞는 교육수준과 교육과정을 제공하는 데 매우 중요하다. 또한 학습자 자신에게도 자신의 학습수준에 대한 자료를 제시하여 학습에 동기화시키고 교수학습 과정에 능동적으로 참가하게 할 수 있다.

둘째, 학습의 효율성 향상을 위한 인지, 동기, 행동 조절 전략의 제공이 필요하다. 성공적인 학습자는 자신의 학습에 영향을 미치는 요인을 관리하거나 통제한다. 그들은 학습을 위한 최적의 조건을 설정하고 학습을 방해하는 장애를 제거한다.

교수학습 과정에서의 교육목표 달성과 학습의 효과를 극대화하기 위해 자신의 학습을 방해하는 변인을 통제할 수 있는 전략, 학습내용의 숙달을 위한 효과적인 학습전략, 행동전략을 제공하여 학습자는 학습 과정에서의 모든 의사결정과 행위의 주체가 되어 학습을 책임지고 자율적으로 학습을 이끌어 학습의 효율성을 극대화할 수 있어야 한다. 그러므로 학습자의 자기주도학습 능력을 길러 주기 위해 직접 가르치는 것을 줄이고, 학습자 스스로 선택하고 조직할 수 있는 능력을 길러줘야 한다. 예를 들어, 학습을 어떻게 개선해야 하는지, 또 이를 위해 무엇을 준비해야 하는지와 동기를 부여하는 방법, 시간 관리하는 방법 등을 학습자와 미리 공유하여, 학습자 스스로 자신의 학습을 위한 최적의 조건을 찾아 학습의 효율을 높일 수 있도록 해주어야 할 것이다.

마지막으로, 학습내용의 숙달과 목표달성에 대한 평가를 제공하여야 한다. 학습과정에서 평가는 직접적이건, 간접적이건 모든 과정에서 작용하여 학습의 효과를 극대화할 수 있는 다양한 정보를 제공한다. 진단평가는 학습이 이루어지기 이전에 학습자의 과거 상태에 대한 정보를 제공하고, 형성평가는 학습이 이루어지는 현재의 상태에 대한 정보를 제공하여 학습에 대한 교정이 이루어지게 하고, 총괄평가에서는 설정된 학습목표와 학업성취의 도달 여부에 대한 정보를 제공함으로써 자기주도학습의 하위 과정인 자기점검, 자기판단, 자기지시가 실질적으로 이루어지게 한다.

학습자가 자기 자신에 대해 어떻게 생각하는지, 자기가 가지고 있던 목표가 무엇인지, 자신의 학습환경의 강점과 약점이 무엇인지를 진단하게 한다. 학습자 스스로 자기가 지금 어느 위치에 있는지를 진단하고 또 내가 가야 될 방향, 내가 지금 모자란 부분이 어떤 것인가를 스스로 판단하고 깨우치는 자기평가가 이루어지고 이를 통해 학습자는 스스로 계획을 세우게 된다.

이처럼 자기주도학습의 효과를 발휘하기 위해서 교수자는 학습자의 학습수준에 대해 정확하게 진단하고 보다 효율적인 학습이 가능하도록 인지, 동기, 행동 조절 전략을 학습자들에게 충분히 제공해줄 필요가 있다. 또한 교수자는 진행과정에서 적절한 평가를 통하여 학습자들이 학습내용을 제대로 수행하고 목표에 올바른 방향으로 접근하고 있는지를 확인할 필요가 있으며, 학습자들에게 적절한 자기평가 방법을 알려줌으로써 학습자들 스스로 자신의 행동과 생각에 대해서 반추해볼 수 있도록 유도해야 할 것이다.

2. 자기주도학습의 학습과정[32]

자기주도학습은 개별학습자가 스스로 자신의 학습에서 자신의 학습요구를 진단하고 자신의 학습목표를 설정하며, 학습에 필요한 인적 · 물적 자원을 확보하여 적합한 학습전략을 선택 · 실행하여 성취한 학습결과를 스스로 평가하는 과정과 활동을 수행하는 과정이라고 할 수 있다.

이런 자기주도학습 과정은 자기주도학습이 이루어지기 이전의 '시발행동', 자기주도학습이 이루어지는 '교수학습 과정', 자기주도학습을 통한 변화된 행동특성으로서의 '종착점행동'으로 구분할 수 있다.

1) 시발행동

자기주도학습은 환경의 영향을 받아 결정된 학습자의 '시발행동'을 진단하고 진단결과에 따라 학습자를 적절한 교수학습 과정에 배치할 뿐만 아니라 자기주도학습을 할 수 있는 심리적 · 환경적 자극을 극

32 송인섭(2006), 『현장적용을 위한 자기주도학습』, 학지사, 86-117쪽에서 재구성하였다.

대화하는 단계에서부터 출발한다. 개별학습자가 갖는 교육환경과 학습하는 방법, 선행학습수준, 인간행동의 중요한 원동력인 자아개념의 정도에는 개인차가 있다. 학습자의 학습능력 수준에 알맞게 학습활동을 개별화하여 학습목표의 달성을 촉진하기 위해 교수자는 학습자의 시발행동을 정확히 이해하여 학습결과를 극대화시키도록 노력해야 한다. 그러므로 학습자의 특성에 대한 정확한 진단이 이루어져야 하며, 진단 결과에 따라 학습자에게 적합하고 타당한 교수학습활동이 이루어지도록 한다.

자기주도학습과 관련하여 시발행동은 학습자가 갖는 인지적 · 정의적 행동 특성뿐만 아니라 환경적 요인과 학습자의 학습하는 방법 그리고 학습자가 학습에 관해서 자신이 가지고 있는 자아개념을 모두 포함하는 총체적인 의미다.

따라서 교수자는 이 과정에서 인지적 시발행동, 정의적 시발행동, 교육환경에 대해서 적절하게 확인하고 학습자에게 동기를 부여해야 한다. 인지적 시발행동은 학습자가 학습과제를 학습할 인지적 준비가 어느 정도 되어 있는지, 그리고 학습자가 학습에 대해 어떤 태도를 가지고 있는지 등을 의미한다. 학습자가 학습목표를 달성케 할 뿐만 아니라 학습자의 자생적인 학습방법을 길러주기 위해서는, 학습자 스스로 학습환경과 학습자원을 관리하며, 주어진 정보를 능동적으로 처리하는 데 필요한 학습방법을 습득하도록 하고 학습에 대한 학생의 주도권과 책임성을 부여해야 한다. 가능한 한 능동적인 학습태도의 습득이 자기주도학습에서 특히 강조된다.

또한 정의적 시발행동도 중요하게 생각하는데, 일반적으로 학업의 성공을 결정하는 주요 요인은 인지적 특성에 관련된 것이라고 여겨졌다. 그러나 이보다 더 중요한 것은 정의적 특성 중 자기 자신을 어떻게 보느냐가 학업성취에 크게 영향을 준다는 점이다(이는 최근의 이론이다). 자아개념은 한 개인이 자신을 어떻게 지각하고 있느냐를 의미하는 것으로 자기주도학습과 관련하여 학습자가 갖는 정의적 시발행동 중 가장 중요한 개념이다.

마지막으로 교육환경이다. 한 개인의 행동을 이해하고, 또 설명하기를 원한다면 우리는 무엇보다도 먼저 그 개인이 지닌 심리적인 특성과 그 개인을 둘러싼 환경에 대한 정보를 얻어야 한다. 특히 가정환경은 한 개인이 생애 초기에 경험하는 직접적인 환경으로 아동발달과 교육에서 그 어떤 환경보다도 강력한 영향력을 행사하기 때문에 자기주도학습이 이루어지기 전에 학습자가 어떤 교육환경을 갖고 있는지, 어떤 강점과 약점을 갖는지, 그리고 가정에서 부모와 어떤 상호작용이 이루어지고 있는지에 대한 이해는 성공적인 자기주도학습자가 되기 위해 반드시 필요한 정보이다.

2) 교수학습 과정

자기주도학습의 최종목적은 타인의 조력 여부와 관계없이 개별 학습자가 주도권을 가지는 학습 과정으로서 학습자가 설정한 학습목표를 달성하기 위해 다양한 인지, 동기, 행동조절 전략을 사용하여 교육환경과 교수학습 차원에서 작용하는 다양한 변인 간의 상호작용을 통해 학업성취를 극대화하고 평생학습자로서의 자기주도학습 능력을 기르는 것이다.

학습에 가장 큰 영향을 끼치는 요인은 바로 인지적 특성이다. 학습은 학습자가 현재 가지고 있는 수준에서 시작하여 더 높은 수준의 지식이나 기술을 습득하고 숙달하는 과정이므로 학습자의 인지적 특성은 교수학습 차원에서 학습의 효과를 향상시키는 데 매우 중요한 변수이다. 학습자 개인의 지적 능력과 특성에 따라 적절한 교수학습이 투여될 때 학습효과가 극대화될 수 있다. 그러므로 자기주도학습이 이루어지기에 앞서 학습자의 인지적 특성을 진단하는 것은 매우 중요하다.

자기주도학습의 핵심은 타인의 조력 여부와 관계없이 개별 학습자가 주도권을 가지는 학습과정으로서 학습자는 스스로 학습목표를 설정하고, 학습자원을 확인하며, 중요한 학습전략을 선택하고, 학습결과를 평가하는 일련의 작업을 수행하는 것이다. 즉, 학습자 스스로 자신에게 적합한 학습법을 발견하고 스스로 수행하는 자기학습이다. 그러므로 교수자는 교수학습이 이루어지기 전에 학습자의 특성과 능력에 맞는 교수목표를 설정하고 학습상황을 제공하여 학습자 개개인의 잠재능력을 극대화할 수 있게 한다. 이를 통해 학습자는 21세기가 요구하는 한 개인의 성장과정에 필요한 자생적 사고를 촉진시킬 뿐만 아니라 자율적 생산성을 극대화할 것이다.

이런 과정에서 학습자는 교수자와의 상호작용을 통해 학습에 필요한 다양한 자극을 얻게 된다. 이런 상호작용에서 학습의 책임은 학습자에게 있고, 모든 학습활동은 학습자 스스로 이행한다. 이를 통해 자기주도학습의 핵심이라고 할 수 있는 학습의 주도권을 개별학습자가 갖게 된다. 자기주도적인 학습과정을 통해 학습자는 자신의 학습요구를 스스로 진단하고 학습목표를 설정하며, 학습에 필요한 인적 · 물적 자원을 확보하고 적합한 학습전략을 선택하고 실행하여 학습성취를 극대화한다.

3) 종착점행동

자기주도학습을 통해 달성하고자 하는 최종적인 행동변화가 이루어지는 '종착점행동'은 학습목표의 달성을 통한 학습내용의 숙달과 학습성취 향상을 통한 학습효과의 극대화로 이어지는데, 이런 학업향상은 다른 교과로 전이되고 지속적인 학습향상을 가져오게 된다. 다른 모든 학습과정에서와 마찬가지로 이 과정에서도 성취도 평가를 통해 학습자의 학습에 대한 피드백이 이루어진다.

종착점행동이란 자기주도학습 과정을 통해 의도적으로 추구하는 학습행동의 변화를 의미한다. 송인섭(2006)에서 제시하는 자기주도학습을 통한 최종적인 종착점행동은 학습목표달성과 긍정적 자아개념 형성과 자기주도학습 능력의 신장을 통하여 자생적이며 자율적인 자아를 실현하는 실존적인 개체로서의 인간에 다다르는 것이다.

자기주도학습의 목적은 학습자에게 지식과 기술을 제공하고 이 부분의 지적인 능력을 길러주고자 하는 데 있다. 그뿐만 아니라 학습자들이 지식과 기술을 숙달하는 학습과정에서 다양한 경험을 통해 인지적 영역 외에 다양한 영역(예를 들어 정서적 영역 등)의 변화를 가져오는 것 또한 자기주도학습의 목적이다. 그러므로 학습자 개인이 갖는 인지적 · 정의적 특성에 기반 하여 설정된 학습목표가 어느 정도 달성되었는지에 대한 정보를 수집하고 그 과정에서 학습자의 학습내용 숙달뿐만 아니라 학습과정에서 학습자가 선호하는 학습방법, 학습에 대해 갖는 태도나 흥미, 성공이나 실패경험으로 인한 정서적 변화 등에 대한 전반적인 정보를 모두 받아들여 학습자에 대해서 종합적으로 평가할 필요가 있다.

또한 자기주도학습은 학습목표 달성뿐만 아니라 개인의 다양한 능력을 개발할 수 있는 계기가 되기 때문에, 자기주도학습 과정을 거치면서 개개인이 자기 자신을 어떻게 지각하고 있는지를 파악해보는 것도 필요하다. 이 같은 이해는 그 개인의 행동을 진단, 예측하는 것을 가능하게 한다. 그 결과 한 개인이 일상적인 사회생활, 특히 학교생활에서 어떤 방법으로 어떻게 행동하게 될 것인가에 대한 이해를 돕고 자기주도적 학습을 위한 정의적 특성의 긍정적 향상에 도움을 줌으로써 자신의 성장을 극대화할 수 있는 심리적 안정감을 형성하는 가능성을 열게 된다.

이런 자기주도학습 과정을 통해 학습자는 스스로 학습하고 스스로 지식을 생산하고 성장시키는 자기주도적 학습능력을 기르게 된다.

3. 자기주도학습의 성취

스스로 학습하려는 마음을 갖추지 못하고 누군가가 가르쳐주는 것을 받으려고만 한다면 그 지식은 깊이를 가지고 못하고 또한 오래가지 못한다. 분명히 말하건대 자기주도적으로 제대로 학습한다면 본인이 스스로 그 성과를 느낄 수 있을 것이다. 송인섭(2006)은 자기주도학습을 통한 성취로 다음의 몇 가지를 제시하고 있다.

첫째, 변화를 느낄 수 있다. 스스로 끊임없이 시행착오를 거치면서 제대로 된 학습 방법을 깨닫는다면 자신의 변화를 느낄 수 있을 것이다. 변화의 징후를 느꼈을 때는 계속 정진하는 것이 중요하지만, 학습방법에 대한 관심도 계속 유지해야 한다. 스스로 변화를 느낀 다음에는 나름대로 학습방법에 대한 평가를 얻을 수 있을 것이며, 그 이전에는 느끼지 못했던 좋은 교훈을 새삼스럽게 깨달을 수 있기 때문이다.

둘째, 집중력이 향상된다. 집중력은 학습에 있어서 매우 중요하다. 어떤 사람은 집중력은 흥미에서 생긴다고 하는 반면, 어떤 사람은 강한 의지에서 생긴다고 한다. 어떤 이는 집중력은 재능의 차이고 선천적으로 주어질 수 있다고 한다. 어느 것이 옳은지 학문적으로 명확히 검증되지는 않았으나, 중요한 사실은 집중력은 때로는 필요에 의해, 때로는 의지에 의해 노력하고 훈련하면 키울 수 있다는 것이다. 자기주도학습을 통해 자신에게 맞는 방법으로 제대로 집중해서 학습하면 그 힘든 가운데서 흥미를 느낄 수 있을 것이며 그렇게 느낀다면 훨씬 쉽게 학습에 매진할 수 있을 것이다.

셋째, 자신감을 가진다. 자신에게 적합한 학습속도와 학습방법 등의 노하우에 따르면 주어진 과제를 얼마나 학습할 수 있을 것인지, 어느 정도 시간에 해결할 수 있을 것인지 등을 스스로 알게 된다. 자신의 능력과 환경을 알고 학습 노하우를 터득하게 되면 예전보다 시간을 단축할 수 있고 또 그 성과를 배로 늘릴 수 있다. 이러한 과정에서 자신감과 자부심을 가질 수 있다. 스스로 학습에서 자신감을 얻으면 학습동기를 더욱 자극할 수 있고 자신감과 도전정신도 함께 성장하게 되는 것이다.

넷째, 머리를 쓰는 학습을 한다. 학습은 두뇌를 쓰면서 해야 한다. 이는 너무도 당연한 말이지만 실제로 많은 학습자들은 생각을 하지 않고 단순하게 눈으로만 학습하는 경우가 있다. 유대인의 교육이나 우리 선조의 교육을 보면 학습자들이 스스로 생각하도록 하는 학습이 진정한 학습이기 때문에 오래전부터 교육은 그런 형태를 유지해왔다. 최근 들어서는 대규모로 교육이 진행되기 때문에 일일이 학습자들의 반응을 살펴보지 못하게 되었지만, 스스로 학습하는 습관을 들이면 지금도 충분히 머리로 생각하고 공부다운 공부를 할 수 있다. 다시 말해, 학습자들에게 스스로 생각할 수 있는 기회를 박탈하지 말고, 스스로 생각해서 깨우치는 기쁨을 느끼게 하면 자연스럽게 흥미도 유발된다. 이것이 자기주도학습의 효능일 것이다.

다섯째, 서서히 진전이 있다. 스스로 학습하는 습관을 가지게 되면 오랜 시간 책을 보기 때문에 서서히 생각도 단순화되고, 이에 따라 잡념이 많이 사라지게 된다. 자연히 마음이 편안해지고, 괜히 불안해서 자리가 들썩이는 그런 생리적 이상 현상은 저절로 없어진다. 지속적인 자기주도학습을 통하여 실패와 시행착오를 한 자신에게 더 과감히 기회를 주는 여유를 보일 수 있고, 계속 도전하는 힘을 기를 수 있게 되는 것이다.

자기주도학습을 통해 이러한 성취를 가진다면 이를 통해 명시적으로 제시된 것 외에 더 많은 잠재적 능력이 함양되었을 것이다. 물론, 학습과정에서 이러한 성취를 가지지 못했다 하더라도 자신의 학습과정을 되돌아보면서 무엇이 잘되었고 무엇이 잘못되었는지를 생각해본 다음 잘못된 부분은 바로잡고 잘된 부분은 적극적으로 더 수행한다면 분명히 효과가 있을 것이다.

참고문헌

강갑원 · 김정희 · 김종백 · 박희순 · 이경화 · 장인실 역, 『교육심리학』, 시그마프레스(주), 2005.

박미자, 「학습자 중심 수업의 효과를 제고하기 위한 방법론 연구」, 숙명여자대학교 석사학위논문, 2005.

박영태 · 현정숙, 『자기주도학습력의 이해』, 동아대학교 출판부, 2002.

박형근, 『자기주도학습 교육방법론』, 아트블루, 2012.

송인섭, 『현장적용을 위한 자기주도학습』, 학지사, 2006.

양명희, 「자기조절학습의 모형 탐색과 타당화 연구」, 서울대학교 대학원 박사학위논문, 2000.

정문성, 『토의 토론 수업방법』, 교육과학사, 2011.

정미경, 「중학생의 자기조절학습 검사결과」, 『교육학연구』 41(4), 한국교육학회, 2003, 157-182쪽.

Kirschenbaum, HOWARD., 추병완 · 김항인 · 정창우 역, 『도덕 가치 교육을 위한 100가지 방법』, 울력, 2006.

Bandura, A., Self-efficacy mechanism in human agency, *American Psychologist* 37, 1982, pp.122-147.

Corno, L., The metacognitive control components of self-regulated learning, *Contemporary Educational Psychology* 11, 1986, pp.333-346.

Gibbons, M., *The Self-Directed Learning Handbook*, SanFrancisco, CA: Jossey-Bass, 2002.

Knowles, M. S., *Self-Directed Learning: A Guide for Learners and Teachers*, NY: Association Press, 1975.

Pintrich, P.R., *The dynamic interplay of student motivation and cognition in the college classroom*, Greenwich, CT: JAI Press, 1989.

Zimmerman, B. J., Becoming a self-regulated learner: Which are the key subprocesses?, *Contemporary Educational Psychology* 11, 1986, pp.307-313.

제11장

교관과 교수기법

본 장에서는 군대교육의 기본적인 개념과 그 기초 요소가 되는 교관, 학습자, 교수기법 등에 대해서 다룬다. 먼저 군대에서 교육이 갖고 있는 개념과 적용 범위, 특성을 살펴보고 이어서 '군대교육에서 교관이란 누구인가?'라는 주제를 통해 교관의 역할, 자질과 태도, 자세 등에 대해서 정리하였다. 끝으로 교수기법에서는 가르침의 대상이 되는 학습자의 특성을 먼저 살펴보고 이들의 특성에 맞는 교육을 실시할 수 있도록 다양한 교수기법을 제시하였으며, 특히, 학습자중심의 교육이 가능하도록 참여기법에 대해서 중점적으로 살펴보았다.

학습내용

- 제1절 군대교육이란 무엇인가?
- 제2절 군대교육의 교관
- 제3절 교수기법

제1절

군대교육이란 무엇인가?[33]

우리 군은 유사시 적과 싸워 승리하여 국가를 보존하고 국민의 생명과 재산을 보호하는 데 그 사명이 있기 때문에, 이를 위해 평시 경계작전과 주기적인 교육훈련을 통해서 전투력을 강화해나가고 있다. 특히, "평시 흘린 땀 한 방울은 전시 피 한 방울과 바꿀 수 있다"라는 말처럼, 교육훈련은 전시 승리를 위해서라도 평시 강조되고 강도 높게 수행되어야 할 분야이다. 따라서 군에서 교육훈련을 담당하는 간부들은 교육훈련의 중요성을 인식하고 그 출발점이 되는 군대교육이 무엇인지 개념적으로 확실히 인식할 필요가 있다. 이는 군대에서 실시하는 교육훈련이 무엇이고 왜 실시하는지를 명확히 인식해야만 보다 적극적이고 체계적으로 교육훈련을 지도할 수 있기 때문이다.

그렇다면 군대교육이란 무엇인가? 일반적으로 군에서 실시하는 교육 및 훈련과 관련한 행위 일체를 말하지만, 그보다 깊게 생각해볼 필요가 있다. 이러한 측면에서 교육이란 무엇인지 먼저 생각해보자.

동양에서는 교육에 대해 '가르쳐 기른다'는 의미로 사용하고 있다. 이는 맹자의 진심장구(盡心章句)의 상편에 군자의 세 가지 즐거움이 소개되고 있는데, 그 첫째가 부모가 생존해 계시고 형제가 무탈한 것이며, 둘째가 하늘을 우러러 한점 부끄럼 없이 사는 것이고, 셋째가 천하

---

33 국방정신전력원(2014), 「정훈교육기법 강의 교안」; 육군본부(2006), 『야교7-0-1 교수법』에서 재정리하였음.

의 영재를 얻어 교육하는 것에서 유래한 것이다. 즉, "得天下英才 而教育之 三樂也(득천하영재 이교육지 삼락야)"에서 유래 되었다는 것이다(이지헌 외, 2012: 19-20쪽).

반면, 서양에서 교육은 'E+ducare'의 합성어인 education으로, E는 '밖으로', ducare는 '끌어내다'의 뜻이 있으며, 인출 또는 도출의 의미를 내포하고 있다. 이 말은 내면적인 소질을 어떤 힘을 가해서 변화시키는 작용이라고 말한 것으로, 내면의 소질과 자질에 교육활동이라는 자극을 통해 영향을 주어 사회인으로 성장시키겠다는 뜻을 담고 있는 것이다.

따라서 교육이란 한자어로 가르칠 교(教)와 기를 육(育)이 합쳐져서 만들어진 말로, 한자어 그대로 해석하면 '가르쳐 기른다'는 뜻이지만 종합적으로 볼 때, '사회의 구성원으로 자라는 후세대에게 사회생활에 필요한 제반지식과 지혜 등을 가르쳐 온전한 사회구성원으로 만드는 사회화 행위'라고 말할 수 있다.

그렇다면 우리가 배워야 할 군대교육이란 무엇일까? 군대교육은 국방에 관한 특수한 전문가로서 개인 및 부대의 잠재능력을 국방임무 수행에 적합하도록 개발하기 위해 교관과 학습자(부대원) 간에 의도적, 계획적, 조직적으로 이루어지는 제반 활동을 말한다. 이러한 군대교육의 목적은 적과 싸워 이길 수 있는 개인과 부대를 육성하는 데 있으며, 가장 큰 특징은 지휘관(자)이 곧 교관이라는 데 있다.[34]

군대교육의 특성을 좀 더 자세히 설명하면, 먼저 군대교육은 지휘관(자)이 곧 교관이며 전장과 실제상황을 고려한 교육훈련이 이루어진다는 점이다. 다시 말해 군대교육은 불확실한 전장상황을 기준으로 환경극복에 필요한 능력 배양과 실전적 훈련에 중점을 두고 교육을 실시한다는 뜻이다.

---

34 야전부대에서도 학교기관과 같이 별도의 교관(수)을 임명하지 않고 간부가 교관의 역할을 동시에 수행한다.

또한, 군대교육은 전투임무 수행을 위한 정신적, 물질적, 기술적 능력 배양에 중점을 두고 있으며 이는 군인정신을 중시하고, 지식의 능력화와 팀단위 능력 배양, 수준유지 반복훈련을 실시함으로써 전투력이 배양된다는 것을 의미하는 것이다.

군대교육은 관련 요소의 다양성이라는 특성이 있다. 이는 군대의 교육훈련 제도 및 내용이 각종 교리의 발전, 구조 및 편성, 무기 및 장비의 발달, 미래 전장 환경의 변화, 적의 전술 및 능력 등에 의해 많은 영향을 받고 있다는 뜻이다.

일반적으로 교육이 교사, 학생, 교육내용의 3요소로 이루어진 것처럼, 군대교육도 교관, 부대원(학생), 교육내용의 3요소로 이루어져 있다. 그러나 이러한 교육의 3요소만으로 교육이 완벽히 이루어진다고 할 수는 없다. 적어도 교육내용을 교수자가 학습자에게 전달하는 전달수단과 피드백을 통해 성과를 알아보는 효과가 있어야 한다. 다시 말해, 교육이 이루어지기 위해서는 교육의 3요소 외에 상호작용을 위한 전달수단과 그 결과로 나타나는 효과가 있어야만 정상적인 교육이 이루어질 수 있다. 이러한 측면에서 볼 때, 교육도 구성요소 간의 상호작용을 통해 이루어지는 커뮤니케이션의 한 부분이라 할 수 있다. 따라서 군대교육은 교육의 3요소와 커뮤니케이션의 5가지 요소인 S(송신자) - M(메시지, 내용) - C(전달방법, 교육방법) - R(수용자) - E(효과)를 결합하여 군대교육 5요소로 재설정할 수 있다.

제2절

군대교육의 교관[35]

일반적으로 교육학에서는 가르치는 사람을 교사 또는 교수자라고 한다. 반면 군에서는 이러한 용어보다 교관이라는 말이 주로 사용되는데, 그 이유는 공직신분에 있는 교수자의 직위(특히, 장교나 부사관)를 고려하여 '~관' 등으로 표현하기 때문이다. 어쨌든 교관이란 '가르치는 사람'을 의미하며, 제반 교수활동의 주체자로서 학습자(부대원)의 잠재된 능력을 개발하고 촉진시켜야 할 책임과 사명을 가지고 있다.

이러한 의미에서 이번 장에서는 교관의 역할, 자질, 태도 등에 대해서 살펴보자.

1. 교관의 역할

교관은 부대에서 단순히 부대원들에게 군사지식을 설명하고 가르치는 것으로 역할이 끝나는 것이 아니라 ① 해당 분야에 대한 전문가이며 ② 학습에 대한 관리자 ③ 동기 유발자 ④ 부대원에 대한 상담자 ⑤ 삶의 모범자로서의 역할을 동시에 수행해야 한다. 이를 좀 더 자세히 정리하면 다음과 같다.

첫째, 해당 분야에 대한 전문가이다. 교관의 여러 임무 중에서 첫째

---

35 앞의 책.

는 부대원들에게 필요한 지식을 가르치는 것이며, 이를 위해 교관은 해당 분야에 대하여 풍부한 지식과 경험을 갖추고 학생(부대원)들에게 지식이나 탐구방법을 전달하고 숙지시켜야 한다.

둘째, 학습관리자이다. 단순히 가르치는 일 뿐만 아니라 학습자(부대원)들에 대한 통제와 평가를 통해 학습 성과를 달성하고 지도해야 한다.

셋째, 학습자(부대원)의 학습을 촉진하기 위해서 학습동기를 유발시키는 역할을 수행해야 한다. 즉 부대원들에게 가치관 교육을 통해 현재 수준보다 더 나은 지적 성장을 이루도록 도와주어야 한다.

넷째, 상담자 역할이다. 이는 군 간부들에게 매우 중요시되는 역할이다. 교관은 자신의 가치관과 신념, 그리고 사고체계 속으로 부대원들을 조기에 끌어들여 올바른 군인정신을 견지한 정예장병으로 이끌어야 한다. 나아가 장병 인성교육 차원에서 부대원들이 찾아와서 군복무 문제 전반에 걸쳐 상담할 수 있는 교관상을 정립해야 한다.

다섯째, 삶의 모범자이다. 교관은 삶의 태도와 방식에 이르기까지 모범적인 위치에서 학습자(부대원)와의 교감을 통해 상호신뢰하고 존경하며 사랑하는 인간관계를 형성하는 등 삶의 모범자 역할을 충실히 수행해야 한다.

2. 교관의 자질

교관의 자질이란 학습자(부대원)를 바람직한 방향으로 지도하기 위해서 교관이 갖추어야 할 구비조건을 말한다. 훌륭한 교관이 되기 위한 구비조건으로는 풍부한 전문지식, 전문적인 교수기술, 인성적 자질이 필요한데, 자세히 설명하면 다음과 같다.

첫째, 풍부한 전문지식을 구비해야 한다. 같은 내용을 교육해도 지식이 풍부한 교관은 쉽게 이해할 수 있도록 가르치고 학습자(부대원)들의 학습 분위기도 자연스럽게 집중시킬 수 있다.

둘째, 전문적인 교수기술이다. 교수기술은 교육훈련의 효율성을 제고시키고 학습자(부대원)의 잠재능력을 향상시키며, 학습의 성취수준을 최대화시킬 수 있는 중요한 요소이다.

셋째, 인성적 자질이다. 교관의 인성적 자질은 학습자(부대원)들의 학업 성취에 결정적인 영향을 준다는 것을 인식해야 한다. 특히 정서적 안정, 활동성, 정직성, 수용성, 협동성, 지도성은 교관에게 요구되는 대표적인 인성적 자질로 이러한 요소들을 초급 간부 시절부터 습관화해야 한다.

그렇다면 군대교육에서 교관의 자질은 어떻게 향상시킬 수 있을까? 교관의 자질을 향상하는 방법은 여러 가지가 있으나, 통상적으로 정리하면 다음 5가지로 제시할 수 있다.

첫째, 지속적인 연구 및 발전이다. 새로운 사실에 대해 탐구적인 의욕을 가지고 끊임없이 연구하고 노력해야 한다. 이러한 과정을 통해 교관능력이 향상되고 교육내용도 새롭게 발전되어갈 수 있으며, 학습자들에게 존경받을 수 있다.

둘째, 타(他)교관의 관찰이다. 교수기법이나 자질, 능력을 향상시키기 위해서 유명강사의 동영상을 시청하는 것처럼, 타교관이나 유명강사의 강의를 관찰하고 자신과 비교하여 그들의 우수한 점은 받아들이고 자신의 단점이나 결함은 시정해야 한다.

셋째, 교수기술의 개발이다. 교육의 질을 높이기 위해서는 자신이 아는 지식을 타인에게 전달할 수 있는 좋은 교수기술을 가지고 있어야 한다. 아무리 자신이 많은 내용을 알고 있어도 학습자들에게 전달하지 못한다면 유능한 교관이 될 수 없다.

넷째, 건설적인 조언(助言)의 청취이다. 상급자나 동료로 하여금 자신의 장점과 단점을 관찰해서 평가해주도록 도움을 요청하고 그들의 충고를 허심탄회하게 받아들여 자기향상을 꾀해야 한다.

마지막으로 끊임없는 평가와 자기발전을 위한 노력이 필요하다. 교육이 끝난 후에는 반드시 교육결과를 분석 · 평가하여 잘된 것은 계속 발전시키고, 부족한 것은 시정하는 등 교관으로서 자질향상을 위해 끊임없이 평가하고 부단히 노력해야 한다.

3. 교관의 태도

'신언서판(身言書判)'이란 말이 있다. 이 말은 한자 그대로 해석하면 용모와 말 그리고 글 솜씨와 판단력을 말한다. 예로부터 인재선발 기준으로 사용되었는데, 오늘날에도 변함없이 중요한 기준이라 할 수 있다. 특히, 남을 가르치는 직책에 있는 교관에게는 많은 자질이 필요하겠지만, 이 신언서판도 그 기준으로 정하기에 손색이 없는 내용이다.

따라서 교관은 단정한 용모를 갖춘 가운데, 정확하고 바른 언변을 구사해야 하며, 글을 잘 써야 함은 물론, 옳고 그름을 구별하는 냉철한 판단력을 갖추어야 한다. 이러한 의미에서 교관이 지녀야 할 태도에 대해서 살펴보고자 한다.

교육현장에서 교관의 태도는 매우 다양하며 상호 복합적인 상관관계를 유지하면서 학습자(부대원)의 학습의욕을 촉진시키는 요소로 작용한다. 실제 야전에서 보면 교관이 태도요소를 제대로 갖추지 못하고 교육하는 경우도 많은데, 이러한 시행착오를 최소화하기 위해 다음과 같은 요소에 대해 특별히 유의해야 한다.

첫째, 외모 및 복장이다. 실제 교육현장에서 교관의 외모와 복장은 수업분위기를 저해하는 요인이 될 수도 있다. 따라서 이상한 머리모양을 하거나 텁수룩한 수염에 깔끔하지 못한 복장을 하거나 전투화를 착용하지 않도록 해야 하며, 교육 시 교관은 항상 단정하고 말쑥한 용모를 갖춤은 물론, 교육장소와 내용에 맞는 적절한 복장을 착용해야 한다.

둘째, 교육 시의 적절한 시선처리이다. 교관의 시선은 수업분위기를 조성하는 데 매우 중요한 역할을 수행한다. 따라서 시선은 학습자(부대원)와 연결(접촉)하면서 골고루 배분하되 강의내용과 연결하여 자연스럽고 정상적으로 유지해야 한다. 특히, 먼 곳을 주시하거나 자주 시선을 이동하면 주의가 산만해지고, 특정인원이나 장소만 주시할 경우 다른 장병들에게 소외감을 유발할 수 있으므로 주의해야 할 것이다.

셋째, 교육 시 바른 언어를 사용하는 것이다. 언어는 그 사람의 인품과 직결되며 신뢰와 존경심, 경외감, 비웃음을 유발할 수 있는 중요한 요소이다. 따라서 교육 목적에 벗어난 내용의 언급은 자제해야 하며 교육 시에 속어(저속한 용어), 은어, 비어, 욕설은 사용하지 않도록 해야 한다. 특히, 최근 인터넷이나 SNS 등에서 단어를 줄여서 사용하는 '즐감', '방가' 등 유행어는 가급적 사용을 피하는 것이 좋다.

넷째, 교관의 불필요한 버릇이나 반복되는 언어 및 행동 등 습벽에 유의해야 한다. 이러한 습벽은 강의 시 나쁜 인상을 주거나 주의를 산만하게 하는 원인이 되므로, 강의 시 '에~, 또~, 자!' 등을 반복하거나 자주 고개를 까딱이거나 손을 비비는 행위 등을 하지 말아야 한다.

다섯째, 교육 시 교관의 자세이다. 교관의 자연스럽고 바른 자세는 부수적 교육효과를 얻게 되므로 교관은 상황에 맞는 적절한 움직임을 유지해야 한다. 특히 호주머니에 손을 넣는 행위 및 팔꿈치를 교탁에 기대고 서는 자세 등은 피해야 하며, 계속 교안을 보면서 강의를 진행하는 모습은 학습자(부대원)에게 교관이 자신감이 결여된 것처럼 비춰질 수도 있다.

여섯째, 목소리이다. 목소리는 자신감이 표출되는 창구로서 교육에 대한 신뢰감을 좌우하는 중요한 요소이다. 야외나 인원이 많을 경우에는 교육 시작 전에 맨 끝자리 학생을 향하여 "교관의 말이 잘 들립니까?"라고 확인을 해야 하며 목소리의 고저, 강약, 장단의 조화는 청취

효과를 가늠하는 중요한 요소임을 알아야 하겠다.

일곱째, 동작이다. 동작은 언어표현을 보조하여 수업에 활력을 넣어주는 중요한 요소로서 “손, 몸짓, 표정 등으로 교육내용을 적절히 표현하는 보조수단”이다. 따라서 자연성, 변화성, 일치성, 융통성, 생동성을 유지하며 조화롭게 사용해야 한다.

마지막으로 우수한 교관의 공통점은 교육에 대한 열의와 신념이 매우 높다는 것이다. 따라서 교관은 야전에서 장병들에게 교육 시 적극적이고 자신감 있는 태도를 견지한 가운데 장병들이 교육에 전념할 수 있는 분위기를 조성해야 한다.

이상에서 교관에 대해서 알아보았듯이 교관은 단순히 가르치는 사람이 아니라 관련 지식의 전문가요, 삶의 모범자이며, 상담자이고, 학습동기 유발자이면서 동시에 학습관리자이다. 따라서 군 간부가 되고자 하는 사람이나 간부는 자신이 바로 교관임을 명심하고, 교관으로서 자질과 태도를 함양하기 위해 노력해야 한다. 그리고 이를 통해 가르치고 지도한 학습자 즉, 부대원들로부터 존경받고 신뢰받는 교관이 되어야 한다.

제3절

교수기법[36]

1. 교수기법의 정의

교수기법이란 어떻게 가르칠 것인가와 관련되어 있다. 교수기법은 영어로 Instructional Technique이라고 하며, 말 그대로 해석하면 가르치는 기술이라고 할 수 있다.

교수기법은 교육방법 측면에서 교관이 교육목표를 달성하기 위해 사용되는 구체적인 활동이나 기법을 의미한다. 본 장에서는 다양한 방법이나 요소 중 가장 핵심이라고 할 수 있는 언어표현기술, 질문 및 답변 요령, 학습동기유발 방법, 학습자 참여기법 등에 대해 살펴보고자 한다.

여기서 잠깐 생각해볼 것이 있다. 우리가 교수기법을 알아야 하는 이유는 무엇일까? 궁극적인 목적은 좋은 수업을 위한 것이라고 할 수 있다. 좋은 수업에 대해 특별히 정의된 것은 없지만, 〈표 11-1〉에서 볼 수 있듯 한국교육과정평가원에서 지난 2008년 전국의 100개 초·중·고교에 근무하는 교사들을 대상으로 설문조사한 내용을 통해 좋은 수업이 무엇인지 유추해볼 수는 있다. 그리고 이를 통해 우리가 교수기법을 왜 배워야 하는지 생각해볼 수 있을 것이다.

36 나승일(2009), 『대학에서의 효과적인 교수법 가이드』, 서울대학교출판문화원; 민혜리(2008), 『교수법 가이드』, 파주: 교육과학사; 육군본부(2006), 『야교 7-0-1 교수법』에서 재정리하였음.

표 11-1 **한국교육과정평가원 2008 설문조사 결과**

좋은 수업이란?
① 수업준비와 계획이 철저한 수업
② 수업목표에 도달하는 수업
③ 흥미있고 재미있는 수업
④ 학생들이 적극적으로 참여하는 수업
⑤ 교사와 학생 간에 상호작용이 활발한 수업
⑥ 학생을 이해하고 눈높이를 맞추는 수업
⑦ 효과적인 수업모형 / 방법적용 수업
⑧ 내용이 분명하고 전달되는 수업
⑨ 수업자료, 교수매체 등이 잘 갖추어진 수업
⑩ 평가를 통해 학생 이해와 흥미를 높이는 수업
⑪ 교사가 반성하고 연구하는 수업

2. 언어표현기술

수업을 담당하는 교관은 언어표현을 향상시킬 수 있도록 부단히 노력해야 한다. 교관이 아무리 많이 알고 있을 지라도 이를 제대로 표현하지 못하고 전달하지 못한다면 단순히 책을 한 권 던져주고 학생이 스스로 읽고 공부하라는 것만 못하기 때문이다. 물론, 교실에서 정보를 전달하는 데 있어서 언어가 차지하는 비중이 매우 높지는 않다. 하지만 언어는 의사소통의 가장 핵심적인 위치를 점하고 있기 때문에 언어표현기술을 높이기 위해 노력해야 한다.

언어표현기술을 향상시키는 데는 다양한 방법이 있지만, 대표적인 방법으로는 접촉유지, 감정조절, 쉽게 이해시키기, 적절한 유머, 제대로 듣기 등이 있다.

1) 접촉유지

접촉유지(상호작용)란 교관의 설명에 대해서 잡념을 가지지 않고 관심 있게 들으려는 마음의 상태를 말한다. 접촉을 유지하기 위한 구체적인 방법으로는 ① 수사적 질문이나, 유머 등을 통해 학습자(부대원)의 주의를 집중시키고, ② 학습자(부대원)와 시선접촉(연결)을 유지하여 친밀감을 형성하고, ③ 대화식의 어조를 사용해야 한다.

2) 감정의 조절

처음으로 강의를 할 경우에는 얼굴이 붉어지거나 가슴과 다리가 떨리는 등 단상공포증(신경과민)이 발생하기 쉬운데, 이러한 현상을 스스로 극복하지 못하면 교육을 진행할 수 없게 된다. 따라서 이러한 단상공포증을 극복하고 감정을 조절하기 위해서는 ① 철저한 교육준비를 해야 하며, ② 긴장해소를 위한 적절한 심적 태도를 유지해야 한다. 또한 ③ 지난 시간이나 과거 배웠던 내용을 상기하고 연계시키며, ④ 흥미로운 소재를 이용하여 침착하게 진행하고, ⑤ 강의의 요점을 염두에 두고 자신 있게 강의를 진행하면 된다.

3) 학습자의 이해를 고려한 쉬운 강의

교육내용이 아무리 좋아도 학습자(부대원)에게 잘 전달되지 않으면 교육의 성과를 달성하기 어렵다. 따라서 교관은 교육내용을 보다 쉽게 이해시키도록 해야 한다.

① 먼저, 수준에 맞는 언어를 사용해야 한다. ② 쉽고 짧게 문장을 구성하여 이해가 쉽도록 해야 하며, ③ 말의 속도를 평상시 대화하는 수준으로 조절해야 한다. 대략 1분에 240자에서 260자 내외가 적당하다. ④ 적절한 구절, 즉 말의 강약과 문장의 띄어쓰기를 말하는데 이를 적절히 활용해 듣기 쉽게 해야 한다. ⑤ 언변과 사고의 능력을 갖추어야 한

다. 다시 말해 말하면서도 생각하고 생각한 바를 말할 수 있어야 한다.

4) 적절한 유머의 활용

인간만이 소리 내어 웃을 수 있는 유일한 동물이라는 말이 있다. 이는 웃음이 인간의 언어활동에 차지하는 비중이 대단히 높다는 것을 역설적으로 표현한 것이라 볼 수 있다. 피동적인 학생, 즉 부대원들을 대상으로 교육할 때 졸지 않도록 하는 것도 교관의 능력이며 그 기법 중 가장 유용한 것이 유머의 활용이라 할 수 있다.

유머의 사용원칙에 대해 소개하면, ① 유머는 간단하고 빨리 끝내야 한다. ② 서투른 유머는 하지 않아야 하며, ③ 무리하게 웃기려 하지 말아야 한다. ④ 또한 학습자의 수준을 고려한 소재를 선택해야 하며, ⑤ 미리 예고하지 않아야 하고, ⑥ 수준이 낮은 유머의 사용은 지양해야 한다. 아울러 인신공격성 유머도 해서는 안 된다.

5) 듣기 기술

교관은 경청을 잘해야 한다. 특히 적극적인 경청을 잘해야 학습자(부대원)들의 호감을 살 수 있고, 학습자들이 강의에 집중하게 된다. 상대방이 갖고 있는 정서, 태도, 느낌, 자세 등을 상대방 입장에서 들어주는 것이 바로 적극적인 경청의 핵심이라 할 수 있다.

효과적인 경청, 즉 듣기 기술을 제시하면 ① 머리를 끄덕이거나 음, 예 등 가벼운 표현을 활용하여 학생에게 주의를 집중하고 있음을 나타낸다. ② 상대방을 정면으로 바라보거나 약간 비스듬한 자세로 바라봐야 하며, ③ 개방적인 자세를 취하고, 상대방 쪽으로 몸을 향해서 열심히 듣고 있음을 표시한다. ④ 또한 상대방에게 시선을 계속 접촉하고, ⑤ 전문가답게 여유 있고 편안한 자세를 취해야 하며, ⑥ 학생의 질문이나 의견이 잘 이해되지 않거나, 못 들었을 경우 솔직하게 되물어봐야 한다.

3. 질문 및 답변 요령

1) 질문 형태

질문 및 답변요령은 다른 교수기법이 교관(송신자)이 학습자(수용자)에게 내용을 전달하는 방법인 것에 비해 교관(송신자)이 자신이 전달한 내용을 학습자(수용자)가 잘 이해하고 있는지를 확인하는 방법으로, 앞서 언급한 군대교육 5요소에 비추어보면, 교육성과(효과)에 대해 확인하는 방법이라 할 수 있다.

질문이란 학습자의 교육내용에 대한 이해 여부를 파악하기 위해 실시하는 기술을 말한다. 이러한 질문의 효과는 흥미유지와 학습 분위기 조성이 가능하며, 교육방법이 적합한지를 확인함과 동시에 배우려는 학습의욕을 자극한다. 또한 기억을 새롭게 하여 오래 기억토록 하며, 교육내용에 대한 이해 및 숙지 여부를 판단할 수 있다.

교관이 학습자를 대상으로 하는 질문의 형태는 통상 두 가지로 구별되는데 첫째는 전체질문이며, 둘째는 직접질문이다. 전체질문은 모든 참가자에게 던지는 질문 형태이며 학습자에게 자극을 주어 스스로 사고하고 답변하도록 하는 질문이다.

이러한 전체질문의 사용 시기는 주의를 집중시켜 사고력을 자극하고 자율적인 의견을 발표하도록 유도하고자 할 때이며, 또한 토론이 소수에게 독점되는 것을 방지하고 좋은 의견을 참가자 전원에게 얻고자 할 때 사용한다. 또한 수업 초기에 지난시간 배운 내용을 상기하고 정리하고자 할 때 사용하기도 한다.

직접질문은 어떤 특정인에게 대답을 시키고자 할 때 개인을 지명하여 실시하는 질문 형태이다. 이러한 직접질문 시기는 학습에 관심이 부족한 학습자(부대원)에게 주의를 환기시키고자 할 때나 주제와 관련이 없는 발언을 통제하고자 할 때 사용한다.

이 외에도 학습자의 질문에 답하는 형태로 볼 수 있는 반대질문과 중계질문이 있다. 반대질문은 가끔 학습자(부대원)가 고의적으로 교관을 시험하려 하거나 골탕을 먹이려 할 때 학습자의 질문을 받고 나서 답변 대신 질문한 사람에게 되묻는 질문 방식이다. 가끔 교관이나 교수들이 학생으로부터 상황에 맞지 않는 질문을 받았을 때 질문한 학생에게 의견을 다시 묻는 경우가 이러한 반대질문 형태이다.

또한 중계질문은 학습자들이 질문을 했을 때, 교관이 직접 답변하지 않고 다른 학습자에게 그 질문을 다시 되돌려 "거기에 대해서 어떻게 생각하십니까?"하는 식으로 중계해나가는 질문형식이다.

2) 질문방법

질문방법은 문제 제시, 시간 부여, 지명, 강평하는 순으로 진행된다. 문제 제시는 특정 인원을 지명하기 앞서 모든 인원을 대상으로 실시하며, 시간 부여는 교관이 질문한 내용을 부대원들이 조리 있게 답변할 수 있도록 시간적 여유를 주는 것이다.

지명 시에는 즉시 답변을 얻어낼 수 있어야 하며, 일정한 순서를 통해 학습자 전원에게 골고루 실시하는 것이 학습 분위기를 긍정적으로 조성하는 데 효과적이다

마지막으로 강평 시에는 답변 내용을 격려 후 평가하고 반드시 전원에게 고지해야 한다.

3) 질문에 대한 답변

학습자(부대원)의 질문에 대해서 효과적으로 답변하는 방법은 질문의 요지를 명확하게 파악하고 적절한 답변방식과 절차를 준수하며 충

분한 설명이 되었는가를 확인하는 것이다.

이러한 답변 시 유의사항은 어떤 종류의 질문이라도 받아들여야 하며, 질문에 대해 강하게 반문하지 않고 질문자를 몰아세워서는 안 된다는 것이다. 가끔 답변 시 질문자와 논쟁을 하는 경우가 있는데 이러한 논쟁은 적절하지 않은 방법으로 교육 종료 후 별도로 질문자에게 답변을 해야 한다.

4. 학습동기 유발 방법

학습동기란 학습자가 자발적으로 학습을 할 수 있도록 교관이 의식적으로 부여하는 자극(마음의 결정이나 행동의 직접적인 원인)을 말한다. 이러한 학습동기는 학습의 효과를 크게 좌우하게 되므로 교관은 학습동기 조성을 위해 꾸준히 노력해야 한다.

일반적으로 학습동기는 내적동기와 외적동기, 계속동기 등으로 나눌 수 있는데 본 장에서는 이러한 구분 없이 일반적인 방법만 소개하겠다.

첫째, 필요성을 제시해야 한다. 사람은 자신이 필요한 것을 배우려는 심리가 있다. 교관은 교육 시작 전에 교육의 목적, 실시 이유, 중요성 등 교육의 필요성을 강조하여 교육생 스스로 배우려는 의욕을 가지도록 동기를 부여해야한다.

둘째, 지속적으로 흥미를 유지해야 한다. 학습자(부대원)들이 교육에 대해 지루함을 느끼지 않도록 흥미를 유지시켜주는 것이 중요한데, 흥미를 유발하는 방법에는 이해하기 쉽고 명확하게 설명하는 방법과 적절한 사례와 경험담을 활용하는 방법이 있다.

셋째, 조기 성공을 격려해주어야 한다. 배우는 과정에서 성취 속도가 빠르거나 이미 배웠던 내용을 학습하는 경우에는 자신감과 만족감을 가지게 된다. 따라서 교관은 성공할 수 있다는 격려와 칭찬을 아끼지 말아야 하며, 최초부터 부대원들이 쉽게 접근할 수 있는 과제와 내용을 제시하여 쉽게 교육목표에 도달하도록 해야 한다.

넷째, 인정과 칭찬을 해주어야 한다. "칭찬은 고래도 춤추게 한다"는 말처럼 교관은 부대원이 잘한 점은 인정하고 칭찬을 해주어야 하며, 비록 잘못된 점이 있더라도 질책하지 말고 스스로 인정하고 고칠 수 있도록 지도해야 한다.

다섯째, 건전한 경쟁의욕을 고취시켜야 한다. 우호적인 경쟁은 학습에 자극을 주며, 이와 같은 기본 심리를 잘 이용하여 학습의 효과를 높이도록 유도해야 한다. 단 지나친 경쟁심은 이기심과 질투심을 유발시켜 조직의 균열을 초래할 우려가 있으므로 가능한 단체 경쟁으로 학습 동기를 조성해야 한다.

여섯째, 상과 벌을 적절히 적용해야 한다. 포상은 사기를 진작시켜 자신감을 갖게 하는 동시에 적극적으로 참여할 수 있는 계기를 조성한다. 반면 벌칙은 자성의 기회를 제공한다. 따라서 잘한 장병은 그에 상응한 특혜를 주어 더욱 분발심을 촉구하고, 잘못한 장병은 그만큼의 벌칙을 부여하여 반성의 기회를 제공해야 한다.

마지막으로, 교관은 자신의 감정을 조절할 수 있어야 한다. 교관의 감정과 얼굴표정은 학습에 많은 영향을 주기 때문에 항상 평온한 얼굴과 부드러운 마음으로 학습 분위기를 조성해야 한다.

참고문헌

국방정신전력원, 「정훈교육기법강의교안」, 2014.

나승일, 『대학에서의 효과적인 교수법가이드』, 서울대학교출판문화원, 2009.

민혜리, 『교수법 가이드』, 교육과학사, 2008.

신재흡, 『신교육학의 탐구』, 도서출판 학이당, 2008.

육군본부, 『야교 7-0-1 교수법』, 육군인쇄창, 2006.

이지헌 외, 『교육학의 이해』, 학지사, 2012.

이형행 · 권영성, 『교육학개론』, 공동체, 2010.

중앙공무원교육원, 「강의스킬 향상과정 제30기 기본교재」, 2012.

조벽, 『조벽 교수의 명강의 노하우 & 노와이』, 해냄, 2007.

제12장

학습자 참여학습 방법의 이해와 실천

본 장에서는 학습자 참여학습방법의 기본적인 개념과 그 기초 요소가 되는 학습자의 특성, 학습자 참여학습의 기본원리, 세부적인 실천방법, 그리고 최근에 각광받고 있는 밥 파이크의 창의적 교수법 등에 대해서 다룬다. 먼저 군대에서 학습자는 어떠한 특성을 갖고 있는지 살펴 보고, 이어서 학습자 참여학습의 기본적인 개념과 원리, 학습자 참여학습의 구체적인 실천방법 등에 대해서 정리하여 제시하였다. 아울러 창의적 교수법의 기본개념과 원리, 중요성 등에 대해서 살펴 보았다.

학습내용

- 제1절　학습자 참여학습의 이해와 실천
- 제2절　학습자 참여기법
- 제3절　창의적 교수법을 이용한 학습자 참여

제1절
학습자 참여학습의 이해와 실천

1. 학습자 참여학습의 의미

구성주의 교육패러다임의 등장과 함께 오늘날 학습자중심 교육이 그 어느 때보다 적극적으로 논의되고 있다. 교수자중심의 학습에서는 모든 학습이 교수자가 중심이 되어 진행되기 때문에 실제로 학습자는 학습과정에서 배제되는 경우가 있다. 하지만 학습자중심으로 수업이 이루어질 경우, 학습자들이 학습목표, 교육내용 및 방법, 평가 등에 직·간접적으로 참여하고 있기 때문에 학습의 주인이 된다.

학습자 참여학습은 교수자가 중심이 되어 일방적으로 설명하는 기존의 주입식 교육방법을 탈피하고, 학습자가 중심이 되어 교수학습에 능동적으로 참여하며, 토론하고 발표하는 과정을 거치면서 올바른 학습습관을 배양하고 학습자의 수준에 맞는 수업방식으로 흥미와 관심을 유도하는 것이다. 학습자 참여학습은 학습자의 개성과 자율성을 존중하며 그들의 수준과 흥미, 과정을 더욱 중요시한다. 이를 통해 학습자들이 자아탐구와 개발을 통해 열린 자아의 실현을 이루고 창조성과 자율성을 바탕으로 자신의 잠재능력을 발현할 수 있는 것이다(박미자, 2005).

학습자 참여학습은 이런 점에서 의미가 있다. 학습자가 학습의 주인이기 때문에 좀 더 관심을 가지고 적극적으로 참여할 수 있다. 적극적으로 참여하게 되면 흥미를 가지게 되고 학습의 성과는 더해지기 마련이다. 그뿐만 아니라 앞서 자기주도학습에서 살펴보았던 다섯 가지의 성취인 변화, 집중력, 자신감, 두뇌활용, 진전 등에서 그 성과를 맛볼 수 있다.

2. 학습자 참여학습의 방법 및 실천

학습자 중심으로 이루어지는 학습자 참여학습의 원칙은 학습자를 능동적으로 지식을 탐색하는 학습자로 그리고 있다. 그 방법은 다음과 같다. ① 정보의 재해석과 스스로의 경험, ② 성적이나 다른 보상에 의해 동기화되기보다 자발적 동기화로 지식 탐구 추구, ③ 의리를 사회적으로 구성하기 위해 다른 이들과 함께 협력, ④ 자신 고유의 학습 전략을 알고 그 전략을 새로운 문제나 상황에 적용이 그것이다(강갑원 외, 2005).

이미 7장 1절에서 학습자 참여학습이 가능한 토의법, 탐구학습, 문제해결학습, 프로젝트법, 문제중심학습(PBL), 팀중심학습(TBL) 등의 방법을 개관한바 있으며 11장 3절에서도 학습자 참여를 이끌 수 있는 방법을 개관하고 있다. 본 절에서는 학습자들이 직접 학습에 참여할 수 있는 구체적인 실천방법을 살펴보고자 한다. 아래의 사례는 정문성(2011, 115-167쪽)의 '발표력과 학습을 위한 토의 토론' 방법에서 일부를 발췌한 것이다.

1) 돌아가며 말하기

돌아가며 말하기는 학습에 참여하는 구성원이 모두 참여하도록 강제하는 것에 목적이 있다. 일부 학습자들이 학습의 주도권을 쥠으로써 소외되는 학습자들이 발생하는 것을 막기 위함이다. 이 방법은 모두가 순서대로 돌아가며 말하게 하여 독점하는 사람이나 소외되는 사람이 없도록 한다. 또한 순서대로 하기 때문에 미리 발표할 내용을 준비할 수 있다.

진행 방법은 다음과 같다. ① 고유 번호를 부여한다. ② 과제를 주고 돌아가며 발표하게 한다. ③ 전체적으로 자유발언하게 한다. 돌아가며 말하기가 끝나면 각자의 의견에 대해 자유롭게 발언할 수 있게 한다. 학습 목표에 따라 간단하게 할 수도 있고 길게 할 수도 있다. 그러나 돌아가며 말하기의 목적이 모든 구성원에게 발표의 기회와 경청의 기회를 주는 데 있으므로 마지막 자유발언 시간은 너무 길지 않도록 하는 것이 좋다.

2) 라운드 로빙

라운드 로빙(Round Robin)은 학습에 참여하는 모든 구성원이 돌아가면서 의견을 내고, 또한 그 의견을 모둠별로 모으고, 전체 학습들을 최대한 이용하여 다양한 의견을 찾아내기 위한 목적으로 사용된다.

일단 모둠 구성원에게 발표할 차례가 주어지고, 모둠을 대표해 발표할 기회도 주어지기 때문에 학습자들이 수업에 집중할 수 있다는 장점이 있다. 또한 의견이 없으면 통과할 수 있고 의견이 많으면 모두 발표할 수 있기 때문에 부담도 없고, 능력 있는 학습자들에게도 자유롭게 발표할 기회가 주어진다.

진행방법은 다음과 같다. ① 모둠 내 발표순서와 모둠별 발표순서를 정한다. ② 백지를 나누어 주고 수업 과제를 제시한다. ③ 모둠 내에서 순서에 따라 주제에 대해서 발표한다. ④ 모둠 내 발표 및 의견 교환을 끝낸다. ⑤ 모둠별 순서대로 돌아가며 발표한다. ⑥ 전체 의견을 최종적으로 정리한다.

3) 회전목마

회전목마(Carrousel) 방법은 수업에서 학습자들이 회전목마처럼 계속 한 방향으로 돌아가면서 학습자들의 생각을 보다 넓고, 깊게 생각하고 발표하는 경험을 제공하려는 것을 목적으로 한다. 이 방법의 특징은 참여를 극대화할 수 있고, 빠른 시간 안에 말하고 이해하는 능력을 기를 수 있다는 점이다. 듣고, 이동하여 요약하고, 또 듣고 이동하고 요약하기 때문에 빨리 이해하고 발표해야 한다. 학습자들은 임의의 학습자를 만나 짧게 경청하고 발표하기 때문에 여러 학습자들을 만날 수 있다. 이러한 경험은 사회성을 기르는 데도 도움이 된다. 또한 다른 학습자들이 주장한 내용을 좀 더 깊이 있게 생각하고 더 심화시켜야 하므로 사고력을 향상시킬 수 있다.

진행방법은 다음과 같다. ① 똑같은 인원수로, 바깥쪽과 안쪽 두 개의 원을 만들어 의자를 배치하고, 학습자들이 앉도록 한다. ② 교수자가 주제를 제시하면 그 주제에 대해 안쪽에 앉은 학습자들이 의견을 말한다. ③ 바깥쪽에 앉은 학습자들은 오른쪽으로 자리를 옮겨 앉아서 들었던 의견을 요약해서 말해준다. ④ 바깥쪽에 앉은 학습자는 다시 오른쪽으로 자리를 옮겨 앉아서 이전 두 학습자의 의견을 요약해서 말해준다. ⑤ 바깥쪽 학습자는 지금까지의 의견을 요약해서 발표한다.

이 방법은 빠른 시간 안에 말하고 이해하는 능력을 기르는 목적도 가지고 있다. 따라서 보통 두 사람이 만나는 시간은 3분으로 제한한다. 그러나 교수자는 주제에 따라, 또는 학습자들의 수준에 따라 시간을 조절할 수 있다. 이동하는 칸, 이동하는 횟수는 수업 내용에 따라 얼마든지 조정할 수 있다. 다만 이동할 때 적어도 2명 이상은 건너뛰는 것이 좋다. 바로 옆에서 하는 대화를 들을 수 있기 때문이다.

4) 가치 수직선

가치 수직선(Value Continuum)은 학습자들이 자기의 가치 판단을 경험하고, 그것을 실천에 옮기는 훈련을 함으로써 자기 확신과 자존감을 높이기 위한 목적을 가지고 있다(추병완 외, 2006). 그뿐만 아니라 사람들이 서로 다른 가치를 가지고 있다는 것을 인정하고 수용하는 태도를 기른다. 가능하면 자신의 가치에 대한 이유를 설명하게 함으로써 사고력과 발표력을 기르고, 다른 학습자들이 그것을 이해하고 수용해주는 한편, 마음속으로 판단하는 경험도 갖게 한다. 이것은 자신의 가치관 형성에도 영향을 미치게 될 것이다.

진행방법은 다음과 같다. ① 강의실의 반쪽에 의자를 두 줄로 놓고, 학습자들을 반대쪽에 모은다. ② 주제에 대해서 학습자들은 자유롭게 자신의 의사를 말하고 해당하는 의자에 앉는다. (오른쪽 의자는 찬성, 왼쪽은 반대, 중간은 중립의 위치) ③ 말을 하고 싶지 않은 학습자들도 해당하는 의자에 앉는다. ④ 모든 학습자들이 앉으면 교수자가 현 상태를 설명해주고 정리한다.

학습자들이 발표한 후, 모두 자리에 앉으면 전체 학습자들이 어떤 가치에 몰려있는지가 드러날 것이다. 이때 주제가 인류의 보편적 가치에 명백히 위배되는 것이 아니라면 소수의 가치를 선택한 학습자들의 결정도 존중해주어야 한다. 자신의 가치를 드러내는 것은 어려운 일이다. 특히 그 이유를 많은 학습자들 앞에서 발표한다는 것도 부담스럽다. 그러므로 너무 강요하지 않는 것이 좋다. 일단 이러한 활동에 참여하는 경험이 중요하다. 즉, 나름대로 자신의 가치대로 의사표현 한 것이기 때문이다.

강의공간이 좁아서 활동하기가 불편할 때는 칠판에 그림을 그리고 각 학습자들이 자신이 가야 할 위치에 자기 이름을 적어서 표현할 수도 있다. 또한 전지에 그림이나 스티커를 붙일 수도 있다.

5) 배심토의

배심토의(Panel)는 주제와 관련된 분야의 전문가로 구성된 5명 내외의 배심원들이 모여 청중 앞에서 주제에 대해 토의하는 방법이다. 이것을 수업에 활용할 때는 학습자 중에 5명 내외의 배심원을 정하고 이들에게 특정 주제에 대해 토론을 준비하게 해서 진행한다. 이때 다른 학습자들은 이들의 토의를 지켜보며 사회자의 재량으로 질문과 간단한 의견을 제시할 수 있다.

이는 준비된 배심원들이 수준있는 토론을 보여주기를 기대하는 방법이다. 즉, 미리 주제를 알고 충분히 학습해 온 학습자들이 토론을 하기 때문에 이를 지켜보는 학습자들이 많은 것을 배울 수 있도록 하는 목적이 있다. 따라서 학습자들이 직접 토론에 참여하는 것은 아니지만 토론 과정에 얼마나 집중을 잘하느냐가 이 수업의 성패를 가린다고 볼 수 있다. 중요한 것은 토론 중간 중간에 적당하게 다른 학습자들에게도 질문이나 의견 발표의 기회를 줌으로써 수업에 참여할 수 있도록 유도할 필요가 있다.

진행방법은 다음과 같다. ① 5명 내외의 배심원을 정해서 주제에 대해서 토론을 준비하게 한다. ② 사회자의 운영에 따라 토론을 진행한다. ③ 토론 중간 중간에(혹은 각 하위 주제의 토론 마지막 부분에) 다른 학습자들의 질문과 의견을 듣는 시간을 가진다. ④ 마무리할 때, 토론에서 결정된 결과나 의미있는 내용을 확인해준다.

6) 역할놀이

역할놀이의 목적은 참여자와 관찰자가 실제적인 문제상황에 참여하여 문제를 해결하고 이해하도록 하는 것이다. 즉, 참여자와 관찰자가 역할놀이 과정을 통하여 감정을 탐색하고, 가치와 태도를 이해하고, 문제해결 태도를 개발하는 등 다양한 방식으로 접하도록 한다.

역할놀이에서는 적당한 주제를 중심으로 상황을 주어야 하며, 특히 시연자의 적극적인 참여 및 부끄럼 없는 연기가 필요하다. 그것이 수업을 생기 있게 만든다. 이때 적극적으로 연기할 수 있는 학습자들을 선정하는 것이 필요한데, 이들의 연기를 보고 다른 학습자들도 적극적으로 참여할 수 있으며 더 많은 경험과 내용을 공유할 수 있게 된다.

진행방법은 다음과 같다. ① 교수자는 학습자들의 관심을 집중시키는 문제를 소개한다. ② 시연자를 선정한다. ③ 사전준비를 한다. ④ 관찰자를 준비시킨다. ⑤ 직접 시연한다. ⑥ 시연에 대해서 토론 및 평가를 한다. ⑦ 재시연한다. ⑧ 경험을 교환하고 일반화한다.

7) 짝토론

짝을 활용한 수업방법은 매우 많으며 이들을 구조적으로 잘 이용하면 놀라운 효과를 얻을 수 있다. 짝토론은 수업에 참여하는 절반의 학습자들이 발표할 기회를 갖게 된다. 또 나머지 절반은 경청의 경험을 얻는다. 즉, 모든 학습자들이 참여할 수 있는 방법이다. 아울러 두 사람이 토론하면 두 사람밖에 없으므로 대화처럼 매우 편하게 토론할 수 있으며 쓸데없이 긴장할 필요가 없다.

진행방법은 다음과 같다. ① 두 학습자가 한 모둠이 된다. ② 왼쪽 학습자가 오른쪽 학습자에게 자신의 의견을 발표한다. ③ 오른쪽 학습자는 메모하면서 듣는다. ④ 오른쪽 학습자들이 왼쪽 학습자들의 의견을 정리해서 발표한다.

이처럼 한 학습자는 주어진 시간동안 계속 자신의 의견을 말해야 하기 때문에 고급사고력을 경험하게 된다. 반대로 듣는 학습자는 주의깊게 들으면서 메모해야 한다. 나중에 발표를 해야 할지 모르기 때문에 상대편의 말을 잘 듣고 정리해두어야 한다. 시간이 충분하다면, 두 학습자 모두에게 서로의 의견을 공유하게 하고 핵심적으로 토론한 내용을 정리하여 발표할 기회를 주는 것도 좋은 방법이다.

8) 그 외 방법 개관

지금까지 소개한 방법을 개관해보면 다음과 같다. 학습자들의 다양한 아이디어를 얻을 수 있는 방법으로 디즈니 창의성 전략, 브레인스토밍(Brain Storming), 버즈(Buzz), 어항(Fish Bowl) 등이 있다.

쟁점 분석을 위한 방법으로 브레인라이팅(Brain Writing), 생선뼈(Fishbone), SWOT분석, pro-con협동학습, 도덕적 딜레마, 가치명료화, 찬반대립토론 등의 방법이 있다. 마지막으로 의사결정을 위한 방법으로는 만장일치, 복수선택 질적 의사결정, 에피소드 의사결정, 목표 나무(Target Tree), 집단 탐구(Group Investigation) 등의 방법이 있다. 이러한 방법들은 학습목표와 수업의 주제에 맞추어 다양하게 적용할 수 있다.

이상으로 소개한 것처럼 수업시간 중에 학습자들의 발표력과 학습능력을 향상시킬 수 있으면서 학습자들을 수업에 직접 참여시키는 방법은 굉장히 다양하게 존재한다. 이외에도 아이디어를 얻기 위한 방법, 쟁점 분석을 위한 방법, 의사 결정을 위한 방법 등도 그 목적에 따라서 다양한 방법을 적용하여 학습자들을 수업에 직접적으로 참여시킬 수 있다.

제2절
학습자 참여기법

1. 학습자 특성의 이해

군에서의 학습자는 부대원이라 할 수 있으며, 대체적으로 이들은 20대 초 · 중반의 젊은 청년들이다. 특히, 최근 입대하는 장병들은 고졸자의 70~80%가 대학에 진학할 정도로 의식수준이 향상된 고학력의 성인집단이며, 합리성과 유연한 사고를 특성으로 하고 다양한 가치관을 지향하고 있다.

또한 이들은 영상세대로 불릴 정도로 영상과 같이 비주얼한 문화를 선호하고, 이성보다 감성을 중시하며 즐거움을 추구하는 동적문화라는 특징을 갖고 있다. 반면, 문자세대라고 불리는 구세대는 인쇄매체에 보다 쉽게 반응하고, 옳고 그름을 중시하며, 감성보다 이성을 중시한다. 따라서 이들은 정적문화라는 특성을 갖고 있다. 따라서 군대교육을 담당하는 교관은 부대원의 특성을 잘 고려하여 참신하고 동적인 교육환경을 조성하기 위해 노력해야 하며, 그들의 감성을 자극할 수 있는 형태로 교육을 계획하고 시행해야 한다.

특히, 교육의 내용과 방법 면에서 참신하고 다양한 변화가 필요한 실정이다. 과거와 같은 주입식 교육방법으로는 관심유발에 한계가 있을 수밖에 없고, 변화 없이 틀에 박힌 당위적인 내용만으로는 부대원들에게 감동을 줄 수 없다는 것을 인식해야 한다. 따라서 앞으로의 군대

교육은 직접적인 교육을 필요로 하는 영역과 객관적인 사실과 정보를 알려주어 각자의 자율적인 판단을 유도하는 영역으로 확실히 구분하고 '신세대 장병'의 정서에 맞는 적절한 교육방법을 모색해나가야 한다.

여기서 잠깐 군대교육의 학습자, 즉 신세대 장병들의 학습 성향에 대해 살펴보자.

신세대 장병, 특히 병사들의 학습 성향은 ① 군대는 자신이 원해서 온 곳이 아니며, ② 군대교육 내용은 자신들이 원하던 학습 내용이 아니고, ③ 군대교육에 대한 기초 지식과 배경이 부족하다. 또한 ④ 개인주의 성향으로 인해 혼자 있기를 좋아하고 남의 참견을 꺼려하여 도움받기 자체를 기피한다. ⑤ 저마다의 개인사정이 있어 군대교육에 대해 적극성이 부족하다.

따라서 군대교육의 교수자인 교관은 이러한 신세대 장병의 학습동기 성향을 고려함과 동시에 야전에서 교육계획 수립 및 실제 교육에 앞서 ① 부대의 특성과 임무, 위치, ② 부대 유형, 주특기 및 병과별 장병 특성, ③ 부대원의 교육환경과 수준정도, ④ 최근 부대의 주요훈련 및 행사, ⑤ 최근 부대원들의 가장 큰 관심사, ⑥ 군대교육에 대한 부대원들의 인식 및 선수학습 정도, ⑦ 기타 요소로서 이들에게 맞는 교육방법, 내용, 전달수단 등과 같이 학습자(부대원)에 대해 분석을 실시한 후 교육계획을 수립하고 교육에 임해야 한다.

2. 학습자 참여기법[37]

학습자, 즉 신세대 장병의 특성을 이해했다면, 이들을 수업에 적극 참여토록 유도해야 한다. 이 때 필요한 것이 학습자 참여기법이다. 학

---

37 이 글의 핵심내용은 중앙공무원교육원의 강의스킬 향상과정 제30기(2012. 8. 29~8. 31) 기본교재의 내용을 참고하여 작성하였다.

습자 참여기법의 종류에는 여러 가지 있지만 대표적인 것 몇 가지를 제시하고자 한다.

학습자 참여기법은 학습자의 특성을 고려한 가운데 동기유발 기법과 함께 적용할 경우 보다 효과적이다. 대표적인 학습자 참여기법에는 아이스 브레이크(Ice Breake), 스팟(Spot), 명목 집단법(NGT) 등이 있다.

1) 아이스 브레이크

아이스 브레이크(Ice Breake)란 교육이나 회의 시작 전에 참가자들 간의 서먹한 분위기를 깨고 활기찬 분위기를 만들기 위한 활동이다. 아이스 브레이크는 말 그대로 '얼음 깨기'이므로 이를 통해 학생 간의 친밀감을 도모하고 닫혀 있던 마음의 문을 열도록 한 후 강의를 시작하는 것이 좋다.

아이스 브레이크는 교수자의 자기소개, 학습자 간 자기소개, 간단한 게임, 차 마시기, 어깨 주무르기, 스트레칭, 시 낭송 등 다양하게 시행할 수 있다. 유의할 사항으로는 전원이 참여하고 자연스럽게 하되 오버는 금물이며 5분 이내로 실시하여 시간낭비라는 생각이 들지 않도록 해야 한다. 또한 학습자의 지위, 분위기, 성격 특성을 고려하고 학습자의 평소 분위기를 감안하여 너무 파격적이지 않게 해야 한다.

2) 스팟

스팟(Spot)은 짧은 시간에 교육 참가자나 상대방의 주의를 집중시키고 적극적이고 긍정적인 참여를 유도해 일체감과 성취욕을 북돋우는 고도의 심리 연출법을 말한다. 또한 흥미를 유발시키고 수업에 적극 참여토록 유도하는 기술을 말한다. 참고로 영어에서 스팟은 태양의 흑점이나 장소, 지점 등의 뜻이 있다.

이러한 스팟은 다음과 같은 4가지 구성요소를 갖고 있다.

첫째, Short: 스팟은 짧고 간결해야 한다.

둘째, Paradigm Shift: 고정관념을 깨고 상호교류하게 한다.

셋째, Open Minded: 참가자의 마음을 열어야 한다.

넷째, Taste: 참가자들의 입맛을 다시게 하는 맛보기이다.

통상 스팟은 좋은 분위기가 조성되고 상황이 부드러워지게 하며, 주의력과 집중력을 향상시킨다. 아울러 긴장감이 깨지고 관계가 형성되며, 재미있는 시작으로 교육에 호기심을 자극하고 고정관념을 깨고 참가자들의 태도를 바꾼다.

실제 학습에 적용할 수 있는 스팟은 매우 무궁무진하다. 대표적인 분류만 이야기한다면, 오프닝 스팟으로서 아이스 브레이크가 있으며, 퀴즈 · 게임 · 유머 · 싱어 롱 · 카툰 및 애니메이션 · 스토리 · 액션 · 영상 · 클로징 스팟 등이 있다.

3) 명목 집단법

NGT는 명목상 그룹을 형성하고 한 곳에 모여 일정시간 동안 작업을 하지만, 실제 작업 간에는 다른 사람과 말하지 않고 개인적으로 작업하고 있음을 강조하기 위하여 명목 집단법(NGT: Nominal Group Technique)이라고 부른다.

NGT의 진행은 먼저, 토의 시작 전에 참가자 각자가 다른 사람과 얘기하지 않고 주어진 세부 토의주제에 대한 자신의 생각을 정리한다. 이후 일정시간 동안 노트나 분임토의 양식, 포스트잇 등에 기록한다. 다음으로 각자의 정리가 끝나면 일정 인원별로 소그룹을 형성하여 협동학습 진행방법을 적용하여 개인 안을 정리하고 발표한다.

이러한 NGT의 특성 및 효과를 살펴보면 토의 진행 시 주도적인 특정인이 토의를 장악하는 것은 방지하고 여러 사람의 의견을 모을 수 있는 방법이다. 또한 정제된 단어와 문장을 사용하여 토의시간을 절약할 수 있다. 모든 구성원의 적극적 참가 유도가 가능하여 무임승차를 방지할 수 있으며, 타인의 의견 경청이 가능하고 전형적인 협동학습 방법을 적용한 사례라 할 수 있다.

일반적으로 NGT는 포스트잇을 많이 이용한다. 이는 포스트잇을 이용하여 NGT를 적용할 경우 매우 효과적이기 때문이다. 포스트잇에 아이디어를 적을 때는 통상 한 장에 한 가지 아이디어만 적어서 분류가 쉽게 해야 한다. 또한 인쇄체를 써서 읽기 쉽게 해야 하며 굵은 펜을 사용하여 보기 쉽게 해야 한다. 작성한 포스트잇을 전지나 보드판에 붙인 후 협동학습 방식으로 의견을 개진하고 이를 동일한 유형별로 분류하다 보면 적절한 의견을 취합할 수 있다.

이상에서 훌륭한 교관이 되기 위한 기술로서 교수기법에 대해서 알아보았다. 앞서 말했지만, 교수기법이 중요한 것은 아무리 교관이 많이 알고 있어서도 이를 적절히 표현하고 전달하지 못하면 의미가 없기 때문이다. 따라서 군대교육의 교관이 되고자 하는 사람은 어떻게 하면 부대원들의 학습동기를 유발하여 적극적으로 교육에 참여토록 할지 자신의 언어표현기술이 적절한지 등을 끊임없이 연구하고 고민해야 할 것이다. 또한 교육 시 질문 및 답변 요령을 잘 활용하여 교육한 내용을 학습자가 잘 이해했는지 확인하고 이를 차후 교육에 반영하는 노력을 기울여야 한다.

끝으로 교수기법에 있어서 가장 중요한 것은 원칙을 학습했다고 훌륭한 교수기법을 갖춘 교관이 되지 않는다는 것을 아는 것이다. 훌륭한 교관은 부단한 자기 노력과 끊임없는 학습, 그리고 자기만의 스타일을 창조할 때 탄생된다.

제3절

창의적 교수법을 이용한 학습자 참여[38]

1. 창의적 교수법이란

21세기 지식정보화 사회로 접어들면서 사회와 문화는 급속하게 변화하고 있으며, 교육도 많은 부분에서 변화를 거듭해 왔으며, 지금 이 순간에도 가장 효과적인 학습방법을 찾기 위해 많은 교사들과 학자들이 노력하고 있다. 하지만, 이러한 노력에도 불구하고 아직도 교육을 담당하는 많은 사람들이 교사중심의 단순 지식전달 형태의 교육에 익숙해져 있는 것이 우리 교육계의 현실이다. 아마도 학습은 외부의 진리를 학생의 내부에 주입하는 것이므로 이를 체계적으로 전달하면 학습은 저절로 이루어질 것이라고 믿는 객관주의 교육철학[39]으로부터 교육

38 본 절은 밥 파이크가 저술한 『밥 파이크의 창의적 교수법』(김영사, 2004)의 핵심내용 중 일부를 발췌하여 필자의 생각과 관점에서 재정리한 것이다.

39 객관주의적 교육철학은 고전주의라고도 하는 교육철학으로서 주관에 비해 객관을 존중하는 입장으로서 인간 외부에는 완전한 지식의 구조가 있지만 인간의 내부에는 불완전한 인지구조가 있다고 본다. 따라서 인간밖에 있는 완전한 지식의 구조를 인간의 마음에 심어주는 작용을 교육이라고 본다. 객관주의에서 말하는 지식은 주로 고전 속에 있다고 보고, 학습활동은 고전을 많이 읽고 외어서 인간의 마음 속에 저장하도록 하는 것이다. 따라서 효율적인 교육은 가능하면 짧은 시간에, 가능하면 많은 양을, 가능하면 학습자들이 잃어버리지 않도록 전달하는 것이다. 그리고 이로 인해 효율성을 목적으로 일제식, 주입식, 암기위주의 교육이 당연시되고 있다. (출처: 고성진 외, 『군사교육학의 이론과 실제』, 북코리아, 2014)

이 벗어나지 못한 것에 그 원인이 있지 않을까 싶다.

객관주의 교육철학에 바탕을 둔 교육의 모습은 비단 학교뿐 아니라 군에서도 쉽게 목격된다. 많은 군 간부와 교관들이 부하들의 상태나 능력은 고려하지 않고, 단지 하도록 되어 있다는 이유로 단편적인 군사지식과 정보를 주입식으로 전달하고 있다. 이러한 형태의 교육으로는 학습목표를 달성하는데 한계가 있다. 그렇다면 어떻게 바꿔야 할까? 답은 학생에게 있다. 우리가 가르치는 학생들은 자신의 경험과 상황 속에서 문제를 해결해 나가는 자율적이고 창의적인 존재 즉 성인학습자라는 것을 인정해야 한다. 굳이 성인학습체계를 정리한 노울즈(Malcolm Knowles)의 이론[40]을 들지 않더라도 성인학습자는 자신의 경험에 기반하여 학습내용에 대해 재해석 하고 인식하기 때문이다.

예컨대 A교관은 자신의 뛰어난 유머감각과 말솜씨를 활용해 강의식으로 수업을 진행하고, B교관은 영상과 다양한 사진, 핵심내용이 담긴 슬라이드를 활용하여 수업을 진행한다. C교관은 다소 언변은 떨어지더라도 시각화된 슬라이드를 통해 간략히 핵심을 전달한 후 학생들에게 질문과 토의를 병행하면서 상황 중심으로 문제해결식 수업을 진행한다. 어느 교관의 수업이 가장 효과적일까? 당연히 C교관이다. 그는 학생들이 보고 들은 후 스스로 생각하고 말하도록 했기 때문이다.

이는 학습에 있어서 청각은 20%, 시각은 30%, 시청각은 50%, 말한 것은 70%, 행동하며 말한 것은 90% 이상이 장기기억으로 저장되는 효과가 있다고 한 시카고 대학의 코리니카우와 맥켈로이(Robert

---

40 성인학습이론은 말콤 노울즈에 의해서 체계화되었으며, 현재에도 성인학습과 평생교육에 있어서 중요한 이론으로서 자리하고 있다. 특히, 성인학습이론은 첫째, 성인은 자발적인 학습장이다. 둘째, 성인의 경험 기반은 학습에 있어 풍부한 자원이 되며, 다른 사람들의 경험이 학습 과정의 질을 높여준다. 셋째, 학습은 성인이 그들의 역할과 책임을 다하기 위해 알아야 할 것들과 관련이 있다. 넷째, 성인학습자는 교과 중심적이기보다는 문제 중심적이다. (출처: 마이클 J. 마쿼트 · 피터 론, 『멘토: 지식 경영시대의 새로운 리더』, 이른아침, 2006. p. 85.)

Kornikau & Frank McElroy)의 주장과 맥을 같이한다.[41]

이러한 면에서 밥 파이크(Bob Pike)[42]에 의해서 제시된 학생 중심의 교육체계 또는 프로그램이라고 할 수 있는 창의적 교수법은 학습자 중심의 참여형 학습에 있어서 바이블과 같은 존재가 되고 있어, 독자들에게 해당 내용의 핵심을 소개하고자 한다.[43]

창의적 교수법은 강사의 지도아래 학습자 중심으로 이루어지는 교육방법(밥 파이크; 2004.)으로서 강사의 지도와 안내에 따라 학생들이 스스로 중심이 되어 수업을 진행하는 학습방식이다. 창의적 교수법은 교육은 교사의 질에 의해 좌우된다는 격언처럼 교사들의 노력이 선행되어야 하는 수업방식이며, 이를 통해서 우리의 교육을 교사 중심에서 학습중심으로 변화시킬 수 있다.

창의적 교수법이란 어떤 묘책이나 기법들을 종합해서 모아 놓은 것이 아니고 오히려 학습능력, 기억력, 실용 능력을 증진시키는 방법들을 통해 사람들이 효과적으로 학습하는 것을 돕는 시스템이다. 실제 업무에서 중요하게 여겨지는 '성과 얻기'에 중점을 둔 시스템으로 보면 된다. 또한 이 시스템은 유동적이어서 기본적인 원칙을 고수하면서도 최신의 연구 결과들을 바탕으로 효과적으로 교육할 수 있는 새로운 아이디어들을 지속적으로 접목시킨다. 그리고 대부분의 경우 강사의 지도아래 참가자가 중심이 되는 시스템으로 어떻게 하면 참가자들이 잘

---

41 *Communication for the Safety Professional*, Robert Konikow and Frank McElroy, National Safety Council: Chicago, 1975, p. 370.

42 밥 파이크 그룹과 창의적 교수법 출판사의 설립자이자 회장이다. 매년 리더십, 동기부여, 의사결정, answgoruf, 개인과 조직의 효과성을 주제로 150일 이상을 강의하고 있다. 그는 현재 창의적 교수법 뉴스레터의 편집인이다. 창의적 교수법 안내서를 펴냈으며, 1대1 교육, 어려운 참가자를 다루는 방법, 50가지 창의적인 강의 시작방법, 밥 파이크의 창의적 교수법 등을 펴냈다.

43 창의적 교수법에 대해서 자세히 알고자 한다면 밥 파이크가 저술한 『밥 파이크의 창의적 교수법』(김영사, 2004)을 참고하기 바란다.

배울 수 있는가에 항상 중점을 두고 있다.

창의적 교수법은 몇 가지 원칙이 있다. 일명 성인학습자를 위한 밥 파이크의 원칙이라고 부르는데, 이러한 원칙은 교육을 담당하는 교사들과 군 간부가 되고자 하는 독자들에게 매우 유익할 것으로 생각된다. 이를 소개하면 다음과 같다.[44]

제1원칙은 어른은 몸집이 큰 어린아이이다. 어린아이들은 경험을 통해서 많은 것을 배운다. 마찬가지로 이미 많은 것을 경험하고 있는 어른들은 그들의 경험을 인정해주고 칭찬해 준다면 아이들 보다 빨리 배울 수 있다. 그리고 이들은 자신의 경험을 공유하면서 보다 효과적으로 수업을 이끌어갈 수 있다.

제2원칙은 사람들은 자신의 정보와 의견에 대해서는 논쟁하지 않는다. 사람들은 자신의 입으로 말한 정보는 사실로 굳게 믿는다. 따라서 말한 본인은 이것을 사실로 인정하기 때문에 이것이 사실인가 또는 옳고 그른가를 놓고 타인과 논쟁을 벌이지 않는다는 것이다. 따라서 학습과정에서 학생이 스스로 정리하고 발표하도록 하는 것이 효과적이다.

제3원칙은 학습은 재미와 직접적으로 비례한다. 이것은 농담이나 게임, 오락에 대해서 이야기 하는 것이 아니라, 학습의 참다운 즐거움은 참여에서 온다는 것이다. 정보, 도구, 기법이 어떻게 쓰이느냐에 따라 학생이 학습에 능동적으로 참여하는 정도도 달라진다. 특히, 교수설계 과정에서 학습내용을 구조화하고 계열화하여 학생이 지속적으로 흥미를 갖고 참여토록 유도할 때 학습은 재미를 더하게 된다. 또한 건전하고 적절한 유머는 수업의 지루함을 덜어주고 집중도를 높여준다.

제4원칙은 행동이 변하지 않는 한 학습은 힘들다. 어떤 사실을 머리로만 이해하는 것과 개인적인 경험을 통해 정서적 확신을 갖는 것은 큰 차이가 있다. 영국의 철학자 루이스(C. S. Lewis)가 "경험을 토대로 이

44 위의 책에서 발췌하여 정리한 것이다.

야기 하는 사람은 절대 논쟁에서 지지 않는다."라고 한 것처럼, 학습과 관련한 정보와 기법들을 활용해서 성공적인 경험을 갖게 하여 행동이 변화되도록 해야 한다.

제5원칙은 엄마나 아빠가 안다고 해서 아이도 알고 있는 것은 아니다. 이 말은 내가 무엇을 할 수 있다면 그것은 나의 부모가 자신들이 알고 있는 것을 나에게 잘 가르쳤기 때문이라는 의미이다. 다시 말해 학생이 수업을 통해서 무엇을 알고 할 수 있다는 것은 교관인 내가 잘 가르쳤기 때문이라는 것이다. 따라서 교관은 학생들을 효과적으로 가르칠 수 있는 준비가 되어 있어야 한다.

2. 창의적 교수법을 통해서 얻을 수 있는 것

창의적 교수법은 학습자 중심의 참여형 교육을 위해서 교사가 적용해야 할 교수법이다. 창의적 교수법을 통해서 우리가 얻을 수 있는 것은 무엇인가? 그것은 아마도 학습자의 참여이며 이를 통해 교사중심의 수업보다는 많은 면에서 성과를 거둘 수 있을 것이다.

그렇다면 학습자 중심의 참여형 교육은 교사중심의 교육에 비해 무엇이 유리한가? 이에 대해 밥파이크의 딸인 베키 플루는 "학습자 중심의 교육은 마트에서 파는 1+1 제품과 같다. 교사중심의 교육이 태도변화를 추구하지만 학습자중심의 교육은 인식의 변화를 통해 태도변화까지 유도하기 때문에 보다 효율적이고 효과적인 교육방법이다."라는 말을 통해 학습자 중심의 참여형 교육의 우수성을 설명하고 있다.

특히, 베키 플루는 학습자 중심의 교육이 교사중심의 교육과 비교하여 다음과 같은 장점이 있다고 한다. ① 학습자 중심의 교육은 매우 매력 있고 흥미 진지한 교육방법으로서 학습자와 교사 모두를 지루하게 만드는 교사중심의 교육에 비해 그룹 활동을 활발하게 하기 때문에 학습이 효과적으로 이루어진다. ② 학습자 중심의 교육은 일과 생활 속에서 경험을 토대로 배우기 때문에 시험통과를 목표로 하여 강의 중심으로 이루어지는 교시중심의 교육에 비해 학습 성과를 촉진시킨다. ③ 학습자 중심의 교육은 수업의 80%가 학생 상호간의 교류 속에서 이루어지고, 학습을 하나의 이벤트가 아닌 과정으로서 인식하기 때문에 보다 효과적인 인지와 행동의 변화를 유도할 수 있다. ④ 교사에 비해 학습자의 책임성을 강조하기 때문에 고도로 훈련된 교관에게 의존하지 않고 학생 스스로 계획하고 설계하여 학습을 진행하기 때문에 성과가 보다 크게 나타난다.

참고문헌

강갑원 · 김정희 · 김종백 · 박희순 · 이경화 · 장인실 역, 『교육심리학』, 시그마프레스(주), 2005.

고성진 외, 『군사교육학의 이론과 실제』, 북코리아, 2014.

박미자, 「학습자 중심 수업의 효과를 제고하기 위한 방법론 제고」, 숙명여자대학교 석사학위논문, 2005.

정문성, 『토의토론 수업방법』, 교육과학사, 2011.

마이클 J. 마쿼트 · 피터 론, 원은주 역, 『멘토: 지식 경영 시대의 새로운 리더』, 이른아침, 2006.

밥 파이크, 김경섭 · 유제필 역, 『밥 파이크의 창의적 교수법』, 김영사, 2004.

베키 파이크 플루, "창의적 교수법 특강: 학습자 중심의 참여형 교육", 2014.

Robert B. Konikow and Frank E. McElroy, *Communication for the safety Professional*, National Safety Council: Chicago, 1975.

제13장

효과적인 수업을 위한 교수 · 학습 모델의 이해와 실천

본 장에서는 효과적인 수업을 위한 교수 · 학습 모델의 이해와 실천을 다룬다. 효과적인 수업의 일환으로 좋은 수업의 개념과 특징을 알아보고, 최근의 교수 · 학습 패러다임의 전환 시대의 교육철학에 부합하는 모델로 문제중심학습(PBL, problem-based-learning), 팀중심학습(TBL, team-based-learning), 거꾸로 학습(Flipped learning) 등의 개념과 운영방법을 살펴보고자 한다.

학습내용

제1절
효과적인 수업의 개념과 특성

1. 효과적인 수업으로서의 좋은 수업 개념

효과적인 수업은 교육목적, 교육내용, 학습방법, 학생평가 등이 비교적 체계적으로 설계되어 있고 학습자들의 성취정도도 높은 수업이다. 이는 좋은 수업의 정의와 일맥상통 한다고 말할 수 있다.

사실 1970년대부터 20세기 초반에 이르기까지 좋은 수업에 대한 논의는 전통주의, 행동주의, 교육공학의 지배적 영향으로 수업에 대한 논의는 주로 수업의 효과성에 중점을 두었다(Eisner, 1983). 따라서 좋은 수업은 수업내용을 보다 체계적이고 효과적으로 전달하는 수업을 의미하였으며 이를 위해 교수방법의 개발, 교수매체의 발달이 이루어졌다.

그러나 1980년 Piaget와 Vygotsky 이론에 대한 관심이 고조되고 구성주의가 관심을 받게 되면서 좋은 수업에 대한 논의도 구성주의적 관점을 취하게 되었다. 주변 환경과의 상호작용을 통해서 학습자의 능동적 지식 구성활동을 학습의 과정으로 보고 교수 · 학습활동에서 아동에게 보다 많은 주도권과 생각의 기회를 부여하였다. Brophy(1999)는 좋은 수업에 대한 조건으로 학생들이 기본적인 개념과 원리를 익힐 수 있는 기회가 충분히 제공되는 수업, 학생들이 학문의 핵심 아이디어를 깊이 탐구할 수 있는 기회가 충분히 제공되는 수업, 학생들이 고차원적인 사고를 학습할 수 있는 기회가 충분히 제공되는 수업, 학생들이 학교에서 배운 지식을 실제 상황에 적용할 수 있는 수업, 학생들이 학습 내용에 대해 교사와 동료 학생들과 실직적인 대화를 할 수 있는 기회가 충분히 제공되는 수업, 학생들의 학습활동을 지원하고 조성해 주는 수업을 제시하고 이를 모두 만족시키는 수업을 좋은 수업이라 주장하였다(조규진 외, 2011).

다시 말해서 효과적인 수업을 위해서 예전에는 학생들이 내용을 잘 이해하도록 전달하는 부분에 초점을 맞추었다면 오늘날은 효과적인 수업을 위해서 교수자와 학습자의 역할뿐만 아니라 학습 과정 자체가 예전과는 다른 모습을 보인다.

2. 좋은 수업의 특성

조규진 외(2011)에서 정리한 구성주의 철학 시대에 부합하는 효과적인 수업으로서 좋은 수업의 특성은 다음과 같다.

1) 짜임새 있는 수업 설계

수업목표가 효과적으로 달성되고 교수자와 학습자, 학습자간에 상호작용하며 수업 내용의 본질을 이해하고 희열을 느끼기 위해서는 교수자는 다양한 조건을 만족시켜야 한다. 학습자들이 자연스럽게 수업의 분위기에 몰입할 수 있도록 구조적이면서도 잘 짜여진 수업설계가 필요하다. 수업목표에 도달하기 위해서 수업내용, 방법, 매체, 평가 등이 일관성을 가지고 연결되어 있는지, 학습자의 수업에 대한 참여가 지속적으로 일어날 수 있는 구조인지, 수업의 흐름은 자연스러우며 적절하게 시간이 분배되어 있는지, 학습조직과 교실환경, 공간의 배치 등 학습 환경이 최적화되어 있는지를 충분히 고려하여 수업이 디자인되어야 한다. 충분히 준비되지 않은 수업이 좋은 수업이 될 수는 없다. 탄

탄한 수업설계는 교수자의 수업 준비도를 높이고 효과적인 언어적 전달, 효과적인 시 · 청각적 전달이 이루어질 수 있게끔 학습 환경을 갖추어 주며 이는 다시 학습자의 적극적인 참여와 상호작용과 수업 내용의 이해와 목표 도달의 바탕이 된다.

2) 효과적인 언어적 전달

좋은 수업은 수업목표를 도달하기 위하여 수업내용을 잘 전달할 수 있어야 한다. 학습자의 학습의욕을 자극하고 학습동기를 유발하는 교수자의 화술, 학습 내용의 개념적 이해를 도모하는 설명력, 지적인 자극을 유도하는 효과적인 발문과 언어능력, 학생이 편안하게 수업에 집중할 수 있도록 하는 어조 등 효과적인 언어적 전달은 좋은 수업의 핵심요소이다.

흔히 '잘 가르친다'라는 일반적인 인식은 교수자의 언어능력, 조금 더 확장 한다면 언어를 통한 상황의 통제능력에서 기인한다. 이는 수업을 강의 · 강론과 동일시하는 우리의 전통적 이해와 맥락을 같이한다. 수업을 듣는 학습자의 주의를 끌고 집중시키고 수업내용을 담아서 효과적으로 제시하고 확인하는 과정은 좋은 수업이 가져야 할 준거라 할 수 있다.

효과적인 언어적 전달은 학습내용을 전달하고 학습자의 사고를 촉진시키기 위한 실제적인 기술이다. 이해하기 쉬운 수업은 기본적으로 교수자의 효과적인 교수능력과 관련이 깊다. 교수자의 어조와 억양, 효과적인 발문, 화술 등은 학습자를 학습활동에 참여하여 몰입시키는 효과적인 수단이 된다.

3) 효과적인 시 · 청각적 전달

학습내용이 효과적으로 학습자들에게 전달되고 이를 통해 수업목표에 도달하기 위해서는 수업목표와 내용에 적절한 수업방법, 알맞은 교수 매체의 활용, 교사의 비언어적 상징, 교수자의 적절한 움직임 등이 필요하다. Gangé(1974)는 학습단계에서 외부의 자극을 감지하고 주의를 기울여 그 정보를 획득하는 단계에서 자극사태와 반응간의 접근성, 자극과 반응 간의 반복성이 학습에 중요한 영향을 미친다고 하였는데 효과적인 시 · 청각적 전달은 수업의 구성에 있어 자극과 반응 간의 접근성을 높이고 반복의 효과도 제공하고 있다.

수업은 그 결과 면에서 학습자들의 학습목표 도달을 목적으로 하기 때문에 목표 도달을 위한 과정으로써 효과적인 시 · 청각적 전달의 필요성이 부각된다. 수업이 공연된다는 측면에서 시 · 청각적 전달은 그 자체로서 예술성을 가지고 있으며 학습자들과 교감하고 상호작용하는 도구가 된다. 좋은 수업은 교수자가 가르치려고 하는 내용을 학습자들이 잘 이해할 수 있는 방법으로 보여주는 수업이다.

4) 적극적인 참여와 상호작용

소크라테스는 문답법을 통해 대중과 소통하였으며 대중들이 그 과정에서 스스로 자신의 무지를 깨닫게 되었다. 좋은 수업은 일방적 관계가 아닌 쌍방적 의사소통을 통해 만들어진다. 학습자들이 수업의 장 안에 있으면서 학습에 능동적으로 참여하는 수업은 소통이 잘 되는 쌍방적 수업이다. 교수자는 학습자들이 수업과제에 참여할 수 있도록 하는 전략을 가지고 있으며 자유로운 리액션이 가능한 환경을 조성한다. 특히 최근의 구성주의적 경향에서는 학습자 스스로 학습주제에 몰입함으로써 호기심을 충족하고 해결방안을 찾아가는 과정을 중요시하므로 학습자의 참여는 좋은 수업의 필요조건이 되었다. 좋은 수업은 교수자와 학습자의 질문 그리고 반응을 통해서 그들 간의 의미 있는 인지적 변화가 일어나는 수업이다.

적극적인 참여와 상호작용은 학습자가 학습에 주도적으로 개입하느냐의 문제다. 효과적인 수업기술로 언어적 전달과 시 · 청각적 전달을 중시하는 이유도 학습자들이 학습내용에 관심을 가지고 참여할 수 있도록 하기 위함이다. 자발적이고 능동적으로 학습에 개입되면 수업의 효과성은 더욱 높아지게 된다.

5) 수업내용의 이해와 목표의 도달

배움에는 지식을 얻는 것과 깨달음을 얻는 것 두 가지가 있다. 지식과 깨달음은 때로 같은 의미로 쓰이기도 하지만 대개 지식을 앞에 두고 이를 통해 깨달음이 오는 것으로 이해하고 있다. 좋은 수업은 효과적인 언어적 전달, 효과적인 시 · 청각적 전달, 적극적인 참여와 상호작용의 과정을 통해서 깨달음을 얻을 수 있어야 한다. 여기에서의 깨달음은 수업 내용에 대한 지식적 이해와 교수자, 학습자들 간의 소통을 통하여 그 의미를 분명하게 재구성할 수 있을 때 생기는 깨달음이다. 이러한 깨달음은 학습자들 자신의 내적인 성취감과 학습 희열을 경험하게하고 학습 내용에 대한 몰입의 즐거움을 제공한다.

학습과정에 대한 학습자들이 수업에 진정 몰입하여 즐거움을 얻고 깨달음 얻는 것은 다음 학습에 대한 기대감을 높이고 자연스러운 수업 내용의 이해와 목표의 도달에 도움을 준다. 좋은 수업은 학습자들이 학습내용을 충분히 이해하여 깨달음을 얻고 이를 통해 즐거움을 경험하는 수업이다.

수업내용의 이해와 목표의 도달은 수업을 통해 학습내용을 정확하게 잘 이해하였느냐의 문제와 수업 과정을 통하여 스스로 지식을 재구성하는 과정에서 깨달음을 얻었느냐의 문제로 나누어 볼 수 있다.

이처럼 구성주의 교육철학에 부합하는 효과적인 수업으로서 좋은 수업은 무엇보다 먼저 수업설계가 제대로 짜여져야 하며, 효과적인 언어 전달 및 시 · 청각 전달 그리고, 적극적인 참여와 상호작용이 있어야 하며, 이러한 과정을 거치면서 수업 내용을 이해하고 학습목표에 도달할 수 있게 된다.

제2절

효과적인 수업을 위한 교수 · 학습 모델

1. 문제중심학습의 이해와 실천방법

1) 문제중심학습 수업의 실제

문제중심학습(PBL: Problem Based Learning) 수업은 의과대학에서 많이 활용되는데, 이는 학습자들에게 환자의 질병 사례를 문제로 제시하는 것으로 시작된다. 학습자들은 조별로 문제의 단서를 인식하고 가설과 학습과제를 설정하며 자율학습을 통하여 습득한 지식 · 기술 · 태도를 그 문제 해결에 논리적으로 적용하게 된다. PBL은 이와 같은 과정에서 학습이 이루어지는 능동적 학습방법이다.

(1) PBL 교육과정의 목표

PBL은 다양한 능력을 기르는 데 유용하고 효과적인 학습자중심 학습방법이다. PBL 교육과정을 통해 학생들이 갖추게 될 것으로 기대되는 능력은 다음과 같다.

- 문제해결능력: PBL에서는 학습내용을 다양한 현상에 대한 문제의 형태로 제시하기 때문에 단편적인 지식을 암기하는 것이 아니라 문제를 해결하는 과정을 체득할 수 있다.
- 협동학습능력: PBL은 소그룹 협동학습 형태로 이루어지기 때문에, 동료들을 경쟁자가 아니라 학습을 위한 귀중한 협력자로 받아들이

게 되며, 팀워크를 형성하고 유지하는 방법을 배우게 된다.

- **의사소통능력**: PBL은 자신이 학습한 내용을 발표할 뿐만 아니라 동료들의 발언을 듣는 과정을 통해 의사소통기술을 자연스럽게 익힐 수 있다.
- **자기주도학습능력**: PBL은 설정된 학습과제를 해결하기 위해 스스로 정보를 모으고 결론을 유도하는 과정을 통해, 능동적으로 자신의 학습을 계획하고 수행하는 경험을 할 수 있게 해준다. 이러한 과정으로 자신이 세운 학습계획에 의해 끊임없이 학습할 수 있는 평생학습자로서의 자질을 기를 수 있다.

(2) PBL 수업의 환경과 규칙

학습자들은 강의식 수업과 완전히 다른 교육환경에서 주체적인 학습자로서의 역할을 수행한다. 이에 아래와 같은 규칙을 정하여 수업을 진행한다.

- 5~7명의 소단위로 조를 편성
- 학습과정을 기록
- 자유롭고 분명하게 자기의 생각을 표현함
- 건설적으로 비판
- 무엇을 공부할 것인지를 학생들이 결정
- 질병에 관계된 것만 아니라 환자의 고통을 이해
- 조와 개인별로 학습활동의 평가
- 심도 있는 자율학습을 수행
- 지도교수는 조별 토론식 학습활동의 촉진자 역할을 수행

(3) PBL 수업의 진행 과정

한 사례를 학습하기 위하여 PBL 수업은 보통 세 번의 만남과 자율학습으로 구성된다. 첫 번째 만남은 학습자와 지도교수가 간단히 자기를 소개하는 것으로 시작된다. 학습자 중에 사회자와 기록자가 정해지

고, 지도교수는 첫 자료를 학습자에게 나누어 준다. 한 학생이 받은 자료를 낭독하면서 토의가 시작되고 그 내용은 기록자가 사실(fact), 문제(problem), 가설(hypothesis), 학습과제(learning issue) 영역으로 구성된 양식지에 기록한다. 필수학습과제는 모든 학습자가 공부하고 이외 학습과제는 조원이 서로 나누어 학습한다.

두 번째 및 세 번째 만남은 각자 학습한 사항을 발표하는 것으로 시작된다. 학습자는 학습과제와 밀접한 내용을 중심으로 요약하여 5분 이내로 발표하며 추가로 주어지는 자료를 바탕으로 토론하여 가설의 재설정과 추가적인 학습과제를 도출한다. 세 번째 만남이 끝난 후에 학생들은 학습한 지식을 구조화하여 다양한 형태의 개념 망을 사용하여 mapping chart를 한 장의 종이에 작성한다.

문제제기 단서인식 가설설정 추가자료 요청 분석 학습과제설정 자기평가	자율학습	발표/토의 학습자원검토 추가자료 요청 가설 재설정 학습과제 추가설정 자기평가	자율학습	발표/토의 문제 해결 평가 보고서 작성 설문 응답	종합증례 총평
첫 번째 모임 session 1		**두 번째 모임** session 2		**세 번째 모임** session 3	**전체 모임**

(4) 학습자평가

- **시험**: 주로, PBL에서 다루어진 내용은 MEQ(Modified Essay Question)로, 강의나 실습에서 다루어진 내용은 MCQ(Multiple Choice Question)로 출제되는데, 암기형보다는 판단형이나 문제해결형으로 출제한다.
- Quiz: 서술형 문제가 5문제 정도 출제되며, 30~40분 정도가 소요된다.
- **튜터평가**: PBL의 과정을 평가하기 위해 가장 보편적으로 사용되는 방법이다. 이 평가지는 PBL 전반에 대한 참여도, 학습자의 성실성,

의사소통능력, 추론수준을 평가하는 문항과 학습자 전반에 대한 의견을 자유롭게 적을 수 있는 문항, PBL운영 전반에 관한 의견을 적는 문항으로 구성되어 있다.

- **동료평가**: Unit이 종료된 후, 모든 학습자들은 자신이 속한 조의 다른 학생들에 대한 평가를 한다. 개별 학습자들의 장점과 개선할 점을 자유롭게 적을 수 있는 총평란으로 구성되어 있다.

이외에 PBL 학습의 평가항목은 지도교수에 의한 관찰평가, 동료평가, 개념도, 설문응답으로 이루어지며 대학에 따라 다르다. 전체적으로 평가하고자 하는 능력을 보면 다음과 같다.

- **지식**: 용어, 정의, 개념, 원리 등의 설명 능력
- **태도**: 적극적인 참가와 학습과제 수행 및 협동 능력
- **비판기술**: 문헌, 임상자료, 상대방 의견 등의 비판적 평가의 질문 능력
- **의사소통기술**: 논리적으로 자기 의사를 표현하고 대화하는 능력
- **임상기술**: 환자문제의 파악, 자료해석과 응용 능력, 즉 임상추론 능력

＊ 진행상 유의사항

- 문제해결에 초점을 두는 것이 아니고 문제의 이해에 초점을 둔다.
- 학습목표 또한 학습자 스스로 설정할 수 있도록 해주어야 한다.
- 한 단계의 학습은 반드시 다음 단계의 학습으로 진전되어야 한다.
- 학습자원(도서관, 참고서적)이 충분해야 한다.
- 학습자들이 자율적으로 공부할 자유시간이 충분해야 한다.
- 학습자와 교수자 간에 접할 시간이 있고 교수자는 학습과정을 지원해야 한다. 학습자들은 그냥 던져두면 헤매게 된다.
- 문제와 관련된 강의는 학생들이 문제에 대해 먼저 공부한 뒤에 해야 한다.

2. 팀중심학습의 이해와 실천방법

오늘날 외국 유수의 의과대학에서는 PBL보다 팀중심학습(TBL)을 수업에서 더 많이 활용한다. TBL은 자연과학이나 경영학에서 잘 알려진 학습방법 중의 하나로, 대규모의 학습자를 대상으로 하는 전통적인 수업 상황에서 소규모 그룹 활동의 효과성을 살릴 수 있는 교육방법이라고 할 수 있다. 즉, 한 교수자가 대규모 학습자들을 이끌고 수업을 진행할 때 학생들을 5~6명 정도의 작은 그룹으로 나누어 진행하는 소그룹 활동과 전체 학습자가 동시에 참여하는 수업방법을 병행하는 방식이다. TBL은 크게 아래의 세 단계로 구성하여 수업을 진행한다.

TBL활동의 절차

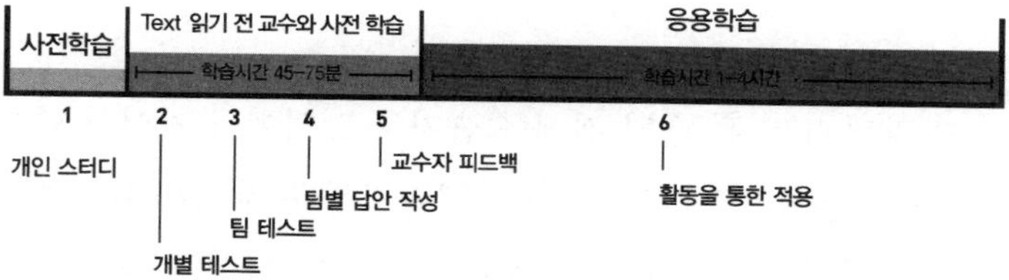

그림 13-1 TBL 프로세서(Michaelsen의 자료)

① 제1단계(Preparation): 1단계는 학습자들이 수업에 참여하기 전 설정된 학습목표에 따라 사전 과제를 미리 공부해 오는 과정이다.

② 제2단계(Readiness Assurance): 2단계는 사전 과제를 잘 수행했는지 학습한 내용을 확인하는 단계이다. 즉 수업준비가 되었는지를 확인하기 위해 다지선다형(객관식문제)으로 개인시험(IRAT: individual assurance readiness test)을 친다. 시험을 치른 직후 학습자들은 소집단으로 편성되어 개인시험과 동일한 시험문제를 다시 소집단 토론을 통해 해결한다. 즉 팀 활동을 통해 학습자들은 시험문제 해결을 위해 함께 토론하고 논의하여 그룹의 공통된 의견을 도출한다. 이러한 그룹의 의견에 입각하여 다시 시험문제

(GRAT: group assurance readiness test)를 보고 그룹 간 토론에 임한다. 그룹활동에 의한 시험성적에 의해 그룹별 점수 산정을 하게 된다.

③ 제3단계(Application of Course): 3단계는 제 1~2단계를 통하여 자기주도적 학습과 개인시험, 그리고 소집단 활동에 의한 팀 학습으로 학습한 지식을 바탕으로 학습한 것들을 적용하는 단계이다. 3단계 수업은 경우에 따라 연속적으로 몇 번에 걸쳐 진행될 수 있다. 3단계 수업은 전체 학습자를 대상으로 하는 강의가 포함될 수 있고, 모든 그룹이 동시에 자신들의 해결방안을 비교하고 토론하는 장을 마련하기도 한다. 이때 교수는 그룹 간 토론의 조정자 역할을 하며 학습이 일어날 수 있도록 많은 역할을 해야한다.

다시 말해, TBL은 수업 전에 학습자들로 하여금 자신이 학습해야 할 목표를 명확히 제시하고, 자신의 학습과정은 자기가 형성해간다는 책임감을 부여하며, 그룹토론에 참여할 준비를 확실히 할 수 있게 하며, 학습자들로 하여금 참여를 유도할 수 있는 지침을 제공하는 것이다. 이를 위하여 TBL은 효과적이고도 능동적인 학습을 위한 세 가지 중요한 요소를 제시한다.

첫째, 학습에 대한 개인과 소집단의 책임감
둘째, 그룹 간 상호작용의 필요성과 기회 제공
셋째, 주고 받기식의 토론의 참여나 동기부여

학습자 주도형 학습이 최근 붐을 이루고 있다. 학습자 주도형 학습일수록 교수자의 역할은 더 많아진다. 우리 학습자들에게 더 많은 관심과 배려를 베풀어 학습자들이 훌륭하게 성장하는 모습을 보며 교수자로서의 행복과 보람을 느낄 수 있기를 바란다.

TBL 요약

• TBL의 전제

팀의 구성원들이 같이 협력하는 학습 방법으로 팀 전체의 지식이 개인의 지식보다 우수하다는 생각을 기본 전제로 두고 있다. 또한 TBL은 개인이 선행학습을 통하여 얻은 지식을 팀 토의를 통해 심화시키는 특징을 가진다.

• TBL의 구조

① 수업 전 준비: 개별 선행학습

② 개인시험(IRAT: Individual Readiness Assurance Test): 선행학습을 통하여 얻은 지식을 토대로 개인별로 시험문제를 풀고 답지를 제출

③ 그룹시험(GRAT: Group Readiness Assurance Test): 개인시험 문제를 그대로 사용하여 팀이 함께 문제를 풀이하며 담당 교수자의 주관하에 모든 팀의 답지카드를 동시에 비교

④ 문제에 대한 이의 제기 및 교수자의 피드백: 팀 간의 답이 서로 다를 경우 토의하며 결과도출

⑤ 응용시험(Application exercise): 처음부터 팀 단위로 시험문제를 풀며 ③과 ④를 반복

⑥ 동료평가(Pear evaluation): 무임승차 학생의 방지를 위해서 동료평가 항목을 개발하여 동료평가 실시

• TBL의 성적 평가

① IRAT점수: 20%

② GRAT+응용시험: 60%

③ 동료평가: 20%

• TBL의 장점

학습자 수가 많은 경우에도 시행 가능하다. 학업성취도가 낮은 집단의 학업성적 향상이 가능하고, 학습자들의 수업참여도 고취(학생이 수업의 주체), 학습자와 교수자 간의 활발한 상호작용이 가능하다.

• TBL의 단점

과도한 선행학습으로 인해 타 교과목 학습이 방해될 수 있고, 시험문제 난이도가 적절하지 않으면 학습효과 감소한다.

• TBL의 실제 응용

의대 교육과정 중 적절한 주제를 선정하여 일부 내용을 TBL 방법을 활용하여 적용할 수 있을 것이다. 예를 들어, 5~7명으로 구성된 팀을 중심으로 교과서의 1개 chapter, 혹은 review 저널을 읽힌 다음 적절한 난이도의 문제를 개발하며 TBL 모듈을 개발해야 한다.

---

3. 플립러닝의 이해와 실천방법[45]

1) 플립러닝의 개념

21세기 지식기반사회에서 요구하는 인재상이 변화함으로써 교수자 중심의 교육방법은 사회변화에 적응할 수 있는 인재양성에 한계가 있으므로 교육방법이 변해야 한다는 주장이 강하게 나타난다. 이러한 흐름과 기대에 부응하기 위해 수업에서 변화를 주도하는 혁신적인 수업방식이 플립러닝이다.

---

45 대구가톨릭대학교 교수학습개발센터(2015). 「대가 스마트러닝」, 1~26쪽에서 재구성하였음.

플립러닝(Flipped Learning)이란 기존 수업방식과 달리 시청각 자료를 활용하여 사전에 온라인 학습을 수행하고, 실제 수업시간에는 사전에 습득한 내용을 바탕으로 학습자들이 직접 참여하여 학습활동 함으로써 심화학습을 할 수 있는 수업방법을 의미한다.

플립러닝을 활용한 수업에서 교수자는 수업시간에 교과 내용을 중심으로 가르치기보다는 학습자들과 상호작용하거나 심화학습 하는데 초점을 맞춘다. 또한 수업시간에 개별화 학습, 실습, 프로젝트 수업, 토론, 발표 등과 같은 학습자 중심 활동시간을 다양하게 운영할 수 있다. 플립러닝에서는 교수자가 보유한 전문지식이나 교과서의 내용을 전달하고 암기하는 것이 아닌, 학습자들이 필요한 지식을 스스로 학습하도록 하고, 습득한 지식을 효과적으로 활용하여 새로운 지식과 학습을 창출할 수 있도록 해야 한다.

플립러닝의 목적은 학습자들의 진정한 배움을 돕기 위해 수업시간 전에 수업에 필요한 사전지식을 미리 살펴보고 오도록 하는 것이다. 이렇기 때문에 플립러닝이 성공하기 위해서는 체계적인 수업 설계가 무엇보다 중요하다. 수업에서 가르치는 것을 제외하고 온라인으로 개념을 이해하는 사전학습이 진행되기 때문에 이를 잘 하기 위한 작업이 반드시 필요하다. 즉, 기존 수업을 새롭게 다듬어야 하기 때문에 사전 강좌로 강의내용을 구성하고 강의실에서는 상호작용 및 심화학습을 중심으로 새로운 방식으로 수업을 설계해야 한다.

플립러닝 수업을 설계할 때에는 학습목표 달성을 위해 온라인과 강의실 수업에서 어떤 학습활동을 할 것인가에 대해 고려해야 한다. 온라인 학습을 위해 전달도구를 선정하고 다양한 온라인 학습관리 시스템을 구성하며, 강의실에서 상호작용을 통한 참여, 즉각적인 피드백 제공, 동료학습 등 다양한 방법을 활용할 수 있다. 따라서 주어진 학습 환경과 학습자 및 학습 내용의 특성에 따라 다양한 활동을 포함하여 창의적으로 설계할 수 있다.

2) 플립러닝의 구조

플립러닝은 다양한 방법들을 혼합하여 활용할 수 있기 때문에 다양한 형태로 운영 가능하며, 플립러닝의 기본 구조는 아래의 그림과 같다.

수업 전	수업 중	수업 후
개념탐색 단계	설명 및 적용 단계	의미구성 및 개별화 단계
• 비디오, 오디오 자료 • 기본 내용 정리, 요약 자료 제공 및 읽어오기	• 개별프로젝터, 문제기반학습, 체험, 발표, 토의 토론 • 심화설명 등	• 퀴즈, 블로그 활동, 온라인 토론 • 개별적인 의미 적용 학습 활동

그림 13-2 **플립러닝의 기본 구조**

플립러닝은 크게 수업 전, 수업 중, 수업 후의 단계로 구분할 수 있고 각 단계에서 교수자와 학습자의 역할을 정리해 보면 다음과 같다.

수업 전 단계에서 교수자는 학습자료 준비 및 학습자가 미리 학습할 교육 자료를 제작한다. 학습자료는 학습자의 수준, 교과목의 특성, 교과의 내용 등을 고려하여 적정한 분량으로 구성한다. 이때 동영상, 그림 등 객관적으로 이해하기 쉬운 자료를 함께 제공하는 것이 효과적이다. 수업 전에 사전학습 및 학습수준을 확인하기 위해 퀴즈 및 간단한 평가를 제시하는 것도 좋다. 수업 전 단계에서 학습자는 교수자가 제공한 자료를 토대로 사전학습을 해야 한다. 온라인 상의 학습자료에 따라 배울 개념을 학습하고, 교수자가 제시한 퀴즈 또는 간단한 평가내용을 풀면서 익힌 내용에 대해서 스스로 점검해야 한다. 학습 중 모르는 내용은 별도로 표기하여 수업 중에 질문할 수 있도록 준비해야 한다. 학습자들은 이러한 활동들을 사전에 준비해야지 원활하게 수업에 참여할 수 있다.

수업 중 단계는 도입단계와 진행단계로 구분할 수 있다. 도입단계에서 교수자는 학습자들이 가장 도움을 필요로 하는 학습 영역을 예상해야 하고, 학습자들이 사전 학습에서 익혔던 내용 중 의문사항에 대해서 질문 및 피드백을 해야 한다. 특히 학습자들의 학습 상황을 파악하는 것이 중요하다. 이때 학습자들은 이해가 되지 않았던 부분을 질문하며 이해의 폭을 넓힌다.

수업 중 단계의 진행단계에서 교수자는 수업의 목적 및 내용 등에 부합한 방법을 적용하여 수업을 진행한다. 이때에는 학습 주제에 대한 이해를 돕고 이를 고차원적인 사고를 기반으로 심화한 수업 방법을 선택한다. 또한 학습자들의 특성과 학습능력, 그리고 학습자들의 사전 학습상황에 따라 개별화 수업을 한다. 이때 학습자들은 토론 및 개념 심화형 학습을 위해 적극적으로 참여해야 하고, 모둠 별 활동을 하며 해당 과제를 수행한다. 특히 수업 시간 동안 교수자는 학습부진 또는 속도가 느린 학습자를 위한 보다 구체적인 개별화 학습을 진행해야 한다. 학습자 활동 모니터링을 하며 지속적인 평가를 통해 학습자들이 무엇을 알고 있는지 또는 모르고 있는지를 파악하고 개별 또는 모둠별로 적절하게 지도해야 한다.

수업 후 단계에서 교수자는 학습자들의 학습활동에 대한 결과물을 평가한다. 학습자들이 보다 고차원적인 적용 활동을 할 수 있도록 온라인 또는 스마트 기기를 통해 학습자들과 상호작용과 피드백을 제공한다. 학습자들은 학습을 통해 달성한 내용을 실생활에 적용하기 등 보다 고차원적인 학습활동을 해야 한다. 학습내용을 바탕으로 조별 협동학습을 통해 심화학습을 하거나 교수자가 추가로 낸 과제를 해결하며 정리 활동을 해야 한다.

이처럼 플립러닝은 수업 전, 중, 후 단계에 교수자와 학습자의 역할이 비교적 분명하며 이것이 잘 지켜졌을 때 효과적인 학습이 가능하다.

표 13-1 플립러닝 수업을 위한 단계별 주요 설계 원칙

단계	영역		세부내용
수업 전	동영상 자료 시청		• 수업내용과 관련된 객관적 지식과 원리로 구성 • 주당 5분단위의 섹터로 나누어 1차시 수업에 3개 내외의 강의자료를 웹을 통해 제공 • 수시로 반복해서 볼 수 있도록 함 • 동영상 시청 뒤 퀴즈를 풀도록 하여 스스로 학습의 정도를 확인할 수 있도록 함
	강의 노트 작성		• 학습자 스스로 알게 된 것과 모르는 것을 구분하도록 하여 수업 기초자료로 활용 • 학습자들은 알게 된 내용, 궁금한 내용, 더 알고 싶은 내용으로 구분하여 작성
	교수자-학습자 상호작용		• 교수자-학습자 간 강의내용에 대한 질의응답 및 학습이해도에 따른 피드백 제공 • 온라인 페이스북, 모바일, 트위터 등을 활용
수업 중	도입	준비도 확인	• 수업과 관련된 사전 지식을 점검하고 피드백 시행 • 교수자는 동영상 강의 내용에 대한 학습자들의 질문에 피드백 • 교수자가 준비한 질문 또는 퀴즈에 대해 사전 지식이 부족한 학습자들은 다시 강의 듣도록 안내
		적용과제 안내	• 수업에 몰입할 수 있도록 동기유발 자료 제공 • 교수자는 수업과 관련된 자료(PPT, 영상물 등)를 보여주고 학습자들의 적극적인 수업 참여를 유도
	수업 과정	탐구성	• 동료 교수자, 활발한 의사소통, 창의적 문제해결에 상호협력하도록 모둠을 배정 • 학업성취도, 학습자 특성을 고려하여 배정
		적용과제 수행	• 동영상 강의를 통해 배운 핵심 주제 및 내용을 적용하여 학습자들에게 수행을 유도 • 협동학습, 역할극, 실습 등 다양한 수업방법을 활용
		교수자-학습자 상호작용	• 학습자 활동에 대한 모니터링과 피드백으로 학습 동기 유지 및 지원 • 개별학습자의 이해도, 모둠 과제 진도와 명확성 등 지속적으로 모니터링하고 개입이 필요한 개인 또는 모둠에게 피드백 및 질의응답
수업 후	보충 및 심화 학습과제 제시		• 수업을 통해 익힌 체험적 지식을 적용하여 학습자들의 창의성에 기반을 둔 심화활동 수행 • 해당 차시의 수업 내용에 보충, 심화할 수 있는 과제를 제시
	학습활동 평가		• 학습자들의 단편적 지식보다는 창의적 활동의 산출물, 수행과정에 대한 평가를 시도
	교수자-학습자 상호작용		• 학습자들이 학습내용을 구성해 나가는데 필요한 정보와 출처를 찾거나 교수자 또는 동료의 도움이 필요할 때 온-오프라인을 통해 활발히 상호작용할 수 있도록 유도

김영배(2015) 또한 플립러닝 수업을 위한 단계별 주요 설계 원칙을 정리하고 있는데 그 내용은 앞의 〈표 13-1〉과 같다.

제3절

그 외 교수·학습 모델

지금까지 효과적인 수업을 위한 교수 · 학습 모델로 문제중심학습(Problem Based Learning), 팀중심학습(Team Based Learning), 플립러닝(Flipped Learning)을 살펴보았다. 이에 추가하여 직소(Jigsaw)와 코프코프(Co-op Co-op) 교수 · 학습 모델의 개념과 운영방법을 알아보고자 한다.

1. 직소

1) 직소 교수 · 학습 모델 개념

직소(Jigsaw)모형은 1978년 미국의 Texas대학에서 Aronson, Blaney, Stephan, Sikes와 Snapp(1978)이 처음 개발한 협동학습모형이다. 교수자 중심의 전통적인 경쟁학습 구조의 교실환경을 각 집단 구성원들 모두가 중심이 되는 협동학습 구조로 변화시키고자 고안된 것으로 구성원 모두가 자신이 속한 집단에서 자신이 맡은 학습주제를 다른 구성원들에게 가르칠 책임을 갖게 함으로써 학습을 촉진하도록 하는 것이다. 기본적인 협동학습과정은 5~6명의 이질적인 학습자들의 집단을 한 조 집단을 구성하고, 집단의 각 구성원에게 학습할 전문과제를 한 부분씩 할당한다. 각 집단에서 동일한 과제를 할당받은 학습자들이 따로 모여 전문가 집단을 형성한다. 전문가 집단에서 자신에게 부여된 과제를 협동학습을 통하여 해결하고, 다시 원래 소속되어 있었던 본 소속 집단으로 돌아와서 전문가 집단에서 학습한 내용을 동료 구성원에게 가르친다(정문성 외, 1998; Kagan, 1985; Slavin, 1986; Steinbrink & Stahl, 1994; Holiday, 2002).

2) 직소 교수 · 학습 모델의 종류 및 절차[46]

(1) 직소 I

직소(Jigsaw) I은 텍사스 대학의 Elliot Aronson(1978)에 의해 개발된 학습모형으로 전문가 집단과 원소속 집단에서 기본적인 협동학습을 하고, 전체 과제에 대한 학습을 마친 후 학습자들은 시험을 보고 개인의 성적대로 점수를 받는다. 시험점수는 개인등급에 기여되고 집단점수는 기여하지 못하는 특징이 있다.

직소 I의 구조와 절차는 다음과 같다.

① 집단구성: 집단의 구성원은 5~6명으로 하고, 학습능력 등에 따라 서로 이질적으로 집단을 구성한다.

② 개인별 전문과제 부과: 학습자들은 학습과제가 집단구성원의 수만큼 나누어져 있고 몇 가지 소 주제가 질문의 형식으로 적혀 있는 전문 과제를 맡는다.

③ 전문과제별 모임 및 전문가집단에서의 협동학습: 전문 과제를 하나씩 맡은 학습자들은 각자 원소속 집단에서 나와, 같은 전문과제의 주제를 다루는 다른 집단의 구성원들과 함께 소위 전문가집단을 형성한다. 그리고 학습자들은 전문가집단에서 과제 해결을 위해 협동학습 활동을 한다.

④ 원소속 집단에서의 협동학습: 전문가 집단에서 협동학습이 끝나면 자신의 원소속 집단으로 돌아가 전문가 집단에서 학습한

---

46 이현구(2014), 천현실(2012)의 논문에서 재구성하였음.

내용을 가르치고 설명한다.

⑤ 개별 평가: 학습자들은 전체 학습과제에 대해 개인별 평가를 받는다.

⑥ 개인점수 산출: 각 학습자의 개인점수만 계산된다. 어떠한 경우에도 향상점수나 집단 점수는 계산되지 아니하며 집단보상 또한 없다.

직소 I의 장점은 각 집단 구성원의 적극적인 행동이 다른 집단 구성원들에게 보상받도록 도와주기 때문에 협동적 보상구조의 본질적 역동성은 존재하며, 구성원간의 상호의존성과 협동심을 유발한다. 단점은 과제해결을 위한 상호의존성은 높으나 개별점수가 집단 점수에 기여하지 못하기 때문에 보상 의존성이 낮고, 집단으로 보상을 받지 못하기 때문에 형식적인 집단목표가 없다는 점이다.

(2) 직소 II

직소 II는 기존 직소 모형의 팀 보상, 개별 책무성, 성공 기회 균등이라는 개념을 도입 · 보완하기 위해 Salvin(1980)이 개발한 모형이다. 직소 II는 직소 I에서 5~6명으로 구성하던 원소속 집단을 4명의 이질적인 집단으로 구성하였다. 그리고 전체 과제에 대한 학습을 끝낸 후 즉시 개별평가를 하여 학습자의 개인점수에 향상점수, 집단 점수를 산출하여 개인과 집단을 보상하였다.

직소 II의 구조 및 절차는 다음과 같다.

① 집단 구성: 집단의 구성원은 4명으로 하고, 학습능력 등에 따라 서로 이질적으로 집단을 구성한다.

② 개인별 전문과제 부과: 학습자들은 학습과제가 집단구성원의

수만큼 나누어져 있고 몇 가지 소주제가 질문의 형식으로 적혀 있는 전문과제를 맡는다.

③ 전문과제별 모임 및 전문가집단에서의 협동학습: 전문과제를 하나씩 맡은 학습자들은 각자 원소속 집단에서 나와, 전문과제의 주제가 같은 다른 집단의 구성원들과 함께 전문가집단을 형성한다. 그리고 학습자들은 전문가집단에서 과제 해결을 위해 협동학습 활동을 한다.

④ 원소속 집단에서의 협동학습: 전문가집단에서 협동학습이 끝나면 자신의 원소속 집단으로 돌아가 동료들에게 전문가집단에서 학습한 내용을 가르치고 설명한다.

⑤ 개별 평가: 학습자들은 학습과제에 대해 개인별 평가를 받는다.

⑥ 개인점수, 향상점수, 집단점수 산출: 각 학습자의 개인점수 뿐만 아니라 STAD모형처럼 향상점수와 집단점수가 산출된다.

⑦ 개별보상 및 집단 보상: 교수자는 STAD방식으로 개인과 집단을 보상한다.

직소 II의 장점과 단점은 다음과 같다. 장점은 각 구성원의 책임성이 뚜렷하고, 학습자들 각자는 자기가 맡은 주제에 대해서는 전문가가 될 수 있기 때문에 자신감과 긍지를 가질 수 있다. 개별학습자나 팀은 자신들이 좋아하거나 원하는 주제를 할당받을 수 있기 때문에 교수자는 세분화될 수 있는 학습과제를 선정하는 것이 중요하다. 마지막으로 성 · 능력 · 계층 등의 이질적인 학급 구성원으로 교우관계 증진에 효과적이다. 이에 반해 단점은 원소속집단의 협동학습 후 즉시 평가를 함에 따라서 평가에 대비하여 학습을 정리할 시간적 여유가 없다. 즉 원소속 집단의 협동학습 평가 사이에 평가유예기간이 없다는 문제점이 있다.

(3) 직소 Ⅲ

직소 Ⅲ은 Steinbrink & Stahl(1994)에 의해 만들어진 모형으로, 직소 Ⅱ에서 원소속 집단의 협동학습 후 즉시 평가를 받기 때문에 평가에 대비한 학습을 정리할 시간적 여유가 없다는 점이 지적되면서 개발되었다. 이에 따라 위 모형은 수업에서 학습한 것을 정리할 수 있는 시간을 위해 평가 유예기를 두고 원소속 집단에서 평가 준비 과정을 추가하였다.

직소 Ⅲ의 구조 및 절차는 다음과 같다.

① 집단구성: 집단의 구성원은 4~5명으로 하고, 학습능력 등에 따라 서로 이질적으로 집단을 구성한다.
② 개인별 전문과제 부과: 학습자들은 학습과제가 집단구성원의 수만큼 나누어져 있고 몇 가지 소주제가 질문의 형식으로 적혀 있는 전문과제를 맡는다.
③ 전문과제별 모임 및 전문가집단에서의 협동학습: 전문과제를 하나씩 맡는 학습자들은 각자 원소속집단에서 나와, 전문과제의 주제가 같은 다른 집단의 구성원들과 함께 소위 전문가집단을 형성한다. 그리고 학습자들은 전문가 집단에서 과제 해결을 위해 협동학습 활동을 한다.
④ 원소속 집단에서의 협동학습: 전문가 집단에서 협동학습이 끝나면 자신의 원소속 집단으로 돌아가 동료들에게 전문가 집단에서 학습한 내용을 가르치고 설명한다.
⑤ 평가유예기: 수업이 끝난 즉시 평가를 하지 않고 일정 기간 유예기를 둔다. 수업을 통해 학습한 것을 정리하기 위해 설정해 둔 시기다.
⑥ 원소속 집단에서의 평가 준비: 평가를 며칠 앞두고 다시 원소속

집단에서의 협동학습 활동을 한다.

⑦ 개별평가: 학습자들은 학습과제에 대해 개인별 평가를 받는다.

⑧ 개인점수, 향상점수, 집단점수 산출: 각 학습자의 개인점수뿐만 아니라 STAD모형처럼 향상점수와 집단점수를 산출한다.

⑨ 개별보상 및 집단보상: 교수자는 STAD방식으로 개인과 집단을 보상한다.

직소 Ⅲ의 단점은 전체 수업 내용에 대한 공식적인 도입단계가 없어서 교수자들이 수업내용을 어떻게 소개해야 할지, 학습자들에게 협동적으로 학습해야 할 주제를 어떻게 안내해야 할지 잘 모를 수 있다는 문제점이 제기되었다.

(4) 직소 Ⅳ

직소 Ⅳ는 Holiday(2002)가 직소 Ⅲ에서 전체 수업내용에 대한 공식적인 도입단계가 없고 교수자들의 수업내용 소개, 협동 학습 주제 안내 보완을 위해서 개발되었다. 원소속 집단을 구성하고 난 뒤에 전체 수업 내용에 대한 공식적인 소개를 하고, 전문가 집단에서 협동학습을 마치면 전문 과제에 대한 평가를 실시한다. 또한 원소속 집단에서 협동학습을 마친 뒤에 전체학습 과제에 대한 평가를 실시하고, 평가유예 기간을 두고 전체 학습에 대한 개별평가를 실시한다. 학습자들이 개별 과제나 전체 학습과제에 대하여 재교수가 필요한 경우 선택적으로 실시할 수 있다.

직소 Ⅳ의 구조 및 절차는 다음과 같다.

① 집단구성

② 도입(수업내용에 대한 소개)

③ 개인별 전문과제 부과

④ 전문과제별 모임 및 전문가 집단에서의 협동학습

⑤ 퀴즈 I(전문과제에 대한 평가)

⑥ 원소속집단에서의 협동학습

⑦ 퀴즈 II(전체 학습과제에 대한 평가)

⑧ 개별 평가

⑨ 개인점수, 향상점수, 집단점수 산출

⑩ 개별보상 및 집단보상

⑪ 재교수(선택활동)

직소 IV의 장점은 전문가 집단과 원소속 집단에서 1차적인 평가를 함으로써 학습자들 스스로 무엇이 부족하고 잘못되었는지를 파악하고, 보충하고, 정리할 수 있는 기회를 제공해 준다. 단점은 학습자들 입장에서 보면 전문가 활동을 끝낸 후 평가를 하게 되며 원소속 집단으로 돌아가서 다시 평가를 하며 다시 전체평가를 하게 되어 부담이 될 수 있고, 교수자 입장에서는 전문가 집단 활동을 위한 학습지와 평가, 원래 집단에서의 평가 그리고 전체 평가자료 등을 한 주제를 위한 준비시간이 많이 소요된다.

직소 모형의 장점은 협력에 의학 학습방법으로 각자가 맡은 역할을 수행하고 서로 협력하면서 활동하고, 자신에게 맡겨진 과제를 보다 책임감 있고 충실하게 조사하고 기록하게 되며 누구나 가르치는 입장에 서게 되므로 발표력과 책임감이 길러진다는 점이다. 또한 학습과제를 부여받은 학습자는 각 가정에서 또는 학습 집단에서 자료수집과 조사과정을 거쳐 충분히 학업준비를 할 수 있다. 그리고 그룹마다 같은 과제를 맡은 학습자들끼리 모여서 새로운 그룹을 구성하고 자신들이 수집 조사한 내용을 발표하고 토의하여 과제를 해결할 수 있다는 점이다. 반면 단점은 그룹마다 같은 과제를 맡은 하위 수준에 머문 학습자들의 지도배려가 각별히 요구된다(조성임, 2005).

2. 코프 코프(Co-op Co-op) 모델

1) Co-op Co-op의 개념

Kagan이 고안한 Co-op Co-op 모형은 한 학급에서 정한 전체 과제를 여러 모둠으로 구성된 학급 전체가 협동으로 해결하기 위해 모둠별로 협동 학습을 하는 독특한 형태의 협동 학습이다.

즉, 학습자들은 전체 학급에서 교수자가 제시한 주제에 관해 대략적인 학습 내용을 토론한 뒤 여러 소주제를 나누고, 자신이 원하는 소주제를 다루는 모둠에 속하여, 모둠 내에서의 토의를 통해 그 소주제를 또다시 더 작은 주제로 나누어 각각의 맡은 부분을 심도 있게 조사해 오게 된다. 학습자들은 자신이 조사한 내용을 가지고 모둠에서 정보를 나누게 되고, 이 모둠별로 그 모둠이 맡은 소과제를 전체 학급에 발표를 해서 학급 전체에게 주어진 학습 과제를 완수하게 된다. 즉 Co-op Co-op 모형은 전체 학급이 한 주제의 학습을 위해 분업의 원리를 이용하는 것이다. 이 모형의 사용은 인식 능력의 발달, 스스로 학습의 방향을 결정하는 능력, 동료 교수 기능, 사회적 기능 등의 학습 성과가 기대된다(정문성, 1996; 정문성 외, 1998; 정문성, 2006; 박성익, 1997; 박성익, 2003).

2) Co-op Co-op 모델의 구조 및 절차

이 모델의 구조와 절차는 10개의 단계로 구분해 볼 수 있으며, 각 단계별 내용은 다음과 같다.

① 1단계: 학습자 중심의 토의 수업

협동학습의 방법을 이용한 수업의 시작 단계에서, 학습자들은 다루어야 할 교과의 내용에 대한 자신의 흥미와 관심을 발견하고 표현하도록 조장된다.

② 2단계: 학습자 팀 선택하기

학습목표에 따라 교수자는 학습자들에게 팀을 할당할 수 있고, 혹은 학습자들이 팀을 선택할 수도 있다.

③ 3단계: 팀 형성과 사회적 기술 개발

각 팀의 구성원들이 "우리"라는 감정을 가지고 있어야 만이 성공할 수 있다. 팀 형성에는 팀 정체감 형성이 필요할 것이며, 사회적 기술 개발 활동은 의사소통 기술, 즉 적극적으로 경청하기, 지원적인 질문하기, 유용한 비판. 그리고 대립 해결 기술과 같은 것을 필요로 할 것이다. 집단 과정 역시 협동을 위한 협동학습의 하나의 과정임에 틀림없다.

④ 4단계: 팀 주제 선정하기

팀 주제 선택이 토의 과정을 통해서 나오지 않는다면, 학습자들은 학급 전체가 관심을 보이는 주제 중에 하나를 택해도 무방하다.

⑤ 5단계: 소주제 선정하기

학습 단원을 학급 전체의 각 팀들을 대상으로 나눈 것과 마찬가지로 각 팀은 팀의 토픽을 팀 구성원들과 나누어야 한다. 개별 학습자들은 팀의 주제의 어느 한 측면이라도 다룰 수 있는 소주제를 선택하도록 한다.

⑥ 6단계: 소주제 준비하기

자신의 소주제에 대한 학습 활동을 하기 시작한다. 그들은 소주제에 대한 책임이 자신에게 있음을 알게 되고, 팀 전체가 자신들에게 달려 있음을 알게 된다.

⑦ 7단계-소주제 발표하기

개별 주제로 활동을 마친 후에, 학습자들은 팀 구성원들을 대상으로 결과물을 발표한다.

⑧ 8단계: 팀 발표 준비하기

발표의 형태는 자료에 따라 결정된다.

⑨ 9단계: 팀 발표하기

팀 발표를 하는 동안 시 · 공간 그리고 교실의 여러 자원들의 이용에 대해 그 팀에서 책임을 진다. 즉 그들은 교실의 전반적인 것을 최대한 이용하는 것이 좋다.

⑩ 10단계: 반성 및 평가하기

평가는 세 가지 수준으로 실시한다. 즉 팀 구성원들이 개별 소주제에 대한 평가, 동료들이 팀 발표에 대한 평가, 교수자가 실시하는 소주제나 보고서에 대한 평가로 이루어진다. 모든 팀의 발표가 끝난 다음에 교수자는 발표의 내용과 형식에 대한 장점과 약점에 관하여 학습 토의를 이끌 수 있다(변영계 외, 1999; 전성연 외, 2007).

Co-op Co-op 모형은 GI모형이 정교하지 못한 절차와 활동으로 인해 협동 학습의 효과를 충분히 보여주지 못한 점을 보완하기 위해 개발된 것이다. 즉, 소주제를 중심으로 모인 모둠 내에서 또다시 미니 주제를 선택함으로써 자신이 하고 싶은 주제와 자신의 흥미에 적합한 미니 주제를 선택함으로써 좀 더 적극적으로 모둠 활동에 기여하고, 구체적인 실천 가능성을 높인다. 이 모형은 협동 학습에 익숙한 교수자와 학습자들에게 적합하다(전성연 외, 2007).

참고문헌

김영배, 「플립러닝 지원시스템 개발」, 부산대학교 대학원 박사학위논문, 2015.

대구가톨릭대학교 교수학습개발센터, 「대가 스마트 러닝, 플립러닝 수업설계를 위한 가이드」, 2015.

박성익, 『교수 · 학습 방법의 이론과 실제 1』, 교육과학사, 1997.

______, 『교수 · 학습 방법의 이론과 실제 2』, 교육과학사, 2003.

변영계 · 김광휘, 『협동학습의 이론과 실제』, 학지사, 1999.

이현구, 「직소 Ⅳ(Jigsaw Ⅳ) 협동학습을 통한 영어읽기 교수-학습이 학습자의 정의적 요인에 미치는 효과」, 『한국언어연구학회』, 19(3), 2014, 77-103쪽.

전성연 · 최병연 · 이흔정 · 고영남 · 이영미, 『협동학습 모형 탐색』, 학지사, 2007.

정문성, 「Co-op Co-op 협동학습모형의 적용」, 『열린교실연구』 4(2), 1996, 207-213쪽.

______, 『협동학습의 이해와 실천』, 교육과학사, 2006.

정문성 · 김동일, 『열린교육을 위한 협동학습의 이론과 실제』, 형설출판사, 1998.

조규진 · 김도기 · 김명수, 「좋은 수업의 조건 탐색: 5G를 중심으로」, 『초등교육연구』24(4), 2011, 325-350쪽.

조성임, 직소(Jigsaw) 「협동학습 활동을 통한 문법 능력 신장에 관한 연구」, 석사학위논문, 홍익대학교, 2005.

천현실, 「직소모형 Ⅲ, Ⅳ을 적용한 조선시대 회화 작품 감상 교수-학습 연구: 중학교 3학년을 대상으로」, 한국교원대학교 교육대학원, 석사학위논문, 2012.

Aronson, E., Blaney, N., Stephan, C., Sikes, J., & Snapp, M., The jigsaw clssroom Beverly Hils: Sage Pub, 1978.

Brophy, J., Teaching, educational practices series, onograph No. 1. International Bureau of Education,1999.

Eisner, E., The art and craft of teaching, Educational Leadership, 40(4), 1983, pp. 4-13.

Gagne, R. M., Essentials of learning for instruction, Hinsdale III. : Dryden Press, 1974.

Holiday, D. C., Jigsaw IV: Using student/teacher cncerns to improve Jigsaw Ⅲ. ERIC Document Reproduction Service NO. Ed. 2002, 465-687.

Kagan, S., Cooperative Learning resources for teachers Riverside, CA: University of California at Riverside, 1985.

Slavin, E. R., Using student team learning MD: Johns Hopkins University, 1986.

Steinbrink, J. E., & Stahl, R. J., Jigsaw Ⅲ=Jigsaw Ⅱ+cooperative test review: Applications to the social studies classroom In Cooperative Learning in social studies: A textbook for teachers, edited by R. J. Stahl, New York: Addison-Wesley Publishing company, 1994.

제14장

교수설계와 교안작성

본 장에서는 교육을 준비하는 교관의 핵심 역할 중 하나인 교수설계와 교안작성에 대해서 다룬다. 먼저, 교수설계는 교수체제계발 모형(ISD) 중 가장 일반화된 ADDIE 모형을 기초로 교수설계 절차에 대해서 정리하고, 다음으로 교안작성법을 통해서 교안작성의 원칙과 구성방법 등에 대해서 살펴봄으로써, 실제 군 간부로서 교육임무를 부여받았을 때 효과적으로 교안을 작성할 수 있도록 한다. 아울러 가장 전통적인 설계모형인 타일러의 교육과정설계 모형에 대해서 살펴본다.

학습내용

- 제1절　교수설계
- 제2절　교안작성

제1절 교수설계

1. 교수설계의 개념

교수설계는 교육준비와 관련된 사항으로서 독자 여러분에게 고기를 잡는 법을 가르쳐주는 과제라 할 수 있다. 연어가 회귀하는 시기에 알래스카나 캐나다 등을 방문해서 관광하다 보면 계곡의 한 가운데에서 어미 곰이 새끼 곰에게 고기 잡는 법을 가르쳐주는 모습을 볼 수 있다. 그런데 그곳은 물살도 있고 물이 낙하하는 폭포인 경우도 있다. 어미 곰에게는 문제가 되지 않지만, 새끼 곰에게는 상당히 위험한 곳인데 어미 곰은 굳이 새끼 곰을 데리고 들어가 물고기를 잡는다. 그 이유는 무엇일까? 그것은 쉽게 어미가 준 물고기만 먹은 곰은 훗날 성체로서 생존할 수 없지만, 어렵고 힘들더라도 어미 곰에게 물고기 잡는 법을 배운 곰은 스스로 생존할 수 있기 때문이다. 바로 이와 같이 교수설계는 실제 수업을 어떻게 준비하고 계획해야 하는지를 알려주는 과제로서, 군 간부가 되고자 하는 독자나 교사가 되고자 하는 독자 모두의 실제 수업준비에 많은 도움을 줄 것이다.

수업을 앞두고 교육을 준비하고 있다면 제일 먼저 해야 할 일은 어떤 내용으로 어떻게 진행할 것인지를 구상하고 그에 따른 교수계획을 수립하는 것이다. 만일 교육에 앞서 교수자가 교수계획을 수립하지 않는다면, 이것은 부대를 지휘하는 지휘관이 작전계획 없이 전투에 임하는 것과 마찬가지의 상황일 것이다. 따라서 집을 지을 때 설계를 잘 해야만 좋은 집을 지을 수 있듯이, 세밀하고 철저한 교수설계를 하는 것은 매우 중요하다.

교수설계란 학습해야 할 교육내용을 어떻게 실제 교육에 옮기는가에 대한 계획이다. 다시 말해 학습의 실패를 예방하기 위한 사전 계획 활동이며 교육목표, 내용, 방법, 활동, 시간, 장소, 교보재 등 교육과 관련한 제요소를 체계적으로 통합하고 조직하는 수단이라 할 수 있다. 따라서 교수자가 성실하게 교수설계를 한다면, 훌륭한 교육진행과 아울러 학습자(부대원)의 학습성과를 최대한 높일 수 있을 것이다(나승일, 2009).

일반적으로 설계라는 말은 우리가 무엇을 개발한다든가, 특정한 문제를 해결하기 위하여 어떤 계획을 수행하기에 앞서 체계적인 계획을 세우는 과정을 의미한다. 따라서 교수설계를 할 때는 성공적인 수업에 영향을 미칠 수 있는 제반 요소를 고려해야 한다.

교수설계에서는 창의성 또한 매우 중요하다. 교수설계의 초보자는 설계하는 일이 단순노동일 뿐이라는 인상을 갖기도 하지만 사실은 그렇지 않다. 건축물의 설계가 창의성이나 상상력을 필요로 하듯이 교수계획 수립도 마찬가지로 상상력이나 독창성을 필요로 한다. 교수계획 수립자는 수업이 고무적으로 오랜 시간 기억될 수 있도록 상상력과 독창성을 발휘하여야 한다.

교수설계는 기대되는 학습성과를 달성하기 위하여 최적의 수업과정을 처방하는 데 관심이 있는 분야이다. 교육이란 아직 미성숙한 학생들을 교육프로그램을 통하여 어떤 바람직한 인간으로 성장하도록 안내하고 도와주는 과정이다. 그렇기 때문에 수업은 시행착오적 과정으로 계획되어서는 안 된다. 교수설계는 교수활동에 대한 창의적인 아이디어를 갖추고 있어야 하며, 실현 가능성이 있는 프로그램을 개발해야 하고, 프로그램 계획에서 논리적인 체계성과 합리성을 갖추어야 한다.

이렇듯, 교수설계는 수업의 효과를 증진시킬 수 있는 최적의 교수 방법을 만들기 위한 조직적인 절차이다. 좀 더 넓게는 교수의 분석 · 설계 · 개발 · 실행, 그리고 평가의 단계가 포함된 조직적인 절차로 정의하기도 한다. 결국 교수설계는 '가르치는 과정'을 최적화하기 위한 활동이다. 또한 교수설계는 특정의 학습내용과 학습자가 주어졌을 때 학습자에게서 기대하는 변화를 일으킬 수 있는 최적의 교수방법이 무엇인가를 결정해나가는 과정이다. 그러므로 교수설계는 사람들이 배우고 발달할 수 있도록 더 잘 도와주는 방법에 대하여 명백한 지침을 제공한다.

2. 교수설계 절차

통상 군에서는 일반적인 교육과정의 절차인 교육준비 · 실시 · 평가의 순으로 교육을 준비하고 있다. 그러나 이러한 절차는 교육계획의 수립과 준비 과정이 구체화되어 있지 않아서 교관의 경험에 의존하거나 주먹구구식으로 진행할 수밖에 없으며, 교육준비가 체계화되어 있지 못하다 보니 그 성과도 담보하기 어려운 지경이다. 따라서 체계화된 절차와 지침으로써 교수설계 절차를 이해하고 적용할 수 있어야 한다.

교수설계를 하는 방법은 여러 가지가 있겠지만, 가장 일반적인 방법으로는 학교 현장에서 보편적으로 사용되고 있는 일반모형으로서의 교수체제개발 모형 즉, ISD(Instructional Systems Development: 교수체제계발) 모형이 있다.

이 모형은 분석(Analysis), 설계(Design), 개발(Development), 실시(Implementation), 평가(Evaluation)의 단계로 구성되어 있어서 각각의 영문 이니셜을 따서 애디(ADDIE)라고도 부르는데, 교육준비 · 실시 · 평가의 환류 과정을 통해서 이루어지는 일반적인 교육과정과도 일치한다. 특히 분석, 설계, 개발은 교육준비 과정에 해당하고, 실시는 교육실시, 평가는 교육평가와 동일한 과정이다.

이제 ISD모형에 대해 보다 구체적으로 알아보자(나승일, 2009; 조규락 · 김선연, 2007; 조용개 외, 2011).

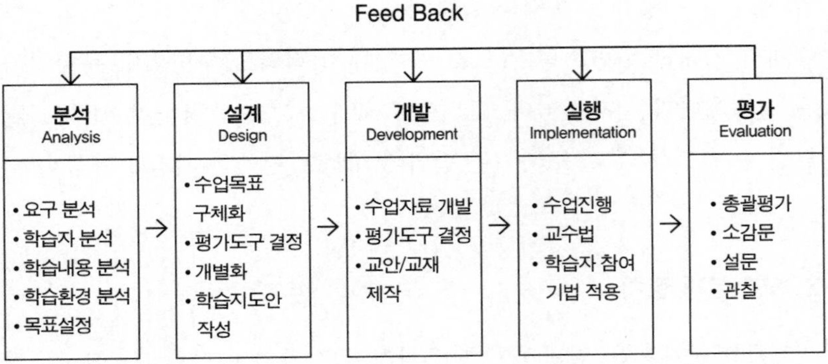

그림 14-1 **교수설계 일반 모형 피드백(과정중심 평가)**

먼저, 분석은 교육에 영향을 미칠 수 있는 요소를 알아보는 과정이다. 주로 시간, 장소, 학습대상, 교육목적, 교육내용, 교보재(training aids, 교육보조재료), 기타 환경요소와 추가적인 요구, 즉 학생과 상급기관 또는 교육과정상의 요구사항(군에서는 지휘관이나 상급부대의 지시, 방침을 말한다) 등을 분석하여 교육준비를 위한 기초를 만드는 과정이라 할 수 있다.

다음으로 설계는 교육을 위한 구체적인 계획을 수립하는 과정이다. 주로 교육목표, 내용, 방법, 보조재료 개발, 평가 등을 계획하고 종합하여 하나의 학습지도안으로 만드는 과정이라 할 수 있다.

개발은 학습지도안에 기초하여 실제 교육에 활용할 교안이나 교재, 슬라이드 등을 제작하는 과정이다. 통상 교안은 시나리오식, 개조식, 메모식 등으로 만들며 교보재로 슬라이드, 빔 프로젝터 등 교육에 필요한 보조 재료를 준비한다.

실시는 실제 학습자(부대원)들 앞에서 교육을 실시하는 과정이다. 교관이 교육을 제대로 하기 위해서는 교안도 필요하지만 교관으로서 태도를 갖추고 충분한 능력을 키워야 한다(제11장 교관과 교수기법 참조). 아울러 실시단계에서는 교육을 어떠한 방법으로 성과 있게 할 것인가를 연구하고 준비해야 한다. 따라서 일반적인 교육방법으로 할 것인가, 아니면 새롭고 창의적 교육방법을 적용할 것인가를 고민하고 준비해야 한다.

평가는 학습자의 이해 정도를 측정하고 차후 교육을 위한 성과분석을 위해 실시한다. 대표적인 평가방법으로는 진단평가와 형성평가, 총괄평가가 있으며, 교육소감이나 설문을 통해서 교육성과를 분석하고 평가할 수 있다. 이 중 진단평가는 교육을 시작하기 전 또는 교육 초기에 학생들이 교과목과 관련하여 어느 정도 준비가 되어 있고, 선수학습을 통해 지식을 쌓았는가를 알아보는 것으로서, 간단한 퀴즈나 쪽지시험, 질의응답 등의 방법으로 실시할 수 있다. 형성평가는 교육수행 중 어느 정도 목적한 바를 이루었는지 또는 학습목표에 근접한 학습태도를 완성하였는지를 평가하는 것으로서, 일반학교에서 실시하고 있는 수행평가와 유사한 의미로 해석할 수 있다. 형성평가는 주로 실습이나 발표 및 토의, 쪽지시험과 같은 지필평가 등을 통해서 실시할 수 있다. 총괄평가는 과목이 종료되는 시점이나 종료된 일정시점 이후에 실시하게 되는데, 해당 교과목 전반에 대해서 인지, 정의, 심동 영역을 종합적으로 평가하고 완성도를 살펴보기 위해서 실시하는 평가이다. 이 외에도 평가는 교육관찰이나 학생의 소감문, 교수자의 자기평가를 통해서도 가능하다. 하지만, 평가에 있어서 무엇보다 중요한 것은 평가결과를 교수자가 겸허히 수용하고, 이에 대한 피드백을 통해 다음 차의 교육을 더욱 발전시키는 데 있다. 그래서 유능하고 명망 있는 교관(수)일수록 자기 평가를 반드시 실시하는 것으로 알려져 있다.

따라서 독자 여러분은 학교교육현장이든 군부대의 야전이든 자신에게 부여된 교육을 준비할 때는 선배들이 만들었던 자료나 상급부대

지시 공문 및 자료 등만 보고 준비하지 말고, 꼭 교수설계 과정을 거쳐서 교육을 준비하길 바란다.

3. 타일러의 교육과정설계 모형[47]

수업을 진행하기에 앞서, '학습자는 무엇을 학습(수업목표)해야 하는가?', '그것을 학습하기 위해서 제공될 학습활동은 무엇인가?', '수업자료는 무엇인가?', '그것을 토대로 수업진행을 어떻게 할 것인가?', '학습자들이 수업목표를 성취했는지 어떻게 밝히겠는가?' 등의 질문에 답할 수 있어야 할 것이다. 이러한 질문과 더불어 수업을 효과적으로 진행하기 위하여 여러 원칙(요소)들을 고려해야 한다(백영균 외, 2012).

사실 교수설계의 모형은 학자에 따라 다양하게 연구 · 개발하여 발표하였다. 여기에서는 기본적인 교수설계 모형인 타일러의 합리적 교육과정설계 모형을 살펴보고자 한다.

타일러의 교육과정설계 모형은 교육과정을 설계하는 데 합리적 절차를 제시하는 모형으로 다양한 교수설계 모형의 발전에 크게 기여하였다. 그는 『교육과정과 수업의 기본 원리』라는 책의 서문에서 교육과정과 수업을 개발하는 데 있어서 대답해야 할 네 가지 기본적인 문제의식을 제안하였는데, 이 네 가지 문제의식은 앞서 언급한 질문과 거의 유사하며 이러한 문제의식을 해결하기 위해서 타일러는 자신의 개발모형을 구안하였다. 네 가지 문제의식과 타일러의 교수설계 모형을 보면 다음과 같다(백영균 외, 2012; 이지헌 외, 2012).

---

47 본 장은 백영균 외(2012), 『교육방법 및 교육공학』, 학지사에서 주요내용을 발췌하여 재정리하였다.

- 학교에서 추구해야만 하는 교육목표는 무엇인가?
- 이 교육목표를 달성하기 위하여 어떤 교육적 경험을 제공할 수 있는가?
- 이 교육적 경험은 어떻게 효과적으로 조직할 수 있는가?
- 이 교육목표가 달성되고 있는지에 대하여 어떻게 알 수 있는가?

이를 해결하기 위하여 타일러는 교수설계 단계를 교육목표의 설정단계, 학습경험의 선정단계, 학습경험의 조직단계, 학습성과의 평가단계로 설정하였다.

첫째, 교수목표 설정단계이다. 타일러는 교수목표의 설정을 위한 자원으로 학습자에 대한 연구결과, 사회에 대한 연구결과 및 교과전문가의 견해를 들었다. 이 자료들에서 임시적 교육목표를 추출한 다음, 과연 교육목표가 가르칠 가치가 있는 목표이며 학습 가능한 목표인지를 교육철학과 학습심리학을 도구로 하여 정선한 후에 구체적인 목표를 결정해야 한다고 하였다. 이렇게 설정된 구체적인 목표는 목표의 기능을 수행하고, 서로 다르게 해석되지 않도록 하기 위해서 내용과 행동이 동시에 포함된 행동적 용어로 진술되어야 한다고 하였다.

다음은, 학습경험의 선정단계이다. 이 단계에서는 설정된 교육목표를 달성할 수 있는 학습경험을 선정하여야 한다. 학습경험의 종류로는 예를 들어, 사고력을 발달시키는 데 유용한 경험, 정보 습득에 도움이 되는 경험, 사회적 태도 발달에 도움이 되는 학습경험, 흥미 개발에 도움이 되는 경험 등이 있다. 또한 이들 학습경험을 선정하는 데는 일반적인 원칙이 있다. 예를 들어, 학생들에게 실제로 경험할 수 있는 기회가 제공되어야 한다는 '기회의 원칙', 학생들의 발달 수준이나 능력을 고려하여 경험이 가능해야 하는 '가능성의 원칙', 학생들이 경험한 결과에 대하여 만족감을 느낄 수 있어야 한다는 '만족의 원칙', 하나의 목표를 달성하기 위하여 다양한 경험과정을 거칠 수 있어야 한다는 '경험의 원칙', 하나의 경험이 여러 가지 목표달성에 관련되어야 한다는 '일(一) 경험 다(多) 목표의 원칙' 등을 고려하여 학습경험을 선정해야 할 것이다.

셋째, 학습경험의 조직단계이다. 학습경험의 조직이란 선정된 경험을 효과적으로 학습하기 위한 방안으로써 학습 순서를 정하는 것이다. 이들 학습경험의 조직 준거로는 계속성(continuity), 계열성(sequency), 통합성(integration)이 있다. 계속성은 핵심적인 교육과정의 요소가 수직적으로 반복되도록 조직하는 것이고, 계열성은 이러한 반복이 단순 반복이 아니라 반복될 때마다 핵심적 요소의 경험 수준과 범위가 점점 더 깊어지고 넓어지도록 조직하는 것, 통합성은 교육과정 경험의 수평적 관계에 관련되는 것으로써 해당 교육과정의 핵심적 요소가 여러 교과에서 다루어짐으로써 학생이 통합적인 관점을 형성하도록 조직하는 것을 의미한다. 이 세 가지 준거를 고려하여 학습경험을 조직해야 할 것이다.

마지막으로, 학습성과 평가단계이다. 평가의 과정은 교육과정과 수업 프로그램에 의해서 교육목표가 실제로 어느 정도로 실현되는지를 결정하는 과정이다. 이러한 평가의 개념은 두 가지 측면을 지니는데, 하나는 학생의 행동을 평가하여 교육목표의 달성 정도를 확인하는 것이며, 다른 하나는 평가를 최소 두 번 이상 실시하는 것으로 하나는 프로그램의 초기에 실시하고 다른 하나는 프로그램이 진행되고 난 이후에 실시함으로써 두 평가 결과 간의 차이로 프로그램의 효과를 평가한다. 따라서 학습성과의 평가는 학습자의 목표 달성도를 알아보기 위한 목적과 교수 프로그램의 효과성을 알아보기 위한 목적 두 가지로 수행된다.

제2절
교안작성[48]

ADDIE(교수체제개발)를 활용하여 교수계획을 수립했다면 그 다음에는 교안을 작성하고 교보재를 준비해야 한다. 다만, 군에서는 교안과 교보재를 제작하기에 앞서 교수계획을 토대로 보고서, 즉 교육계획서를 만들어 지휘관 또는 책임 있는 상급자에게 보고를 해야 한다. 학교현장에서 사용하는 용어로 학습지도안을 만들어야 한다는 것이다. 군에서 사용하는 교육계획서는 정해진 양식은 없으나 일반적으로 업무보고 양식을 준용하여 사용하며, 주로 6하원칙에 의거 교수계획에서 구상한 내용을 기술하면 되기 때문에 본 장에서 별도로 설명하지는 않겠다.

1. 교안작성의 중요성

교수자가 수업을 준비하면서 교안을 작성해야 하는 이유가 무엇일까? 단순히 교수자의 만족을 위해서 만드는 것은 아니다. 이는 교안을 만들어야 수업을 체계적으로 진행할 수 있기 때문이다. 좋은 집을 짓기 위해서는 잘 그려진 설계도가 필요하듯이 좋은 강의를 위해서는 반드시 교안이 있어야 한다.

필자가 야전 근무를 한 경험을 통해서 보면, 오랜 군생활과 교관경

---

48 국방정신전력원(2014), 「정훈교육기법 강의 교안」; 육군본부(2006), 『야교 7-0-1 교수법』을 재정리하였음.

력을 통해 어느 정도 노하우가 있다면 정식교안 없이 메모만 갖고도 교육을 진행할 수는 있다. 하지만 이러한 사람도 종종 중언부언하고 의도한 내용을 제대로 전달하지 못해서 교육효과를 반감시킬 뿐만 아니라, 교관에 대한 신뢰를 추락시키는 결과를 가져오는 경우를 많이 보았다. 사실 교안작성이 중요한 이유는 교안 그 자체가 학습활동에 있어서 기반이 되는 학습지도안으로서, 교관은 교안을 작성함으로써 교육내용을 빠짐없이 전달할 수 있고 교육활동의 일관성을 유지할 수 있기 때문이다.

훌륭한 교안을 작성하기 위해서는 작성원칙을 준수해야 한다. 기본적인 원칙으로는 구체성과 명확성, 실용성, 평이성, 논리성을 제시할 수 있다.

① 구체성의 의미는 교안은 구체적으로 작성되어야 한다는 것이다. 교수자가 아무리 암기력이 뛰어나더라도 사소한 내용까지 교안에 기록해 두는 것이 충실하고 여유 있는 강의의 출발점이 되기 때문이다. 물론, 야전에서는 필요에 따라 간단히 개조식 또는 메모식으로 교안을 작성해서 활용하기도 하지만, 이 경우에는 교수자가 내용을 완전히 숙지하고 있을 때 활용해야 효과적이다.

② 명확성이란 명확히 볼 수 있도록 크고 깨끗하게 작성해야 함을 의미한다. 교안은 교육 중 참고할 수 있어야 하기 때문이다.

③ 실용성이란 교안은 교육 시 실질적으로 사용할 수 있도록 작성되어야 한다는 것을 말한다. 교안에 있는 내용은 교육 시 모두 전달되는 것을 전제로 하기 때문에 강의 또는 교육활동 순서대로 작성해야 한다.

④ 교안은 교관 자신뿐 아니라 교육생까지도 쉽게 이해할 수 있도

록 평이하게 작성되어야 한다. 실제 교안을 학생들에게 주고 읽어보라고 했을 때 교수자의 설명 없이도 이해할 수 있을 정도가 되어야 한다는 의미이다. 교안이 어렵다면 교관의 강의도 어렵다는 뜻이기 때문이다.

⑤ 교안은 이론적이고 체계적으로 작성되어야 한다. 교안의 서술 내용이 곧 강의 내용이기 때문에 이는 객관적이고 보편타당해야 한다.

2. 교안의 구성 및 작성 절차

그러면 지금부터 군에서 가장 대표적으로 사용되고 있는 강의식 교육을 중심으로 교안작성 요령에 대해서 설명하겠다. 아울러 이 방법은 프레젠테이션을 전제로 한다.

통상 교안은 도입 - 전개 - 종결 순으로 구성되며 도입은 5~10%, 전개는 80~85%, 종결은 5~10% 정도 비율로 구성한다.

먼저, 도입부는 주의집중, 동기부여, 진행절차 등으로 구성되며, 여기에 포함되어야 할 구체적 내용은 선수학습 및 본 과목소개, 교육이유, 요망수준, 진행절차 등이고, 전체 강의 내용 중 약 5~10% 정도에 해당된다.

특히 도입단계 구성 시에는 "왜 이러한 교육을 하는가?"에 대한 이유를 알고 싶어 하는 학습자들의 요구에 답을 제시하기 위해 과목의 중요성을 인식시켜야 하며, 교육 후에 얻을 수 있는 효과를 반드시 제시해야만 교육 동기를 유발할 수 있다.

또한, 앞으로 "교육이 어떻게 진행될 것인가?"를 학습자들이 알고 마음의 준비와 행동을 예측하도록 유도해야 한다. 이를 위해서 수업의 목차나 차례 또는 수업의 진행 방식과 콘텐츠를 소개하는 것이 필요하다. 실제 교육현장에서 콘텐츠 소개를 쉽게 넘어가는 경우가 많은데 이는 잘못된 것이다.

둘째, 전개단계의 진행요령은 도입단계에서 제시된 교육개요의 순서에 따라 일목요연하게 교육내용을 전개시키고 예증과 실례를 들어 흥미를 유지해야 한다.

특히 논리적 타당성, 상호연관성, 질서 정연한 진행이 유지되어야 하며, 학습자들의 흥미를 유발할 수 있도록 구체적 설명과 적절한 이야기와 경험담, 그리고 상황에 맞는 예증과 실례가 제시되어야 한다.

또한 일반적인 성인 학습자의 집중시간이 15분임을 고려하여 15분 이내에 변화를 주어 교육생들이 지속해서 교수자의 강의에 집중할 수 있도록 해야 한다. 그 방법은 영상이나 유머, 스트레칭과 같은 스팟을 활용하거나 강의방법의 변화 또는 강의내용의 계열화 등 수업의 구조화를 통해 다양하게 적용할 수 있다. 아울러, 핵심이 되는 내용을 자주 요약하고 강조하여 학습자가 핵심내용을 숙지할 수 있도록 해야 하며 이러한 숙지 상태를 수시로 질문 및 답변을 통해 확인해야 한다.

셋째, 종결은 전개내용의 종합과 전반적인 개념정리, 그리고 중점요약으로 꼭 알아야 할 사항을 재강조하고 질문 및 답변으로 의문을 해결해주는 단계이다.

다시 말해 종결은 배운 강의내용을 종합하고, 동시에 본 교육의 중점을 요약하여 다음 학습에 대한 동기를 부여할 수 있도록 구성되어야 한다는 것이다. 또한 결어로서 강의를 맺음해야 하는데, 이때 유의할 사항으로 전개에서 해야 할 내용을 이야기하거나 새로운 내용을 말해 혼돈이 발생하지 않도록 해야 한다. 종결은 전체교육 내용의 10%를 넘어서지 않도록 간결하고 깔끔하게 마무리해야 한다.

이상에서 교육 계획수립과 교안작성과정에 대해서 정리했다. 내용을 정리하는 차원에서 다시 한번 강조하면, 군대교육을 준비함에 있어서 제일 먼저 할 일은 교수계획을 수립하는 것이며, 이것은 집을 지을 때 설계를 하는 것과 마찬가지이다. 교수계획의 수립은 분석-설계-개발-실시-평가의 단계로 이루어지며, 이러한 과정을 통해 교수계획이 완성되면, 학습지도안을 작성하여 지휘관이나 상급자에게 보고해야 한다. 이후, 교수계획을 토대로 교안을 작성하며 교안은 도입, 전개, 종결로 구성하고 그 내용은 구체적으로 기록하는 것이 좋지만 시간과 여건을 고려해 개조식 또는 메모식으로도 작성할 수 있다.

좋은 계획과 충실한 교안은 성공적인 교육의 바탕이 되므로 군에서 교육을 준비할 때, 아무리 바쁘고 귀찮더라도 반드시 교수계획을 수립하고 충분한 연구를 토대로 교안을 작성하여 교육성과를 극대화시켜야 할 것이다. 하지만, 좋은 계획과 교안이 있다고 교육이 무조건 성공적으로 진행될 수는 없다. 교육내용과 성격, 기타 여건에 맞는 적절한 교육방법을 적용해서 진행해야만 좋은 교육이 될 수 있음을 명심해주길 바란다.

참고문헌

국방정신전력원, 「정훈교육기법 강의교안」, 2014.

나승일, 『대학에서의 효과적인 교수법 가이드』, 서울대학교출판문화원, 2009.

민혜리, 『교수법 가이드』, 교육과학사, 2008.

백영균 외, 『교육방법 및 교육공학』, 학지사, 2012.

육군본부, 『야교 7-0-1 교수법』, 육군인쇄창, 2006.

이지헌 외, 『교육학의 이해』, 학지사, 2012.

이형행 · 권영성, 『교육학개론』, 공동체, 2010.

조규락 · 김선연, 『교육방법 및 교육공학』, 학지사, 2007.

조용개 외, 『교수전략』, 학지사, 2011.

제15장

군교육훈련 관리

본 장에서는 군교육훈련의 이념과 기본체계를 이해하고 야전에서 이루어지는 교육훈련의 실제와의 관계를 다루고자 한다. 평시의 군교육훈련은 전승의 요체로서 그 중요성을 아무리 강조해도 지나치지 않는다. 앞 장에서 다루어진 교육훈련의 이론을 토대로 개인 및 부대훈련을 과학적이고 체계적으로 야전과 접목시킴으로써 전투력을 극대화할 수 있을 것이다. 따라서 제1절에서는 군교육훈련의 이론과 기본 체계를 살펴보고, 제2절에서는 국방교육훈련의 철학적 기조와 방향을 알아보고, 제3절에서는 분야별 교육훈련의 중점과 발전방향을, 제4절에서는 교육훈련과 밀접한 관련이 있는 군 인적자원 개발정책에 대해서 고찰한다.

학습내용

- 제1절 군교육훈련의 이념과 기본 체계
- 제2절 국방교육훈련의 철학적 기조와 방향
- 제3절 분야별 교육훈련 중점과 발전과제
- 제4절 군 인적자원 개발정책

제1절
군교육훈련의 이념과 기본 체계

1. 군교육훈련의 이념

군교육훈련의 목표는 적과 싸워 이길 수 있는 강한 전사, 강한 군대를 육성하는 데 있다. 이를 위해 전 장병과 부대는 전 · 평시 부여된 임무를 완수할 수 있도록 "싸우는 방법대로 훈련하고, 훈련한 대로 싸운다"는 기본 개념을 설정하고 전투임무 위주의 실전적 교육훈련을 실시하고 있다(국방부, 2010). 군은 국가와 사회 차원의 요구를 수행해야 하는 기능적 과제를 안고 있다. 따라서 군은 일차적으로 국가 방위의 기본 임무를 수행하면서도 세계평화에 기여, 재해 · 재난 구조, 위민 활동 등 지식기반 사회에서 감당해야 할 새로운 영역을 수행해야 하는 이중적 과제를 지고 있다.

군교육훈련의 이념은 국방목표 달성을 위해 군 구성원의 자질과 능력을 향상시키고, 부대의 전투력을 최상의 수준으로 제고시킴으로써 국방목표를 달성하는 데 있다. 이것은 교육훈련계획 수립과 시행 시 지향해야 할 통일된 방향을 제공하고, 교육훈련의 형식과 내용에 대한 개념적 수준을 제시해주는 준거다. 그 내용은 〈그림 15-1〉과 같다.

군교육훈련의 목적은 교육훈련 이념에서 명시한 바와 같이 "적과 싸워 이길 수 있는 개인 및 부대를 육성"하는 데 있다. 개인 차원에서는 임무수행에 필요한 능력과 자질을 구비한 장병을 육성하고, 조직 차원에서는 적보다 절대 우위의 의무 종사 능력을 갖춘 부대를 육성함을 목적으로 한다.

우리는 대한민국의 자유와 독립을 보전하고 국토를 방위하며, 국민의 생명과 재산을 보호하고, 나아가 국제평화의 유지에 이바지함을 그 사명으로 하는 국민의 군대이다. 이를 위해 우리는 교육훈련에 정진해야 한다.

교육훈련은 전투력 배양의 필수요소로서 그 목적은 적과 싸워 반드시 이길 수 있는 개인 및 부대를 육성하는 데 있다. 그러므로 군인은 투철한 국가관과 확고한 사상무장을 바탕으로 군인정신을 기르고, 직무 수행에 필요한 전문 지식과 기술을 익히며, 필승의 전기전술을 연마하고, 강인한 체력을 단련하며, 부대 훈련에 힘써야 한다. 참된 군인은 훌륭한 민주시민이 되는 길임을 깨달아 맡은 바 임무를 완수하고 강건한 국군으로서 국토통일과 인류공영에 이바지한다.

그림 15-1 **군교육훈련의 이념**

출처: 대통령령 제20282호, 군인복무규율(2007. 9. 20).

군교육훈련은 교육훈련 이념을 구현하고 그 목적을 달성할 수 있도록 설정해야 한다. 또 교육훈련은 정예장병 육성과 정예부대 육성에 일관되게 집중되어야 하며, 이는 군별 교육훈련 목표와 각급 교육과정 및 단위수업별 목표 설정 시 반드시 반영되어야 하는 것이다. '싸워 이길 수 있는 개인 육성'을 위한 교육훈련은 확고한 국가관과 투철한 군인 정신, 임무수행을 위한 전문성, 강인한 체력과 의지, 건전한 시민의식 함양이라는 세 가지 기본 방향에 기초를 두고 시행해야 한다.

첫째, 확고한 국가관과 투철한 군인정신이다. '국민의 군대'라는 사실을 신념화함으로써 국가에 대한 충성과 애국애족 정신을 최상의 덕목으로 해야 한다. 또한 모든 장병은 필승의 신념, 명예심, 그리고 국가와 군에 대한 충성심과 상관에 대한 복종심을 근간으로 하는 군인정신을 함양해야 한다. 따라서 각종 교육훈련은 군인정과 군인으로서 갖추어야 할 국가관을 함양할 수 있도록 시행해야 한다.

둘째, 임무수행을 위한 전문성을 구비한 창의적인 군인 육성이다. 장병 개개인은 자기 분야에서 직위에 상응하는 군사적 식견과 판단력을 구비해야 한다. 즉, 전술전기(戰術戰技)에 관한 군사 전문 지식은 물론 과학적 사고 능력과 창의력을 구비해야 한다. 아울러 군의 과학화와 정보화 추세에 부응해 미래전에 대비한 잠재능력을 갖추고 있어야 한다. 따라서 교육훈련은 장병의 단순지식이나 정보의 축적량을 늘리기 위해서가 아니라 스스로 군사적 지략과 창의적 판단능력을 개발하는 것에 초점을 맞추어야 한다.

셋째, 강인한 전투체력과 의지를 갖춘 군인이다. 전투 상황은 군인으로 하여금 극한의 위험과 심신의 고통을 이겨낼 강인한 체력과 의지를 요구한다. 그러므로 군인은 전장에서 당면하게 될 어떠한 악조건도 극복하면서 싸워 이길 수 있는 체력과 의지력을 갖추어야 한다. 따라서 평상시 교육훈련은 투철한 군인정신을 바탕으로 강인한 체력과 의지를 배양함으로써 유사시 효과적으로 대응할 수 있는 장병 육성에 중점을 두어야 한다.

넷째, 건전한 민주시민의식을 함양한 군인의 육성이다. 미래사회는 정보화와 국제화의 물결 속에서 민주주의가 확고히 자리 잡는 사회다. 이러한 민주주의를 수호하는 것이 군의 임무이다. 따라서 군인들은 자신들이 지켜나가는 민주주의의 가치와 원칙, 제도적 요건들을 명확히 이해해야 한다. 또한 장병들은 건전한 가치관과 공동체 의식을 가진 올바른 민주시민으로서 소양을 길러야 한다. 따라서 교육훈련은 장병들이 민주적인 습관과 태도, 가치를 지닌 바람직한 민주시민으로 성장하는 데 도움을 줄 수 있도록 계획하고 시행해야 한다.

다음으로 '싸워 이길 수 있는 부대 육성'을 위한 군교육훈련은 실전적 교육훈련, 합동전력 극대화 훈련, 과학적 교육훈련이라는 세 가지 기본 방향에 기초를 두고 시행해야 한다.

첫째, 실전적 교육훈련은 전투에서 전승을 보장할 수 있는 능력을 구비토록 하는 것이다. 모든 교육은 실제 전투 임무를 수행할 수 있는 전투 수행 방법 위주로 운영되어야 한다. 평시 교육훈련 내용을 유사시 최대로 활용하기 위해서는 실제 전투상황을 상정한 후 그 바탕 위에 제대별 · 직책별 전투 기법(How to Fight) 중심의 교육훈련을 실시해야 한다. 즉 전투에 영향을 미치는 제반 변수를 종합적으로 판단해 교육훈련 상황을 최대한 실전상황과 유사하게 묘사한 후 강도 높은 교육훈련을 시행해야 한다. 예컨대 제대별로 대적할 적 부대의 편성과 무기, 장비의 제원과 특성, 전술, 강 · 약점 등을 숙지하고 적의 위협별 공격 양상을 연상해 구체적으로 준비할 수 있는 교육훈련이 이루어져야 한다. 이것이 "싸우는 방법대로 교육훈련하고 교육훈련한 대로 싸운다"는 실전적인 교육훈련이다.

둘째, 합동전력 극대화 훈련이다. 우리 군은 전투 수행능력을 배양하기 위해 소부대 교육훈련에서부터 대부대 교육훈련에 이르기까지 각 군별 특성에 맞는 다양한 교육훈련을 실시하고 있다. 그러나 현대전은 대부분 합동작전 형태로 이루어지기 때문에 전승을 보장받기 위해서는 제한된 각 군의 전력을 유기적으로 통합하고 발휘해야 한다. 따라서 교육훈련은 단위부대 또는 각 군이 상호 간 지원요소와 지원절차를 명확히 이해하고 전력 구성요소를 적시에 통합해 활용할 수 있는 능력을 배양할 수 있도록 해야 한다.

셋째, 과학적 교육훈련이다. 무기체계의 첨단화와 정밀화 추세로 이를 운용하고 정비할 수 있는 능력을 갖추기 위해서는 각종 교육훈련시 모의장비 활용과 모의훈련 기법이 필요하다. 또한 훈련장 사용의 제한과 대규모 기동훈련의 어려움 등은 컴퓨터기반 훈련(Computer Based Training: CBT)[49]이나 워게임(War Game)과 같은 교육훈련 방법의 과학화를 요구하고 있다. 이는 환경과 방법만의 과학화가 아니라 교육훈련 전반에 걸친 과학화를 의미한다. 따라서 첨단 교육훈련 장비 등 정보화 기술을 교육훈련 현장에서 적극 활용하도록 해야 한다.

2. 군교육훈련체계

군교육훈련체계는 〈그림 15-2〉와 같이 학교교육과 부대 훈련으로 대별하고 있다.

학교교육은 군사교육과 전문교육으로 구분한다. 군사교육은 양성교육과 보수교육으로, 전문교육은 전문학위교육, 국외군사교육, 직무향상교육으로 구분한다. 또한 부대훈련은 개인훈련과 집체훈련으로 구분한다. 개인훈련은 기본훈련과 특기훈련으로, 집체훈련은 병과훈련, 제병협동훈련, 합동훈련, 연합훈련으로 구분한다.

1) 학교교육

학교교육은 학교와 교육기관에 입교한 교육생이 장차 부대(서) 구성원으로서 임무수행에 필요한 기본지식과 기술을 습득하고 잠재능력

---

49 컴퓨터기반 훈련(CBT)은 미 육군에서 1978년에 발행한 RETO(Review of Education & Training for Officers) 보고서에서 교육훈련을 군에 도입할 것을 제안한 이후 교육관리용(Computer Managed Instruction), 실무연수용(Job Site Training: JST), 집체훈련용(Computer Controlled Simulators: CCS), 교수설계용(Intelligent Tutoring System: ITS), 그리고 전투지휘훈련용(Corps Battle Simulation: CBS) 등 다양한 형태로 적용하고 있다. 한국군에서는 교과목형, 모의훈련용, 모의장비형 등 세 가지로 구분하여 적용하고 있다(한국국방연구원, 『21세기 군사 혁신과 한국의 국방 비전』, 한국국방연구원, 1998, 536-537쪽).

그림 15-2 **군교육훈련체계**

출처: 국방부, 『국방교육훈련규정』. 2002, 16쪽.

을 계발할 수 있도록 실시하는 교육으로, 군사교육과 전문교육으로 구분한다.

첫째, 군사교육은 군 구성원의 군사 전문성과 일반학문 및 직무지식을 향상시키기 위해 군 내 학교에서 실시하는 교육(국방대학교 석 · 박사 과정은 제외)으로 양성교육과 보수교육으로 구분한다. 양성교육은 민간인을 군인화하는 과정으로 징집 또는 지원에 의해 선발된 사관생도와 각종 후보생이나 병사 입대자를 대상으로 한다. 군인으로서 필요한 정신, 태도, 체력, 직무수행에 필요한 기본적인 군사지식과 일반학문지식, 기술을 갖추게 하는 교육이다. 보수교육은 양성교육을 이수해 임관된 장교, 준사관, 부사관과 기본훈련과정을 마친 병사가 계급과 직책에 상응하는 임무수행능력을 배양할 수 있도록 병과, 특기와 직능의 실무지식을 습득하게 하고, 차상급 직위의 직무수행능력을 계발하도록 하는 교육이다.

둘째, 전문교육은 특수 직위에 복무하거나 자질 향상이 필요한 장병을 위해 국내 · 외 대학(원), 국외군사교육기관과 기타 교육 · 연수기관에서 실시하는 교육이다. 전문학위교육, 국외군사교육, 직무향상교육 및 능력계발 교육으로 구분한다. 전문학위교육은 정책부서, 연구소, 학교 등 석사학위 이상의 학문적 지식을 요구하는 분야에 활용할 인재를 양성하기 위해 국내 · 외 민간대학(원)에서 시행한다. 국외군사교육은 선진군사지식 습득, 국가별 지역전문가 양성, 우방국과의 협력 증진을 목표로 외국의 국방대학원, 지휘참모대학, 병과학교와 사관학교 등에서 실시한다. 직무향상교육은 직무와 관련된 신지식, 기술, 교리 등을 습득하여 직무수행능력을 향상하기 위해 국외 연수와 국내 연수로 구분해 시행한다. 능력계발교육은 개인의 능력과 자질 향상을 위해 국내 야간대학(원)이나 일부 주간(전문)대학에 위탁해 시행하는 교육이다.

2) 부대 훈련

부대훈련은 개인과 부대가 부여된 임무를 효과적으로 수행할 수 있도록 체득한 지식과 기술을 숙달시켜 전술과 전기를 조직적으로 실행할 수 있도록 하는 훈련으로, 개인 훈련과 집체훈련으로 대별된다. 개인 훈련은 병과나 직능에 구애됨이 없이 모든 장병에게 실시되는 기본훈련과 전문화능력을 구비하기 위하여 각급 지휘관 책임하에 부대 임무 및 특성을 고려하여 실시하는 특기훈련으로 구분된다. 집체훈련은 개인과 부대의 전기 전술을 조직적인 전투력으로 결집시키며, 통합적인 전투력을 발휘하기 위한 훈련으로 병과훈련, 제병협동훈련, 합동훈련, 연합훈련으로 구분한다.

이와 같은 교육훈련 체계는 그동안 지속적으로 보완되고 발전해 왔다. 최근에는 군복무 기간의 단축 등으로 병 교육훈련 체계를 강화하고, 과학화 교육훈련 체계를 발전시켜 교육훈련에 전념할 수 있는 여건을 조성하는 등 교육훈련 체계를 개선하고 있다(국방부, 2010, 146쪽).

제2절
국방교육훈련의 철학적 기조와 방향

1. 군교육훈련의 기조

군교육훈련의 목적은 궁극적으로 전쟁에서 필승할 수 있는 개인과 부대를 육성하는 데 있다. 이를 위해서는 한국적 문화풍토에 적합한 교육체제를 정립해 통합전투력을 극대화해야 한다. 이러한 교육훈련 체제의 정립을 위해서는 우선 철학적 기조를 명확히 해 국방교육훈련의 개념과 목적, 중점을 설정해야 한다. 이를 기초로 개인과 부대 단위로 교육훈련 목적과 목표를 일괄적이고 종합적이며 체계적으로 달성할 수 있도록 교육훈련 체계를 정립해야 한다. 그리고 이 체계의 관리를 위해서 교육훈련 관리절차를 정립하고 교육훈련 기획 제도에 준해 교육훈련이 수행되도록 해야 한다. 한편 교육훈련을 기획하고 수행할 수 있는 교육훈련 기능과 편성도 전반적으로 재검토해 정비된 교육훈련 체계에 의거, 각급 제대가 효과적으로 기능을 수행할 수 있도록 해야 한다. 이러한 교육훈련 체계가 확립되었을 때 단일 목적 아래 각 군간의 조화와 균형이 유지되는 교육훈련이 가능하며 나아가 각 군의 전투력을 통합된 전투력으로 극대화시킬 수 있을 것이다.

교육훈련의 철학적 기조는 국가 교육이념, 국방교육훈련의 목적과 맥락을 같이 한다. 교육법에 의하면 우리나라 교육의 기본이념은 홍익인간(1948년 제정)이다. 이는 민주적이며 민족적인 교육이념으로서 개인의 인격 완성은 물론 민족의 중흥과 국가 발전을 동시에 강조하고 있다. 1948년 제정된 교육법에서는 인본성, 민족정통성, 도덕성, 진취성의 4대 이념을 추출해 그 개념을 정립하고 있다. 『교육백서』(교육부, 1990)에서는 교육법에 나타난 교육이념과 미래사회의 발전 추세 분석을 통해 학교교육에서 육성해야 할 바람직한 인간상을 건강한 사람, 자주적인 사람, 창조적인 사람, 도덕적인 사람이라는 네 가지 특성을 조화 있게 겸비한 인간으로 제시하고 있다.

2. 군교육훈련의 방향

군교육훈련은 적과 싸워 반드시 이길 수 있는 개인과 부대를 육성하기 위하여 모든 구성원에게 임무수행에 필요한 능력과 자질을 배양토록 하고 있다. 더불어 부대는 조직체로서의 기능을 최대로 발휘할 수 있도록 인적 · 물적 요소를 효율적으로 통합해 임전필승의 전투력을 완비해야 한다. 이에 군교육훈련은 전투임무 중심의 선진강군 육성에 중점을 두고 있다. 이에 대한 구체적인 방향을 살펴보면 다음과 같다(국방부, 2012).

첫째, 장병 정신교육 및 국민 나라사랑 체험활동에 대한 지원을 강화하는 것이다. 정신교육은 적과 싸워 이길 수 있는 정예강군 육성을 위해 핵심적으로 강화해야 하는 과업이다. 따라서 군은 투철한 국가관과 안보관을 확립하고 필승의 군인정신을 함양하기 위한 교육을 지속적으로 시행해야 한다. 이를 위해 투철한 군인정신을 바탕으로 필승의 전투기술을 습득하고, 강인한 전투체력을 연마해야 한다. 평상시 부대교육과 관리는 실질적인 전투군인을 육성하기 위해 운영되어야 하며, 의장대 형태의 군대를 만들지 않도록 지휘 노력을 경주해야 한다.

또한 교육효과를 제고시키기 위해 장병들의 눈높이에 맞는 각종 콘텐츠를 개발 보급하고, 청소년에게 나라사랑 정신을 함양하도록 하기 위해 안보현장 견학, 병영체험 등 다양한 활동을 추진해야 한다. 한편, 다문화 가정과 북한이탈주민 자녀에게도 대한민국 국민이라는 자긍심과 정체성을 갖도록 하기 위한 학습활동을 지원하는 등 다양한 노력이 요구되고 있다.

둘째, 유능한 간부 육성을 위한 교육체계 개선이다. 유능한 간부육성을 위하여 학교교육체계 개선, 양성 및 보수교육체계를 개선해야 한다. 먼저 학교교육체계 개선을 위해 학교교육의 교육목표를 재설정해야 한다. 즉 학교교육 수료 후 바로 전투임무 수행이 가능하도록 양성 및 보수교육에서 직책별 요구능력을 구체적이고 명확하게 설정하는 것이 필요하다. 또한 핵심전투기술 위주로 교과체계를 정립하고, 교육방법은 교관 강의 위주에서 학생 주도형 '티칭 & 러닝(Teaching & Learning)형'으로 개선해나가야 한다. 현재 양성교육과 보수교육 체계의 개선으로 각 군 양성교육과정의 모든 장교와 후보생을 대상으로 임관종합평가제를 실시하고 있다. 이를 위해 전술 식견이 풍부하고 군인의 자질이 우수한 교관을 담임으로 하는 전술담임교관제를 도입하였으나, 정착화하기에는 보다 많은 시간이 필요한 것으로 보인다. 또한 합동성 강화를 위해 영관급 장교의 보수교육을 담당하는 합동군사대학교를 2011년 12월 1일에 창설하고 육 · 해 · 공군 합동 전문인력을 양성하고 있다. 이와 더불어 육 · 해 · 공군사관학교 1학년 생도를 대상으로 .을 시키는 등 교육체계의 발전을 거듭하고 있으나, 3사관학교 및 학군장교의 교육과정 통합교육 발전 방안 마련도 요구되고 있다.

셋째, 전투형 강군 육성을 위한 실전적 교육훈련이다. 전투형 군대를 육성하기 위하여 군은 신병교육체계를 강화하여 즉각 전투력 발휘가 가능하도록 해야 한다. 또한 야전부대에서는 마일즈 장비를 활용하여 승패가 있는 쌍방훈련을 실시하는 등 전술훈련 위주의 부대 훈련이 강화되어야 한다. 전술훈련은 실전적 상황하에서 다양한 훈련 상황을 묘사해 이를 극복할 수 있는 정신적, 육체적 단련과 전기와 전술적 능력을 배양토록 해야 한다. 이를 위해 부대훈련은 '싸우는 방법대로 훈련하고, 훈련한 대로 싸운다'는 데 주안을 두고 전장과 연계된 필수임무와 과업 위주로 조건반사적인 전투 행동 숙달과 통합 전투력 발휘에 중점을 두어야 한다.

넷째, 기술집약적 교육훈련이 필요하다. 현대전은 컴퓨터를 중심으로 한 첨단정보 매체가 다양한 분야에 도입되어 첨단 정보화를 주도하는 도구로서 중요성이 증대되고 있는 가운데, 군교육훈련에서도 효과를 제고시키기 위한 교육훈련 방법이 개선되어야 한다. 특히 무기체계의 과학화와 정밀화 추세는 조작, 운용, 정비 훈련 시 과학화된 모의장비(Simulator)를 요구하고 있다. 또한 연합 · 합동작전 시 대규모 훈련에 따른 훈련장 사용의 제한을 극복해야 한다. 따라서 인력, 물자, 예산을 줄이기 위해서는 워게임(War Game) 기법의 적극적인 활용이 필요하다.

제3절
분야별 교육훈련 중점과 발전과제

1. 전투임무 위주 부대훈련

육군은 '전투임무 위주의 부대훈련'을 통해 연중 균형된 전투력 수준을 유지함으로써 모든 전투에서 승리하는 부대를 육성하는 데 교육훈련의 중점을 두고 있다. 이를 위해 극한 상황을 상정하여 유형별로 반복 훈련을 실시하고, 핵심 전투기술을 숙달하며, 측정식 합격제를 적용하고 있다. 수준이 저조한 인원은 수준별 집체교육을 통해 전투력을 향상시키고 있다. 해군은 부대별 · 함형별 임무를 고려하여 보직 후 3개월 이내에 전투태세를 완비하도록 정신력 · 체력 · 사격술 등 생존을 위한 핵심 과제 위주로 집중 숙달하고 있다. 공군은 부대임무에 기초하여 특성화 과목과 생존성 증대를 위한 과제를 도출하여 집중 숙달하고 있다(국방부, 2010, 147쪽).

한국군은 창군 이래 끊임없이 부대훈련 제도와 방법을 개선하기 위한 노력을 경주해왔다. 이 같은 노력은 군이 오늘의 정예화된 모습으로 성장하는 데 절대적으로 기여한 것으로 평가된다. 그러나 부분적으로는 아직도 미흡한 점이 없지 않다. 부대훈련의 중 · 장기적 발전을 위한 주요 과제는 다음과 같다.

첫째, 전투임무 위주 부대훈련체계의 구축이다. 모든 부대훈련의 궁극적 목표는 전투에서 승리할 수 있는 정예부대를 육성하는 데 있다.

이러한 목표를 달성하기 위해서 무릇 간부는 '전투임무 위주로 사고하고 준비하며 훈련'하는 데 전념해야 한다. 즉 전투임무를 기초로 부대별 임무와 특성에 부합된 필수 임무 과업을 우선해 연중 지속적으로 훈련해야 한다.

둘째, 훈련 위주의 부대운용 여건에 대한 개선이다. 야전부대는 언제 어떠한 상황하에서도 완벽한 전투임무를 완수하는 전투 위주 부대육성에 전념해야 한다. 이를 위해서는 훈련 계획부터 실시, 사후 검토 단계의 전 과정에 지휘관이 직접 참여함으로써 훈련 위주의 부대 운용을 보장해야 하고 상 · 하 제대 간 연계된 훈련 계획을 수립, 시행해야 한다. 또한 훈련의 양보다 질을 향상시키기 위해 유사 훈련을 통합하는 등 효율적인 훈련이 가능하도록 부대 여건을 지속적으로 개선해나가야 한다.

셋째, 부대 훈련 평가와 관리 개선이다. 평시 부대 임무 중에서 최우선적으로 수행해야 할 과업은 교육훈련이며, 이는 평가라는 과정이 없이는 성공적으로 수행될 수 없다. 즉 평가란 개인 또는 부대의 교육훈련 목표달성 여부와 이에 관련되는 제반요소를 분석해 차기 교육훈련과 목표달성에 필요한 조치를 강구하는 등 교육훈련을 효율적으로 관리하기 위한 활동이다. 이러한 부대훈련 성과를 평가하는 데 있어서의 핵심은 타당성과 신뢰성 확보다. 따라서 실질적인 평가를 위해서는 행정 위주의 검열을 지양하는 한편 과학적 기법에 의한 공정하고 객관적인 평가가 이루어져야 한다. 또한 그 실시 시기, 대상, 방법과 내용 등이 합리적이어야 하며, 실시 후의 기록 유지, 분석, 차기 계획 반영 등 사후 관리를 철저히 해 그 실효성을 보장해야 한다. 아울러 평가는 전투임무 위주의 훈련 목표달성 여부와 가용자원의 최적 사용 여부, 훈련 계획의 수정 여부, 기타 훈련과 실시상에 필요한 첩보 사항을 부대훈련 지휘관, 훈련관리관, 관계요원 그리고 훈련을 직접 실시하는 교관에게 제공함으로써 차기 훈련에 반영할 수 있도록 업무 전반을 발전시켜야 한다.

넷째, 교육과 훈련 연계를 위한 제도적 보완이다. 지금까지 군은 '교육은 학교에서, 훈련은 야전과 실무부대에서'라는 개념에 고착되어 교육과 훈련을 분리해 계획하고 운영함으로써 일원화된 교육훈련 시행에 어려움을 겪고 있다. 이러한 어려움은 교육훈련에 관한 기관별 현행 기능배분체계가 계속 유지되는 한 해소되기 어려울 것으로 예상되는 바, 교육훈련 간 연계성 제고를 위한 전군 또는 각 군 차원의 별도 노력이 요구된다.

2. 실전적 과학화 훈련과 원격교육

전장상황에서는 평시 우리가 체험하지 못한 악조건과 공황이 조성될 것이다. 군은 이러한 상황하에서도 개인과 부대가 보유하고 있는 전투력을 최대한 발휘할 수 있도록 실전과 유사한 훈련 상황과 훈련 모델을 발전시켜 주요 연습과 훈련 시에 적용해야 한다. 특히 최근 전쟁의 교훈을 도출해 훈련 계획을 수립할 때 반영함으로써 간접적인 전투 경험을 쌓고 미래전에 대비한 능력을 갖추어나가야 한다.

1999년부터 각 군별로 사이버상에서 원격교육을 실시하고 있으나 보수과정의 일부 과목과 자기계발 분야에서 제한적으로 운용하고 있는 실정이다(육군교육사령부, 2009). 따라서 군에서는 미래지향적 과학화 교육방법인 원격교육을 적극 도입하여 '저비용 · 고효율'의 교육훈련 분야가 확대되도록 발전시켜야 한다.

1) 실전적 과학화 훈련

과학화 훈련은 디지털, 네트워크, 사이버, 가상현실, 원격화상, 원격교육 등 첨단 과학기술을 활용한 교육과 훈련을 말한다(국방부, 2010,

147쪽). 미래에는 첨단 기술집약적 군 구조로 전환되면서 병력이 감축될 것이다. 따라서 전문화된 소수 정예요원을 육성하여 첨단 무기 및 장비체계를 능숙하게 운용할 수 있도록 해야 한다. 최근 군 훈련장 주변의 급속한 지역개발과 지역 주민의 생활불편에 따른 민원으로 인해 훈련장 사용에 어려움을 겪고 있다. 군에서는 이러한 문제점을 개선하기 위하여 훈련장을 재설계하고 있으며, 분산된 훈련장을 이동거리, 훈련인원, 사용빈도, 유사성 등을 고려하여 주둔지 주변이나 대규모 훈련장에 통합설치하고 있다. 그리고 군은 유사시 최상의 전투력을 발휘하기 위해 실전과 같은 연습과 훈련을 실시하고 있으며, 특히 전시 작전통제권 전환에 대비하여 한국군 주도의 한미 연합훈련을 강화하고 있다(국방부, 2010).

정보화 · 과학화된 교육훈련을 실전적 훈련기법에 적용해 활용함으로써 개인 전투능력 향상은 물론 조직의 전투력을 극대화해야 한다.

2) 원격교육

원격교육이란 컴퓨터와 첨단 정보통신기술을 이용해 시간과 장소에 구애받지 않고 교육을 제공하는 사이버 교육체제다. 원격교육은 첫째, 모든 장병에게 원하는 시간과 장소에서 학습할 수 있는 평생학습의 기회를 제공함으로써 저비용으로 장병의 자기계발 교육을 확대해준다. 더불어 야전의 각기 다른 환경에서 근무하는 전 장병에게 학습자 주도의 동등한 학습 여건을 보장해줄 수 있다. 즉 원격교육을 통해 군 장병은 학습 욕구와 수준에 따라 교육목표를 스스로 선택해 학습할 수 있고, 이로 인해 군의 전반적인 교육이 평준화 교육에서 수준별 교육으로 전환할 수 있는 여건을 보장함으로써 열린 학습체계 구축이 가능하게 된다. 둘째, 학습 방법 개선으로 학교 소집 교육의 효율성이 보장된다. 교육 소요에 비해 부족한 시간을 원격교육으로 일부 해소할 수 있고, 학교교육 내용을 시 · 공간적인 제약 없이 제공해 예습과 복습 자료로 활용할 수 있다. 이를 통해 학습자 중심의 창의력 계발 교육을 할 수 있는 교육환경이 자연스럽게 조성되어 소집 교육의 질을 제고할 수 있다. 셋째, 교육 인력과 예산 절감, 교육 부수 병력 최소화 요구에 부응할 수 있다. 즉 소집 교육의 일부를 원격교육으로 대체함으로써 상당 부분 교육 예산을 절감할 수 있으며, 모의장비, 워게임, 인공합성전장(Synthetic Theater of War: STOW) 등을 이용해 저비용으로 전장 실상과 근접한 교육이 가능하게 된다. 넷째, 직무보수, 신교리, 신무기 소개 등 정보화시대에 급증하는 다양한 교육 소요를 해소할 수 있으며 야전의 간부 교육, 전술 토의, 실무 등과 연계해 교육 자료를 지원해주거나 화상을 통한 전문가 조언 등의 다양한 서비스를 제공해줄 수 있다. 다섯째, 미래전 대비 향후 디지털 세대를 위한 잠재력을 구축할 수 있다. 각종 첨단 정보통신 장비를 이용한 원격교육을 통해 다양한 정보를 이용하는 능력 향상은 물론, 디지털 전장 환경에 익숙한 군사전문가를 양성할 수 있다.

미 육군의 경우, 1998년부터 직무 보수, 자기계발, 부대 훈련, 신교리와 신장비 소개 등의 과목을 원격교육으로 실시하고 있다. 2008년에는 소집 교육의 10% 수준인 125개 과정에 적용했으나, 2010년은 소집 교육의 30%인 525개 과정까지 확대 적용을 목표로 원격교육을 시행하고 있다(국방부, 2009).

한국군의 원격교육은 저비용 · 고효율 · 고품질의 기술집약적 국방교육훈련 체계를 구축하고 있다. 2008년부터 본격적으로 논의되어 2009년에 국방광대역통합망 구축사업 추진과 함께 국방통합원격교육 체계구축을 위한 개념 연구가 이루어졌다. 2010년부터는 학교교육, 부대 훈련 및 자기계발 분야를 통합하는 시험평가가 계속되고 있다. 2013년 현재 장병 개인 및 부대훈련 전반에 효과가 큰 분야와 미래의 각 군교육훈련 우선순위가 높은 분야에 원격교육을 우선 적용하고 있다. 이를 통해 정보화 · 과학화에 부응하는 교육체계로 발전을 추진하고 있다(국방부, 2009, 17쪽). 이러한 외국군의 사례에서 제기된 문제점들을 충분히 보완해나가는 것이 중요하며, 다음과 같이 발전 방향을 제시한다.

첫째, 교육과정과 과목을 고려한 원격교육을 실시해야 한다. 원격교육을 적용한 교육과정은 보수교육과정에 중점을 두되 양성교육과정에는 예 · 복습 방법으로 적용해야 한다. 이 같이 원격교육을 통해 소집교육의 교과과정의 일부를 사전에 교육함으로써 소집교육 기간을 점진적으로 축소해나가는 것이다. 학교별 보수교육과정 중에서 상위 계급과 직책의 교육과정부터 적용해 소집교육 기간을 단축하며, 단기간(1~2주) 소집교육 중 다수는 원격교육으로 대체하고, 자기계발(영어, 컴퓨터, 전산 등), 신교리와 장비 소개 등 다양한 과목에 적용해나가야 한다.

둘째, 국방 정보화 사업과 연계한 원격교육을 실시해야 한다. 교육대상자가 주로 근무하고 있는 보병 대대급까지 기반체계(국방정보통신망)를 설치하고 전송 속도도 1Mbps로 증속시켜 원격교육 여건을 조성하는 방안을 국방 정보화 계획에 반영해야 한다. 그러나 단기간에 전국망체계로 완성하기는 어려운 실정이므로 원격교육용 CD를 제작해 입교예정자에게 사전 배포해 제한된 원격교육을 실시하며, 교육 내용을 고려해 보안 대책을 강구한 가운데 인터넷을 활용해 교육하는 방안 등을 강구해야 한다.

셋째, 학습자의 학습 여건을 보장하는 것이 중요하다. 원격교육은 현행 임무를 수행하면서 일과 후 개인 여가시간을 이용해 자가에서 학습을 할 수 있어야 한다. 따라서 궁극적으로는 인터넷을 사용하는 군 아파트와 관사 지역까지 국방 전산망이 설치되어야 한다. 야전 지휘관은 학생들이 공부를 할 수 있도록 여건을 마련하는 데 관심을 가져야 하며, 이를 위해 교육기관 입교명령 하달 시 원격교육 기간을 명시해당해 부대 지휘관과 개인에게 동시에 통보함으로써 해당 간부가 현행 업무를 하면서 원격교육을 하고 있다는 사실을 인지시킬 필요가 있다.

넷째, 원격교육을 전담하는 새로운 조직을 편성해야 한다. 현재까지는 학교의 자체 인원으로 교과목형 CBT를 개발하고 원격교육을 시험 운용하고 있으나 교육기관에서는 소집 교육의 일부를 대체하는 학습 프로그램의 발전을 요구하고 있다. 따라서 교과목형 CBT개발과 원격교육을 시행하기 위해서는 원격교육만을 전담하는 별도의 조직이 편성되어야 한다.

다섯째, CBT 개발을 위한 조직과 예산 편성을 현실화해야 한다. CBT 내용은 학습자로 하여금 학습 욕구를 불러일으키게 하는 원격교육의 중요한 요소이다. 따라서 CBT의 질적 수준을 향상시키기 위해 과목 전문 교관과 설계 전문가가 합동으로 CBT 과목을 개발할 수 있도록 조직과 예산을 증대해야 한다. CBT를 개발한 교관의 잠재역량을 평가 시 반영한다면 담당 교관은 현재보다 높은 수준의 CBT를 개발하고 지속적으로 보완하려고 노력할 것이다. 또한 학교기관은 학습자의 흥미를 유발하면서 학습 효과를 높일 수 있는 CBT를 지속적으로 개발하고 업그레이드해야 한다. 그리고 현재의 CBT는 업그레이드 비용과 노력이 과다 소요되고 있기 때문에 CBT 제작을 위한 표준 도구를 개발해 활용해야 한다.

여섯째, 원격교육 운영 센터의 설치가 필요하다. 국방 원격교육 시스템 구축을 위한 각 군의 운영 센터는 각 군별 교육사령부 내 국방전산망(LAN)을 구성해 원격교육 지원체계를 완비하고, 각 병과학교와 야전부대별로 기 설치된 정보화 교육장과 인터넷 교육장을 활용한 군단 지역별 지역학습관을 위해 국방전산망(WAN)과 인터넷을 이용할 수 있는 체계를 구축해야 한다.

일곱째, 국방부와 각 군은 각 군의 교육기관 간 상호 연동이 가능하도록 추진하고 인트라넷상에서 강좌의 교류와 상호 인증이 가능하도록 구성해야 한다. 하드웨어, 소프트웨어, 네트워크 기술을 통합해 구축한 원 스톱 서비스 시스템은 향후, 인트라넷 강의 혹은 주문형 강의로 제작되어 강의자료의 유통이 가능하도록 지원해야 한다. 더불어 원격교육을 이수한 장교와 부사관의 직무교육 이수 내역에 대한 평가와 인증이 가능하도록 인터넷 기반의 시스템을 구현해야 한다.

3. 전쟁 이외의 작전수행능력 배양

21세기 안보환경의 주체가 국가 단위에서 개인 · 집단 · 사회 · 지역 · 지구촌 등으로 확대되고 있다. 또한 위협의 원인이 군사적인 것으로부터 정치 · 경제 · 사회 · 문화 · 환경 등의 비군사적인 것으로 확대되고 있다. 이 같은 안보환경과 사회환경의 변화 추세에 따라 국가이익을 보호하고 지원하기 위한 군의 임무와 역할 확대가 요구되고 있다. 결국 장차 군은 전쟁 억제와 수행이라는 전통적인 기본 임무 이외에 전쟁 이외의 작전(Operation Other Than War: OOTW) 즉, 재해 · 재난 구조, 기간산업 지원, 테러 진압, 환경보전임무 수행까지 그 역할 범위를 확대할 것으로 전망된다. 특히 국제적 위상 제고를 위해 적극적인 PKO(Peace Keeping Operation)[50] 활동을 통해 세계평화에 대한 국제적 교류협력을 강화해야 한다.

정부는 대북 군사대비태세를 확립하면서 국제 평화유지활동(PKO)에 대한 참여를 점진적으로 확대하는 입장이다. 이를 위해 해외파병 상비부대 운용, PKO센터 기능 강화, PKO 다자연습 참여 확대 등을 추진

50 PKO는 평화유지작전으로 유엔 등 국제사회와 협력하여 평화적인 방법으로 분쟁을 해결하거나 분쟁 후유증을 완화하기 위해 분쟁 당사자들의 동의하에 수행하는 합동작전이다. 통상 유엔의 위임을 받은 지역기구나 특정국이 주도하는 경우에 참여하는 형태로 수행된다(합동참모본부, 『합동 · 연합작전 군사용어사전』, 합동참모본부, 2010, 422쪽).

하고 있다. 국방부는 2010년 7월부터 국제평화지원단(온누리부대)을 창설하여 전담부대로 운영하고 있다. 이 부대는 해외파병 소요가 발생할 경우 신속한 파병이 가능하도록 파병 준비 및 훈련을 실시하며, 파병이 결정되면 이 부대의 일부를 모체로 파병부대를 새로 창설하여 국회의 동의를 받아 파병하게 된다.

한편 국방대학교 PKO센터는 국제 평화유지활동에 대한 국내 유일의 교육전담 기관으로서, 2010년 1월부터 교관 및 연구 인력을 증원하여 교육과 연구 기능을 강화했다. 또한 2011년 12월에는 스웨덴 PKO 교육기관의 교환교수를 초빙하여 한국군 PKO센터의 교육과정에 활용함으로써 교육의 수준을 높이는 등 외국군 PKO센터와의 교류도 강화하고 있다.

국방부는 국제 평화유지활동과 관련된 다자연습 및 훈련에 적극적으로 참여하는 등 평화유지활동에 대한 협력을 확대하고 있다. 또 2006년부터 몽골 정부가 주도하는 칸퀘스트훈련에 매년 참여하여 유엔의 PKO훈련 지침과 표준훈련 모델을 적용하는 연습을 실시하고 있다. 2008년부터는 미국이 주도하는 범세계 평화작전구상 연습(Global Peace Operation Initiative: GPOI)[51]에도 매년 참여하여 PKO지휘소연습과 야외기동훈련을 실시하고 있다. 한국군은 2002년부터 미국과 태국이 공동 주관하는 코브라골드훈련에 참관국으로 참가해오다가 2010년부터는 해군과 해병대가 상륙훈련(상륙함, 상륙돌격장갑차 등)이 포함된 기동훈련에 참가하여 미국 · 태국 등 6개 국가와 연합작전 및 인도적 민사훈련을 실시하고 있다(국방부, 2012, 99-101쪽).

전쟁 이외의 작전에 대비한 교육훈련의 발전 방안은 다음과 같다.

---

51 범세계 평화작전구상 연습(GPOI)은 미 태평양사령부 주관 다자연습으로 지휘소연습, 야외기동훈련, 교관양성훈련, 유엔참모부교육 등 인도주의적 활동에 중점을 둔 국제평화유지활동 차원의 PKO연습이다(합동참모본부, 『합동 · 연합작전 군사용어사전』, 합동참모본부, 2010, 144쪽).

첫째, 재해 · 재난 구조능력 향상 훈련이다. 기상이변에 따른 재해가 최근 연례적으로 되풀이되고 있으며, 단기간에 대량 피해로 이어지는 대형 사고도 빈발하고 있다. 이는 국가의 안녕과 사회질서에 중대한 영향을 미치고 있어 재해 · 재난 관리와 조치 능력이 국가적으로 절실히 요구되고 있다. 군은 재해 · 재난 관리의 주무부처는 아니나 특성상 재해 · 재난과 관련되는 여러 분야에 신속한 지원이 가능한 병력과 장비를 보유하고 있다. 이에 군은 각종 재해 · 재난 발생 시 응급 복구와 인명 구조, 사고 수습 지원 등 광범위한 영역에 걸쳐 국가적인 '소방수' 역할을 요구받고 있다.

따라서 군은 국내외의 다양한 재해 · 재난과 인위적 재난의 발생 현상을 면밀히 분석해 국가 재해 · 재난 발생 시 양상별, 지역별 부대와 장비투입 계획을 수립하고, 관련 교리와 교범을 발간하는 등 국가적 차원의 재해 · 재난에 따른 지원 능력을 향상시킬 수 있는 체제를 갖추어야 한다.

둘째, 테러 진압작전 능력 향상을 위한 훈련이다. 오늘날 세계 각국은 정치적 · 종교적 · 민족적 갈등 등에 기인한 테러 행위에 직면하고 있다. 특히 불특정 다수를 대상으로 무차별적으로 인명을 살상하는 등 그 유형도 극렬화, 대형화되고 있다. 군 내부적으로는 국제화와 개방화 등 시대적 변화에 따라 여객기 납치, 공공시설 점거 폭파, 인질 납치 등 테러형 범죄가 증가하는 추세에 있으며, 최근에는 북한 주민의 탈북 망명에 따른 보복성 대남 테러 가능성도 높아지고 있다.

이러한 테러의 증가 추세에 효과적으로 대비하기 위해 군 관련 부대는 대 테러 지휘 체계상에 있는 관련 정부 부서와 협조해 테러 유형별 조치 계획을 발전시키고 필요 장비를 확충해 반복 훈련으로 숙달시키는 한편, 지속적인 보완 활동을 통해 대 테러작전 능력을 향상시켜야 한다.

셋째, 기간산업 지원 능력 향상 훈련이다. 산업의 발달과 국가경제 규모의 확대에 따라 국가 기간산업은 국민생활과 매우 밀접한 관계에 있다. 이미 교통, 통신, 전기, 항만, 관제 분야 등의 기간산업은 전 국민 생활에 지대한 영향을 미치고 있으며, 이러한 기간산업의 마비는 중대한 국가위기 사태로 악화될 수 있다. 따라서 국가 기간산업 마비 시 군 기능 인력을 투입해 국민의 편익을 증진하고 국가위기 예방 임무를 수행할 필요성이 증대되고 있다. 이에 군은 철도, 지하철, 통신전기 등 국가 기간산업 지원 인력과 지원 계획을 지속적으로 발전시켜야 한다.

넷째, PKO 능력 향상 훈련이다. 전쟁 이외의 군사 활동은 평시 상황과 분쟁상황하에서 수행되는 작전으로 대별할 수 있다. 평시 상황하에서는 국가지원, 민간지원, 무력예방 등이 중요한 대상이 되며, 분쟁상황하에서는 예방외교와 평화유지활동 등이 그 대상이 된다. 국제평화와 안전을 도모하기 위한 UN 주도의 분쟁 해결과 평화유지 활동인 PKO를 통해 군사 외교 기능이 강화되어 가고 있다. 특히, 분쟁 해결 후 참가국은 기득권을 인정받음으로써 제반 실리를 얻고 있는 실정이다. 우리나라도 동티모르, 소말리아, 앙골라, 서부 사하라, 인도, 파키스탄, 그루지아 등에서 PKO 업무를 수행함으로써 국제사회에서의 영향력을 높이는 데 기여하고 있다.

이러한 배경하에서 지역분쟁의 성격을 파악해 미래의 분쟁 양상에 적응할 수 있는 능력을 향상시키기 위해 PKO 관련 요원과 부대에 대한 교육 소요가 증가하고 있는 추세다. 따라서 증가되는 PKO 관련 교육 소요를 충족하기 위해 PKO에 대한 편성 · 장비 · 교리 · 이론 등 교육훈련 프로그램을 연구하고 개발하는 한편 국제적 교류협력 체계도 함께 구축해나가야 한다(국방대학교, 2012).

다섯째, 환경보전임무 수행능력의 향상을 위한 교육훈련이다. 환경보전이 국가적인 과제로 대두됨에 따라 환경 친화적 군 관리 실현이 요구되고 있다. 군의 환경 관련 법규 위반, 민원, 언론의 지적에 대한 대응의 필요성이 급증하고 있으며, '녹색환경 국가 건설'을 뒷받침할 수 있도록 군을 장병 환경교육의 도장으로 활용해야 한다는 필요성이 제기되고 있다. 즉 군대에서 환경의 중요성과 실천 방법들을 교육시키고, 장병들이 군복무 동안 환경보전운동을 몸소 실행하고 체험함으로써 전역 후 사회인으로 살아갈 때 직장과 가정에서 환경보전운동 확산에 기여할 것이기 때문이다.

이에 각 급 제대와 군교육훈련기관에서 환경교육을 실시하고 있으나, 환경 법규와 환경 시설과 장비 운용에 대한 전문 지식이 미흡하고, 군 환경실태 파악 및 환경개선을 위한 대책수립 능력이 아직 제한되고 있는 실정이다. 따라서 각 군 제대와 군교육훈련기관의 부대 유형별 · 신분별 · 과정별 환경교육 프로그램 개발이 필요하다.

4. 교육훈련 시설 개선과 현대화

일반적으로 군내 각 급 학교는 군사 교육기관이라는 특수성을 고려해 사회생활 공간과 이격된 곳에 창설되었다. 그러나 국토개발과 산업화 추세로 도시권이 확장됨에 따라 다수의 교육기관은 군사교육 시행을 위한 종전의 쾌적한 환경과 여건을 점차 상실했다. 이에 따라 군은 1980년대 후반부터 교육기관의 교외 이전을 추진함으로써 〈표 15 - 1〉과 같이 유사한 교육 특성과 임무를 갖는 교육기관은 가급적 동일 지역에 위치시킨다는 기본 방침을 부분적으로 충족시켜나가고 있다. 교육기관의 교외 이전에 대한 추가 요구에 대비하여 다음과 같은 요소를 고려해야 한다. 첫째, 각 군별로 기능이 유사한 학교기관은 가급적 동일 지역 또는 인접 지역에 위치시킴으로써 최대의 교육 기능을 발휘할 수 있도록 한다. 둘째, 합동성 강화와 통합 전력 발휘의 극대화를 도모할 수 있는 국방교육훈련 체계로 발전시켜나가야 한다. 셋째, 이전 사업을 시설 현대화와 과학화를 위한 전환적 기회로 활용해야 한다는 원칙을 견지해야 한다. 이를 통해 교육훈련의 성과를 극대화하고 필요한 통제를 용이하게 함은 물론, 학교 간 상호 인적 · 물적 자원과 정보의 교류를 원활하게 함으로써 보다 효율적인 교육 시행이 가능해질 것이다.

표 15-1 **군 내 학교기관 권역화 방향**

지역	임무 및 특성
서울	고급간부 정책교육 중심, 육군 행정병과 교육 중심
대전	고급간부 군사교육 중심, 육군 군수 · 기술병과 교육 중심
장성	육군 전투병과 교육 중심
진해	해군 양성과 병과 보수교육 중심
진주	공군 양성과 병과 보수교육 중심
포항	해병대 장병 교육 중심

출처: 국방부, 『국방교육훈련 중장기 기획서』(초안), 국방부, 2008, 141쪽.

한편, 교육훈련장 확보 사업 역시 미래의 교육훈련 체계에 부응할 수 있도록 지역 단위별로 권역화해 과학적인 종합훈련장으로 발전시켜나가야 한다. 미래전 양상은 복합 무기체계의 획기적인 발전에 힘입어 보다 정밀화, 지능화, 장사정화될 것이며 전투행위 사이클은 신속 · 정확한 회전과 고속화된 작전 템포를 요구하게 될 것이다. 따라서 이에 걸맞은 군사력 건설과 운용에 적합한 전투력 창출을 뒷받침하기 위해서는 첨단 기술을 활용해 실제 전장과 동일한 상황을 묘사하고, 전투수행 절차대로 훈련을 실시할 수 있는 과학화된 종합 훈련장 건설이 필요하다. 이에 따라 중 · 장기 안보 환경의 변화와 남북관계의 진전, 민원 소요와 국토종합발전계획 등을 종합적으로 고려해 추진하되, 기존의 소규모 훈련장은 가능한 범위 내에서 통 · 폐합하고 신규 소규모 훈련장 건설은 억제해나가야 한다. 따라서 각 군과 기관에서는 시대에 부응할 수 있도록 권역화, 과학화 훈련장을 확보하고 미래의 첨단 무기체계와 과학화 교육훈련 장비 활용이 가능하도록 훈련장, 시설, 교육 장비를 연계성 있게 추진할 수 있는 '교육훈련장 종합 발전 계획'을 수립해야 한다.

초창기의 열악하고 미비한 여건과 비교할 때 오늘날의 군사 교육 환경은 많은 발전을 이룩한 것이 사실이다. 그러나 아직도 상당수의 교육 시설은 투자의 영세성으로 인해 점차 노후화되고 있으며, 양적으로 팽창하고 있는 교육 소요도 적절히 수용하지 못하고 있는 실정이다. 특히 시설 개선이 요구되는 학교의 대부분은 양성교육기관이다. 이들 양성교육기관이 연간 20여만 명에 달하는 각 군의 교육 소요를 충족하고 있으며, 부대 개방에 따라 대국민 홍보의 장이 되고 있다. 첨단 미래를 대비한 군교육은 교육훈련 시설과 장비의 현대화 · 과학화에서부터 시작된다. 여기서 교육시설은 교육활동에 필요한 모든 물리적 환경으로서 그것의 현대화와 과학화의 정도는 최고의 교육 기능 수행의 가능 여부를 결정한다.

교육시설의 현대화는 학교기관의 부족과 노후시설의 개선에 최우선을 두고 시작되어야 하며, 이는 과밀학급의 해소를 위한 적정 인원의 학급 편성이 고려된 것이어야 한다. 학교시설 중 교실과 강의실, 연구실, 도서실, 자료실, 시청각실, 컴퓨터실과 각종 장비 실습실, 전쟁 모의 연습실, 어학실 등은 교육 성과와 직접 관련되는 가장 중요한 현대화 대상이다. 실내조명과 통풍, 냉난방과 방음시설 등의 질적 개선은 물론, 전쟁수행 능력을 증가시킬 수 있는 정보관리 능력과 과학기술 체계를 최대한 활용할 수 있는 충분한 공간의 확보도 첨단 미래 대비와 교육의 과학화를 위한 필수 조건이다. 또한 교육생들을 위한 각종 편의시설(내무실, 식당, 목욕탕 등)에 대한 현대화가 요구되며, 특히 여성의 군 입대 확대에 따라 여성 전용 편의시설의 확충이 요구된다.

교육훈련 시설 유지비도 현실화되어야 한다. 현재의 시설 유지비는 전체 시설 자산가 대비 1.7% 수준으로서 매년 전체 교육훈련 시설의 4% 정도의 관리대상 건물 수가 증가하고 있으며, 인플레이션을 감안한다면 몇 년 동안 동결된 현재의 시설 유지비는 교육훈련 시설을 최적의 상태로 유지하기에 턱없이 부족한 규모다. 따라서 교육훈련 시설 유지비를 현실화하기 위해 시설별, 연차별 유지비 적용 비율을 산정해 예산에 반영해야 한다.

교육시설의 현대화에 수반해 또 하나 중요한 것은 과학화된 교육 장비와 교보재의 연구 개발 및 충분한 확보다. 무기체계와 과학기술의 발전 추세에 부응하는 효율적이고 과학적인 교육훈련 기법의 개발과 과학적인 교육 장비, 교보재, 자동표적기, 레이저에 의한 사격 장비와 전술훈련용 시뮬레이터, 컴퓨터, 영상 시스템 등 첨단장비의 충분한 확보는 교육 효과를 극대화하는 중요한 수단이기 때문이다. 아울러 교육 장비와 교보재 등에 대한 전산화 관리 시스템 개발을 통해 연구개발 단계에서부터 소요 제기, 예산 반영, 장비 확보, 보급과 활용, 불용 처리에 이르기까지 전 과정을 시스템화해 필요한 자료와 현황을 수시로 확인 가능하도록 할 필요가 있다. 이를 통해 합리적인 자원 배분과 관리의 편의를 제공함은 물론, 예산 편성의 기초 자료로 활용함으로써 자원의 적정한 배분을 도모할 수 있게 될 것이다.

제4절

군 인적자원 개발정책

1. 군 인적자원개발의 개념과 정의

인적자원개발은 '인적자원'과 '개발'의 두 단어로 구성된다. 군 인적자원개발(Military Human Resources Development)은 인적자원개발을 특정 조직에 적용해 명명하는 것처럼 군대조직에 적용한 용어다. 군대 조직에서 '인적자원'은 군인과 군무원, 기타 구성원이 지닌 지식, 기술, 역량을 기반으로 전투력을 증대시키는 매우 중요한 요소다. 더불어 '개발'은 군조직의 특성상 '교육' 혹은 '훈련'과 혼용되고 있기 때문에 명확한 개념 정의가 요구된다.

일반적으로 '교육(Education)'은 미래 직무의 수행성과를 개선하기 위한 학습 활동을 말하며, '훈련(Training)'은 현재 직무의 수행성과를 개선하기 위한 학습활동으로 정의되고 있다(배을규, 2009). 그러나 대부분의 군에서는 '교육'과 '훈련'을 합성하여 '교육훈련'이라는 용어를 사용하고 있다. '개발'은 개인 욕구를 충족시키고, 군조직의 전투기술 수준과 전투수행 방식을 향상하며, 국가와 사회에서 요구하는 건전한 시민으로 발전시키는 것이다(육군본부, 2008, 29쪽).

인적자원개발이란 개인이 사회 수준, 국가 수준에서뿐만 아니라 개인 수준에서도 활용할 수 있는 지식과 기술, 기타 속성들을 체화하는 과정을 말한다. 인적자원개발의 정의는 미국의 성인교육학자인 L.내들러(L. Nadler)에 의해 처음 이루어진 것으로 알려져 있다(조은상, 2007, 51쪽). 내들러는 그것을 사회수준(경제활동)에 초점을 맞추어 개념화했다(Nadler, 1970; Nadler & Nadler, 1990). 내들러는 인적자원개발을 "성과 개선(Performance Improvement) 가능성 또는 개인의 성장을 낳기 위해 특정의 시간 내에 '고용주'들이 제공하는 조직적인 학습 경험"이라고 정의했다. '조직적'이란 우발적 학습이라기보다는 정규 또는 비정규 학습을 포함하는 의도적 또는 목적의식적 학습을 의미한다. 이러한 학습은 고용주가 주도하는 훈련, 교육, 개발 등을 통해 이루어지게 되는데, 그 결과 피고용인의 기능, 태도, 지식이 개선되는 성과를 낳는 것으로 나타났다(Bell, 1989, 4-13쪽). 길리(Gilley & Eggland, 1989) 등은 인적자원개발을 "직무, 개인, 조직을 향상시킬 목적"으로 조직에서 실행되는 조직화된 학습활동"으로 정의하기도 했다.

내들러가 정의하는 인적자원개발은 학습을 통해 노동시장에 적합한 기능, 태도, 지식을 갖춘 노동을 산출하는 과정으로 볼 수 있다. 특히, 내들러(Nadler, 1970)의 저서 『*Developing Human Resource*』의 백미는 인적자원개발의 개념 모형 못지않게 인적자원의 사회사(社會史)다. 인적자원개발의 발전사는 전쟁사였다. 인적자원개발이 미국에서 탄생한 데는 전쟁과 산업이라는 태반이 자라고 있었기 때문이다. 이 같은 관점은 우리 군이 강군이 되기 위해서 군 인적자원 개발정책이 얼마나 필요한지, 또한 이 필요성을 인식하고 있는 군 지도자의 양성과 그들의 역할이 무엇인지 알게 해준다.

결국 인적자원개발은 좁은 의미로 한 조직 내에서 직무 성과의 향상과 조직과 개인의 성장 가능성을 증대시키기 위해 개인개발, 조직개발, 경력개발을 통합한 의도적이며 조직적인 학습활동을 말한다. 광의의 개념은 일방적인 조직의 교육훈련이며, 그 범위가 확대되어 국가의 기초능력, 기술력, 정보력, 도덕적 성숙 등 인간의 능력과 품성을 갖춘 인적자원의 효율적 개발과 활용을 위한 국가와 사회의 제반 노력이다(이희수, 2003).

그동안 군 인적자원개발과 관련된 연구는 국방인력개발이라는 관점에서 현안 연구 위주로 단편적으로 진행되었다. 1997년 한국국방연구원에서는 『21세기 대비 군 평생교육 체계 연구』를 통해 군의 평생교육 체계를 구축함으로써 국가 인적자원개발의 필요성을 제기했으며, 1998년에는 『21세기 대비 군 - 사회관계 발전 방안 연구』를 통해 군을 경제기술군, 국민교육군, 위민군으로 보고 국가 정책을 이행하고 수행하는 제복 입은 시민으로서 군인의 역할을 강조했다. 본격적인 인적자원개발 차원의 연구는 최병욱(2002)이 한국군의 교육훈련 체제를 단기적 전투원 육성에 주안을 둔 '훈련형' 체제로부터 인적자원 '개발형' 체제로 전환할 것을 제안한 때부터다. 2003년부터는 국가 경쟁력의 핵심 요소인 리더십 교육을 위해 군 내부 교육체제의 변화와 연구기관(리더십센터, 지상전연구소 등) 등의 설립이 활발하게 추진되고 있다.

창군 이후 군은 경제발전과 사회변화에 부응해 사회적 · 교육적 기능을 수행하여 국가 발전에 일익을 담당해온 것으로 평가되고 있다(이종인 외, 1997, 44쪽). 군은 1970년대 이전에는 문맹퇴치 교육을, 1970년대 초반부터 1980년대 중반에는 기술인력 양성을, 1980년대 중반부터는 시민의식 교육과 인성교육을 수행함으로써 사회와 경제 발전에 기여해왔다. 또한 1990년대 후반부터는 정보화시대를 맞이해 정보화 교육도장의 역할을 수행했으며, 최근에는 외국어 교육과 충 · 효 · 예 교육 등의 시민교육을 강화해나가고 있다(이정표, 2003:3). 이와 같이 군은 시대적 변화의 요구에 따라 국가적 · 사회적 공교육을 담당해 국가 인적자원개발에 기여했다. 그러나 이는 조직원(군복무자)의 욕구와 목적에 부합하지 못한 획일적이고 정치적인 학습(교육)이었다.

군에서 인적자원개발이라는 용어가 공식적으로 사용된 것은 2003

년 5월 군 인적자원개발을 위한 공동학술연구협약 체결부터였다. 짧은 기간의 공동연구를 토대로 군은 국가 인적자원개발을 모델로 군 인적자원 개발정책을 발전시켜왔다. 당시 교육인적자원부는 인적자원을 "국가 · 사회 발전과 국민 개개인의 삶의 질 향상을 위해 갖추어야 할 기술력 · 정보력 그리고 도덕적 성숙 등 가치 있는 인간의 제 능력과 품성"이라고 규정했다(한국교육개발원, 2003, 18쪽). 이러한 개념 규정은 국제환경과 정보화사회(Information Society)로 이전한 사회환경, 세계화(Globalization)를 통해 지역적 경계를 초월해 무한경쟁에 접어든 경제 여건, 그리고 부가가치의 창출에서 지식과 정보가 차지하는 비중이 증대해 나가는 지식기반사회(Knowledge-Based Society)로의 진입이라는 맥락에서 가치 창조의 능동적인 주체가 되는, "인간의 제 능력과 품성"을 강조하고 있다(이선 외, 1999, 1-4쪽).

이에 따라 군에서도 군 인적자원개발을 "군복무자를 대상으로 교육훈련과 경력 관리를 통해 국가 수준, 군조직 수준, 개인 수준에서 활용될 수 있는 다양한 능력을 계발하는 과정"으로 조작적 정의를 했다(이만희, 2003). 따라서 군 인적자원개발은 국가 수준에서는 지식기반 확충에 기여하고, 군조직 수준에서는 생산성과 전문성 향상에 기여하며, 개인 수준에서는 전문성 및 자기계발에 기여하는 것이다. 또한 육군에서는 군 인적자원개발을 "장병들의 군생활 전반에 걸쳐 이루어지는 교육, 훈련, 군사임무 수행, 전투준비태세, 연구개발 등을 통해 각급 제대의 조직이 각급 부대 수준, 병과 및 기능별 수준, 장병 개인 수준에서 필요로 하는 다양한 창조적 능력을 장병 개인에게 부여하는 과정(육군본부, 2004, 7쪽)"이라고 정의했다. 아울러 군 인적자원개발은 인적자원의 양성, 배분, 활용, 내용을 포함하고 있을 뿐 아니라 이를 지원하고 여건을 개선하기 위한 군 내 · 외적 제반활동을 포함하고 있다고 했다.

국방부에서 제시한 군 인적자원개발의 기본 개념은 다음과 같다(국방부, 2006).

첫째, 무기체계의 첨단화에 따른 기술 집약형 군 건설을 위해서 이를 선도할 수 있는 전문 인력을 체계적으로 육성하는 것이다. 따라서 미래 전장 환경에 필요한 첨단 과학기술을 기능별로 세분화하고, 각 분야별 소요, 교육, 활용이 연계되도록 전문인력의 양성체계를 구축한다.

둘째, 군 간부들의 학습 욕구를 충족시키고 잠재역량을 개발하는 것이다. 이를 위해 군은 간부들의 능력 개발과 실무연수 등의 직무 향상 교육 기회를 확대해 개인의 교육 욕구를 최대한 충족시켜 주고, 정책 마인드 증진을 위한 연수 과정 개발 등 미래 국방환경 변화를 주도하기 위한 교육환경을 구축해야 한다.

셋째, 군복무 기간 중에도 중단 없는 학습을 지원한다. 군은 군 내 각급 교육기관과 실무 부대에서 다양한 기술 교육을 실시하고 있으나, 이에 대한 사회적 인증체계 구축과 여건 마련이 시급한 상황이다. 따라서 군복무 기간이 사회와 단절된 공백기가 아닌 생산적인 기간으로 전환되도록 체계를 구축해야 한다.

'군 인적자원개발 종합 계획'은 2006년부터 '제2차 국가인적자원개발기본계획(2006~2010)'에 포함되어 추진됐다. 그러나 아직도 군 인적자원개발의 범주와 정의가 명확하지 않다. 따라서 군 인적자원개발의 하위 구성요소의 식별을 통해 새로운 개념적 모형을 설정해야 하고, 군 인적자원개발의 새로운 패러다임을 설정하여 정책 방향과 과제를 도출하는 데 활용해야 한다. 그 방향으로 하위 구성요소와 목표, 개발대상, 개발 방법 등을 망라해 총체적인 검토가 이루어져야 한다.

먼저 군 인적자원개발의 하위 구성요소는 크게 네 가지로, 개발목표, 개발대상, 개발체계, 개발방법이 그것이다. 군 인적자원개발의 개발목표는 개인욕구, 군조직 소요, 국가요구, 사회요구를 포함해야 한다. 또한 개발대상은 장교, 생도(후보생), 부사관, 현역병, 군무원이 포함되어야 하며, 개발 체계는 군사학교, 실무부대, 공공기관, 민간학교, 민간기관으로 구분해야 한다. 마지막으로 개발방법은 학교교육, 부대 훈련, 자기계발, 조직개발, 순환근무를 포함시켜야 한다.

2. 군 인적자원개발의 기본 방향과 주요 과제

군 인적자원개발의 목표는 전 장병의 지식과 정보 역량을 강화시켜 전투 수행능력 향상과 군사 혁신(Revolution in Military Affairs: RMA)[52]을 달성함으로써 국가 발전에 기여하는 것이다. 군조직에서도 지식경영이 절대 필요하다. 수많은 전쟁사를 보면 승자는 늘 새로운 무기체계와 전략을 통해 승리를 얻었다. 즉 전쟁 승리의 핵심은 군사 혁신에 있으며 그 바탕에는 지식관리 능력이 있다.

군 인적자원개발의 기본 방향은 첫째, 장병들의 지식과 정보의 집적 능력과 미래전 수행에 긴요한 전문 소양을 향상시킨다. 지식 · 정보화 교육훈련을 통해 장병들의 전투기술 수준을 높이고 전투수행 방식을 혁신하며, 업무수행 체계를 발전시킴은 물론 창의적 사고능력을 계발한다. 이는 교육복지의 구현으로 장병들의 삶의 질과 군인으로서 갖추어야 할 경쟁력을 강화하는 것이다.

둘째, 우수 인력을 최대한 활용함으로써 교리, 구조와 편성, 무기 · 장비 · 물자, 교육훈련, 인적자원 등 전투 발전 제 분야의 저비용 고효율화를 구축하고, 군의 전투 수행능력을 향상시킨다. 더불어 창의적 인적자원의 활용을 통해 미래전장에서 승리할 수 있는 군사 혁신을 이룩한다.

---

52 군사 혁신이란 새롭게 발전하고 있는 군사 기술(Emerging Technology)을 이용해 새로운 군사체계(Evolving Military System)를 개발하고, 그에 상응해 작전운용개념 혁신(Operational Innovation)과 조직편성 혁신(Organizational Adaptation)을 조화 있게 추구함으로써, 전투 효과(Combat Effectiveness)가 극적으로 증폭되는 현상을 의미한다(한국국방연구원, 『21세기 군사 혁신과 비전』, 한국국방연구원, 2003, 79-83쪽).

셋째, 우수 인적자원을 양성하고 활용함으로써 군사 운영과 국방 관리의 효율화와 선진화를 도모하고, 지식기반 확충과 기술 수준을 발전시켜 국가 경쟁력 강화에 기여한다.

이를 추진하기 위해 육군은 핵심 과업을 5개 분야로 분류했다(육군본부, 2006). 인적자원 획득 분야는 군이 소요로 하는 인력을 충원시키는 징집과 모집 활동에서의 인력 획득과 배치 체계의 개선이며, 인적자원의 교육과 훈련 분야는 교육훈련 발전, 교육훈련 및 경력 평가 인증체계의 도입, 간부 전문학위교육 확대, 현역병의 자기계발 기회 확대 등이다. 인적자원의 보직과 활용 분야는 산 · 학 · 연 · 군 간의 인적자원 네트워크를 구성해 군 인적자원개발을 사회적 핵심 역량으로 발전시키는 것이다. 인적자원의 분리는 전직 지원교육과 취업 지원체계의 정비를 통해 전역 후 안정적인 사회생활을 보장하는 것이다. 기타 분야로 군 인적자원 개발정책을 추진하는 데 있어 법적 · 제도적 지원을 받기 위한 관련 법과 제도의 정비가 있다.

또한 국방부에서 추진 중인 '군 인적자원개발 종합 계획'(국방부, 2008)의 목표는 전 장병의 역량 강화, 군교육훈련의 혁신적 발전 도모, 국가와 사회의 지식기반 확충이다. 이를 위한 정책 방향은 군교육훈련의 혁신, 평생학습 기회 확대, 지식기반형 학습 인프라 구축, 군 인적자원 관리체계 개선으로 설정하고, 세부 추진 과제는 군 내 교육훈련의 질적 개선 등 10개로 구분했다. 세부 추진 과제는 개인에게는 자기계발의 기회를 부여할 수 있고, 군조직에게는 조직역량을 강화할 수 있는 것으로 구성되어 있다.

참고문헌

국방대학교, 「UNPKO 역사와 교훈」, 국방대학교 PKO센터, 2012.

국방부, 「군 인적자원개발정책 종합 계획 및 세부 추진 방안」, 국방부, 2006.

_____, 「군 인적자원개발 종합 계획」, 국방부, 2008.

_____, 「국방통합원격교육 체계 개념연구」, 국방부, 2009.

_____, 『2010 국방백서』, 국방부, 2010.

_____, 『2012 국방백서』, 국방부, 2012.

교육부, 『1990 교육백서』, 교육부, 1990.

나일주 외, 『교수공학의 이해』, 학지사, 1998.

박숙희 외, 『교수-학습과 교육공학』, 학지사, 2007.

박효선, 『한국군의 인적자원개발』, 학이시습, 2014.

배을규, 『인적자원개발론』, 학이시습, 2009.

육군교육사령부, 「정보화 · 과학화 교육훈련 구현을 위한 원격교육 발전방안」, 육군교육사령부, 2009.

육군본부, 「21세기 선진 정예육군 육성을 위한 군 인적자원개발 추진 방향」, 육군본부, 2004.

_____, 「전문성에 기초한 인사관리체계 정립방안」, 육군본부 내부자료, 2008.

윤영선, 『함께 읽는 교육학이야기』, 다산출판사, 1996.

이만희 외, 「군 인적자원의 개발과 학점은행제의 연계 체계 구축 방안 연구」, 한국교육개발원, 2003.

이선 외, 『창조적 지식국가론, 산업연구원』, 1999.

이성흠 외, 『교육방법 및 교육공학』, 교육과학사, 2014.

이정표, 『군 - 직업세계의 원활한 이행을 위한 군 인적자원개발 종합 대책』, 한국직업능력개발원, 2003.

이종인 외, 「전문화 경력관리와 교육 체계의 연계 발전 방향 연구」, 한국국방연구원, 1996.

이희수, 「육군정책발전세미나 토론자료」, 육군본부, 2003.

조은상, 『인재개발론』, 도서출판 범한, 2007.

최병욱, 「군교육훈련체제의 모형에 관한 탐색적 연구」, 서울대학교 박사논문, 2002.

한국교육개발원, 『교육과 인적자원개발: 국가 인적자원개발을 위한 교육의 과제』, 한국교육개발원, 2003.

한정선 외, 『미래사회를 위한 교육방법 및 교육공학』, 교육과학사, 2008.

Bell, Chip R., *Developing Human Resources*, 3rd. London: Jossey-Bass, 1989.

Gilley, J. W., Eggland, S. A. & Gilley, A. M., *Principles of Human Resource Development*, Cambridge, MA: Perseus, 2002.

Nadler, L., *Developing Human Resource*. Reading, MA: Addison-Wesley Publishing Co, 1970.

Nadler, L. & Nadler, Z., *The handbook of Human Resources development*, John Wiley & Sons Inc, 1990.

부록: 교관화 수업을 위한 실습전략

1. 교관화 수업이란?

군에서 간부는 학교기관뿐 아니라, 야전부대에서 조차도 교관의 역할을 기본 임무로 담당하고 있다. 따라서 군의 모든 교육기관은 교육생들의 교관화에 초점을 맞추어 다양한 방식으로 수업을 진행하고 있다.

특히, 양성교육기관에서는 교관화 자체보다는 교육생의 장교화에 중점을 두고 있지만, 보수교육기관에서는 장교, 부사관 할 것 없이 모든 교육방식과 초점이 교관화에 맞추어져 있다. 이러한 의미에서 각 군 교육사령부에서는 수년전부터 교관화 수업을 위한 창의적 교수법을 발전시켜 왔으며, 다양한 학습모델을 적용하여 수업방식을 변화시키고 있다.

일반적으로 교관화 수업이란 학습을 통해서 교관을 만드는 방식의 수업을 통칭한다고 할 수 있다. 여기에는 연구강의식 수업방식, 발표 및 토의형식, 또는 직소(Jigsaw), 코프 코프(Co-op Co-op)와 같은 학습모델을 적용하여 진행하는 방식도 있을 수 있다. 그러나 가장 기본적인 방식은 학습자가 스스로 과제를 연구하고 교안과 슬라이드를 만들어서 동료 또는 교사 앞에서 프레젠테이션 방식으로 수업을 진행하는 것이라 할 수 있다. 유사한 방식으로 동료학습방법(PAL)이 있으며, 학교교육기관의 교관들이 교관의 자격을 취득하기에 앞서 실시하는 연구(연습)강의가 있다.

육군교육사령부에서는 이러한 교관화 실습을 보다 체계적으로 전 교육과정에 적용하기 위해 새로운 학습방법을 제시하였는데, 흔히 말하는 '러닝 앤 티칭'(L&T : Learning & Teaching)이 바로 그것이다. 이 학습방법은 기존에 존재하고 있는 '티칭 앤 러닝'(T&L : Teaching & Learning)을 군의 실정에 맞게 수정한 것인데, '티칭 앤 러닝'이 가르치면서 배운다는 의미를 갖는 반면, '러닝 앤 티칭'은 배운 것을 가르쳐 봄으로써 학습효과를 극대화 한다는 의미를 갖고 있다. 여기에는 아직 학습자들이 군에서 가르치고자 하는 전문지식을 제대로 습득하지 못한 상태이기 때문에 이를 먼저 학습하고 나서 실습차원에서 교관화 실습을 진행해야 한다는 현실적 고민이 깔려 있다. 그러나 이 두 가지 모두 근본적으로 학생 입장에서 교사에게 배우거나 학습한 내용을 연구강의 형식으로 진행한다는 면에서 동일하며, 궁극적으로 추구하는 목표가 동일하다고 할 수 있다. 따라서 본 부록에서는 군에서 시행하고 있는 '러닝 앤 티칭'을 보다 발전시키고 체계화하여 학습자가 충분히 교관으로서 자기역량을 강화할 수 있도록 '티칭 앤 러닝' 방식으로 교관화 수업을 정리하였다.

2. 교관화 수업의 절차

교관화 수업은 기본적으로 발표하고 연구할 과제에 대하여 사전 학습이 선행되어야 한다. 일반적으로 학교교육에서는 학생들이 다른 과목이나 해당 교과의 다른 과제 중에서 발표 및 연구할 과제를 선정하고 이를 각자 연구하여 발표하는 형태로 진행된다. 학습하지 않은 내용을 스스로 연구하여 알아 나가는 것도 좋은 학습방법이지만, 보다 정확한 사실을 알고 청중이 되는 학생들이 내용을 이해한 후, 적극적으로 수업에 참여토록 하기 위해서는 사전에 학습한 내용으로 선정하는 것이 보다 좋을 것이다.

하지만, 이것도 고정된 것은 아니므로 수업을 진행하는 교사들이 학생들의 상태와 여건을 고려하여 가장 좋은 방법을 선택하여 진행하면 된다. 어떠한 방법을 선택하더라도 학생들의 교수법 숙달과 프레젠테이션 능력 향상, 그리고 발표 주제나 과제에 대한 학습효과 극대화를 이룰 수 있다면 소기의 목적을 달성하는 것이기 때문이다.

일반적인 교관화 수업의 절차는 다음과 같다.

부록 표-1 **교관화 수업의 절차(예)**

단계	내용
1단계	개인별 연구과제 부여
2단계	개인별 과제연구
3단계	연구과제에 대한 교수설계
4단계	강의계획서 작성
5단계	학습도구 제작(교안 및 슬라이드)
6단계	예행연습 및 동료평가
7단계	연구강의식 발표 및 토의

1단계: 개인별 연구과제 부여

1단계는 교사의 핵심강의 이후, 개인별로 연구할 과제를 부여하는 단계이다. 기본적으로 강의를 했거나 학생들이 학습해야 할 단원내의 학습내용 중에서 연구할 과제를 선별하여 제시하는데, 가급적 수업내용 전반을 포함할 수 있는 내용을 선정하는 것이 좋다.

교관화 수업은 해당과목에 대한 교관화 능력을 검증하는 것이므로, 특정한 내용만 알아서는 안되고 과목 전체를 이해하고 문제를 해결할 수 있도록 하는 것이 근본적인 목적에 부합하는 것이기 때문이다.

물론, 코프코프나 직소우 등의 학습모델을 적용하여 수업을 진행할 경우, 과제 자체를 개인이 아닌 조 단위로 부여하고, 조 내에서 개인이 해야 할 세부과제를 재분류하여 조원 모두가 발표할 때 비로소 과제가 완성되도록 할 수도 있다. 하지만, 교관화 수업은 개개인이 교관으로서 해당과목을 완전히 이해하고 교수능력을 보유했는가를 평가해야 하기 때문에 부분과제 보다는 하나의 완성된 종합적 연구과제를 부여하는 것이 타당하다.

2단계 : 개인별 과제연구

2단계는 개인별 과제연구 단계로서 교사로부터 부여받은 과제를 개인이 연구하는 단계이다. 과제연구는 교사가 해당과제 연구에 필요한 기초자료는 제공하겠지만, 가급적 학생 스스로 도서관이나 인터넷, 기타 방법을 통해서 관련 자료를 찾고 연구하는 것이 바람직하다. 또한 개인이 혼자서 연구하는 것에 한계가 있을 수 있으므로, 선배나 또는 관련분야 전문가들과 협력하여 연구토록 할 경우 보다 효과적으로 연구할 수 있다. 이 과정에서 PAL 학습방식을 적용할 경우, 우수한 학생은 보다 높은 성취욕을 얻을 수 있고, 수준이 낮은 학생은 연구의 질을 높일 수 있는 기회를 가질 수 있다.

교관은 학생들이 스스로 충분한 연구를 할 수 있도록 적정한 시간을 부여하고 연구 장소를 교실로 한정하기 보다는 다양한 공간에서 다양한 방법으로 할 수 있도록 편의를 제공해야 한다. 다만, 학생들이 과제연구시간에 임의로 다른 과목의 수업준비나 과제해결 또는 기타 수업과 관련 없는 활동을 하지 못하도록 적절한 통제대책을 수립해야 한다.

과제연구는 이후 진행될 교수설계와 학습지도안 작성 등에 있어서 기초가 되는 자료수집단계이므로 충실한 과제연구가 될 수 있도록 학생들을 방임해서는 안 되며, 오히려 교사의 세밀한 지도가 따라야 한다.

3단계 연구과제에 대한 교수설계

3단계는 부여된 연구과제를 이용하여 어떻게 연구강의를 실시할 것인가를 고민하고 설계하는 교수설계단계이다.

일반적으로 교수설계는 교수체제개발(ISD: Instructional System Development) 모델을 주로 사용하며 이는 교수설계의 각 단계인 '분석-설계-개발-실시-평가'의 영문 이니셜을 따서, 애디(ADDIE)라는 용어로 불리기도 한다. 애디는 실제 교수설계에 있어서 하나의 지침과 같은 존재이며, 교육준비단계에서 애디의 각 단계에 따라 교수설계가 이루어진다. 하지만, 애디는 교육준비단계에서 이루어지는 활동임에도 불구하고, 그 단계별 내용이 교육실시와 평가단계에도 그대로 적용되기 때문에 결국 교관화 수업도 애디의 단계에 따라 이루어진다고 할 수 있다.

따라서 교수설계 시에는 교육내용에 대한 분석과 학습지도안의 작성, 교안 및 교보재, 슬라이드의 제작, 교육실시 즉, 방법에 대한 연구, 평가방법의 선정 등이 이루어지며, 이 모든 내용은 교안의 형태로 종합할 수 있다.

하지만, L&T 방법을 적용하여 연구강의를 실시하기 위한 본 단계에서는 개념적으로 교수설계가 이루어지고 교육내용에 대한 분석까지만 실시한다. 즉 교수설계에 대한 구상단계로 보는 것이 타당하다.

따라서 이 단계에서는 일반적인 분석방법을 적용하여 연구강의를 위한 기초를 구상하고 그 산물은 다음단계인 4단계에서 학습지도안으로 표현하면 된다.

일반적으로 분석은 다양한 방법이 사용되지만, 교수학습활동과정에서 흔히 사용하는 것이 3P분석이다. 이것을 통해서 교수설계의 첫 단계인 분석단계를 설명하면 다음과 같다.

① 목적(Purpose): 교육의 목적을 분석하는 것이다. 왜 이 과제를 교육하는 것인가? 그리고 이 과제를 교육하는 이유는 무엇인가를 밝히는 단계이다. 동시에 요구분석으로서 이 과제를 교육하도록 지시한 상급자 또는 상급기관에서 요구하고 있는 목적이 무엇인가? 또는 현재 교육을 받아야할 대상들의 교육과정에서 요구되고 있는 교육목표는 무엇인가? 등을 분석하고 이를 통해서 교육의 목적을 밝히고 목표를 세우는 단계이다. 물론, 교육목표를 세우면서 해당과제 교육에 있어서 중점이 무엇인지

도 밝히는 단계이다.

단, 교육목적과 목표의 기술은 교관의 입장에서 기술하는 것이 아니라, 학생의 입장에서 기술해야 한다. 즉, "무엇 무엇을 알게 한다."가 아니라, "무엇 무엇을 이해한다." 또는 "무엇 무엇을 할 수 있다." 형식으로 기술되어야 한다.

② 대상(People): 교육의 대상에 대한 분석을 실시하는 단계이다. 대상은 학생뿐 아니라 교사 자신도 포함된다. 따라서 교사 자신의 교육능력과 준비상태를 분석하여 교수능력이 있는지 스스로 판단하고, 교육생들은 그들의 성별, 연령, 교육수준, 선행학습여부, 관심도 등을 전반적으로 판단하여 학습내용의 양과 질, 강의수준을 결정하는데 기초자료로 삼는다.

③ 장소(Place): 교육장소는 교육을 실시할 공간적인 요소를 의미한다. 따라서 꼭 교실자체만을 의미하지 않고 교육과 관련된 제반 장비와 시설 등 환경요소 전반을 포함한다. 또한 폭넓게 보아서 교보재와 기타 교육관련 제반 여건 모두를 함께 포함하여 분석해야 한다. 따라서 장소는 단순히 공간적인 측면에서 교실만 보지 말고, 교육환경이라는 측면으로 확대해서 살펴보고 수업에 영향을 미치는 것이 어떠한 것이 있는지 전반적으로 분석해야 한다.

4단계 강의계획서 작성

4단계는 강의계획서 또는 교수계획(과목체계도)을 만드는 단계이다. 강의계획서는 교수설계의 첫 번째 단계인 분석단계에서 교육에 영향을 미치는 제반요소를 파악하고 종합한 결과를 토대로 작성하게 된다. 일반적으로 학교교육에서는 과목개요와 학습영역별 활동내용을 각 차시별로 정리한 학습지도안(강의계획서)을 사용하지만, 군에서는 교수계획표 또는 과목체계도의 형태로 작성하게 된다.

부록 표-2 **학습지도안 양식(예)**

○○과목 학습지도안

차시	○○차시 / ○○H	장소	○○교실	담당교사	백두산
목표				평가점수/방법	
중점				교재	
유의사항				교보재 / 준비물	
학습활동					
구분	인지영역	정의영역		신체영역	비고
도입					
전개					
종결					

부록 표-3 **과목체계도 양식(예)**

0 0 과 목 체 계 도

○ 목표

안보전문교관 능력구비

○ 중점

- 깊이 있는 연구로 효과적인 정훈교육방법 숙지
- 학습자 참여기법의 적용능력 숙달
- 교관화 실습으로 안보전문교관 능력 숙달

○ 교육시간

구분	계	강의	실습	토의	평가
시간	32H	6H	23H	3H	0
(%)	99	18	81		

○ 평가배점

구분	계	종합	학습활동				
			소계	요약	발표/토의	준비/과제물	품성/자질
배점	62	0	62				
(%)	100	0	100				

교육과제 (세부내용)	요망수준	시간	방법
교관 및 과목소개(10′) #1. 효과적인 정훈교육방법 이해(2H40′) 1. 서 론(10′) 2. 본 론(120′) 가. 정훈교육계획수립(40′) 나. 정훈교육 교안작성(40′) 다. 정훈교육방법의 이해(40′) (1) 일반적 교육방법 (2) 창의적 교육방법 3. 결 론(10′)	이해	3H	강의(3)
#2. 학습자 참여기법의 이해 및 적용(3H) 1. 서론 : 학습자 참여기법의 중요성(10′) 2. 본론(130′) 가. 학습자의 특성(20′ 나. 학습자 동기유발 방법(20′) 다. 학습자 참여기법 실제(90′) (1) 아이스브레이크(Ice-Breaker) (2) 스팟(Spot) (3) 명목 집단법(NGT) (4) Teaching & Learning, 짝토론 (5) 양방향 교육을 위한 문답법 3. 결론(10′)	이해 / 숙달	3H	강의(1) / 실습(2)

교육과제 (세부내용)	요망수준	시간	방법
#3. 교관화 실습(8H) 1. 교관화 실습(연구과제 발표) 진행계획 설명(20′) 가. 실습진행 계획 및 방법 소개(15′) 나. 실습과제 재확인(5′) 2. 실습과제 해결(280′) 가. 교안 정리, 지도교수 확인 등 연구과제 발표 준비 ※ 정신교육 4대 중점과제 해결방법 전담교수 지도 3. 연구강의 리허설(100′) 가. 4개조 편성 / Teaching & Learning 기법	이해 / 숙달	8H	실습(8)
#4. 연구과제 발표(16H) ※ 개인별 지정과제 연구강의 (정신교육 4대 중점 과제) 1. 개인별 발표(25′) * Teaching & Learning 기법 2. 개인별 동료 / 교관 강평(15′) * 동영상 촬영 결과 활용	숙달	16H	실습(16)
#5. 창의적 정훈교육 방법 고찰(3H) 1. 주제 : 야전부대에서 적용하고 있는 창의적 정훈교육 사례 * 4개조 편성 / 조별로 2개 이상 안건 준비 및 발표 2. 방법 : 조별로 준비한 슬라이드 / 자료 발표(10′) * 학습자 중심의 참여형 교육 진행	이해	3H	토의(3)

강의계획서는 특별한 양식이 있는 것은 아니다. 강의에 맞게 담아야 할 내용을 일목요연하게 정리하면 그것이 강의계획서가 될 수 있다. 다만, 교육목표, 중점, 시간, 장소, 교재목록과 교보재, 교육방법 및 준비물 등은 반드시 명시가 되어야 하며, 각 차시별 또는 와 도입-전개-종결의 단계별로 담아야할 핵심주제 및 내용, 사용하게 될 교육방법을 담아야 한다.

특히, 군에서 사용하는 강의계획서는 주로 과목체계도와 교수계획표로 만들어지는데, 과목체계도는 앞서 언급한 핵심내용과 각 과제별 목록 중심으로 작성하며, 한눈에 알아 볼 수 있도록 한 장 정도로 핵심만 담아 작성하게 된다. 이때 교육내용은 대과제-중과제-소과제-소소과제 정도까지 명시하고 각각의 내용에 대해 시간과 교육방법, 요망수준 등을 명시하여 교육진행 간 참고토록 한다. 교수계획표는 과목체계도를 좀더 구체적으로 작성한 것으로서 과제별 핵심내용과 교육방법을 자세히 기록하여 교관이 학습지도안으로서 활용할 수 있도록 만든 것이다.

5단계 학습도구 제작

5단계는 학습도구를 제작하는 단계로서 이 단계에서는 앞서 만든 학습지도안이나 과목체계도 등에 기초하여 강의용 교안과 슬라이드(PPT), 기본교재와 각종 교보재를 만든다.

이 단계에서 가장 중요한 것은 교사용 교안과 학생들이 참고하는 교재로서 교사의 전략이 필요하며, 가급적 제12장 교수설계와 교안작성의 내용을 참고하여 논리적이고 실용적으로 작성해야 한다. 또한 교안과 교재는 교사의 강의가 없더라도 학생이 교안과 교재를 보고 강의내용을 스스로 이해할 수 있는 수준으로 평이하고 구체적으로 작성하여 실제 교육에 활용되도록 만들어야 한다.

슬라이드는 기본적으로 크고 선명하게 작성해야 하며, 보색관계를 잘 고려해서 만들어야 한다. 이는 모든 빔 프로젝터가 컴퓨터 화면처럼 선명하고 글씨가 잘 보이지 않는다는 현실적 제약도 고려해야 하기 때문이다. 특히, 슬라이드를 만들 때, 한 페이지에 너무 많은 내용을 복잡하게 집어넣으려 하지 말고, 단순하고 간명하게 만들어야 한다. 가급적 한 페이지에 하나의 주제만 담고 간단명료하게 구성하는 것을 습성화해야 한다. 또한, 학생들의 학습에 대한 주의력은 청력보가 시각이 우선하기 때문에 슬라이드가 복잡하고 내용이 난해할 경우, 학생들은 교사의 강의보다는 슬라이드 화면내용을 해석하는데 집중하여 자칫 중요한 정보의 전달을 놓칠 수 있기 때문이다.

6단계 예행연습 및 동료평가

6단계는 교관화 발표 즉, 연구강의에 앞서 개인별로 작성한 교안과 슬라이드를 활용하여 강의연습을 하고 동료들로부터 조언과 예비평가를 받는 단계이다.

이 단계에서 학생들은 소그룹별로 자신이 준비한 교안과 슬라이드를 가지고 동료학생들 앞에서 실제 강의하듯이 발표를 진행하고, 이때 동료학생들은 발표하는 학생의 발표 주제 및 내용, 교수법, 슬라이드 상태 등 전반에 대해서 조언하고 평가를 하게 된다.

교관화 수업에서 예행연습이 필요한 것은 예행연습 없이 바로 본평가를 하게 되면, 많은 수의 학생들이 긴장함은 물론, 실수로 인해 준비한 것을 제대로 발표하지 못하기 때문이다. 또한 교사도 많은 학생을 상대하다보면 지도보다 평가에 치우쳐 제대로 된 지도를 하지 못함으로써, 학생들이 교관으로서 능력을 향상하는데 한계가 있을 수밖에 없기 때문이다.

한편, 예행연습을 위해 소그룹(4~6명 규모)을 편성할 때, 학생들

중에서 우수한 교수능력을 보유한 학생들을 각 그룹에 골고루 배치하여 지도하도록 한다면, 교사가 지도한 것 이상의 지도효과를 얻을 수 있으며 학생들의 자신감을 더욱 향상시킬 수 있다.

예행연습 단계에서 주의할 점은 완전히 학생들에게 일임해서는 안 되고, 교사가 끊임없이 각 그룹을 돌아다니면서 짧게라도 동참하고 지도해야 한다. 그리고 학생들이 일관된 평가와 지도를 할 수 있도록 평가표(교수능력 체크리스트)를 만들어서 사전에 배부하고, 이에 근거하여 평가토록 해야 한다.

7단계 연구강의식 발표 및 평가

7단계는 학생들이 최종적으로 교사 앞에서 준비한 교안과 슬라이드를 이용하여 연구강의식 발표를 하고 평가를 받는 단계이다.

평가는 단순히 교수법과 강의내용만 보는 것이 아니라, 교안과 슬라이드의 작성상태, 학습지도안 및 교수계획의 작성상태, 강의내용에 대해서 어느 정도 연구가 되었는지 등을 전반적으로 확인하고 지도하는 형태로 이루어져야 한다.

평가의 효과를 높이기 위해서 평가 결과 일정 수준이상의 점수를 획득한 학생에게는 기관장 또는 학교장(총장, 학과장 등) 명의의 교관화 자격증을 부여한다면 학생들의 자부심도 고취하고 보다 높은 참여를 이끌어 낼 수 있다.

또한 이 단계에서는 단순히 평가로 종결하는 것이 아니라, 학생의 발표장면을 동영상으로 촬영하고 이를 기초로 반드시 강평 또는 피드백을 실시하여 마이크로 티칭의 효과를 거두어야 할 것이다.

아래의 표는 연구강의식 발표 평가 시 교관과 학생들이 활용할 수 있는 평가표로서 각각의 여건에 맞게 다양하게 내용을 재구성하고 배점을 달리하여 사용하면 보다 효과적인 평가도구가 될 것이다.

부록 표-4 **연구강의식 발표 평가표(예)**

영역	수업행동	평가 5	4	3	2	1
도입	도입부 포함요소를 누락 없이 적용하여 진행했는가? *수업의 목적, 중요성, 학습자와 관련성, 지난시간 배운 내용, 진행절차					
	학습자의 관심과 주의를 집중시킬 흥미로운 도입방식을 적용했는가?					
전 개	내용의 전개가 논리적인가?(체계적 · 순차적인 방법으로 설명 또는 시연)					
	학습자들이 적극적으로 학습과정에 참여할 기회가 있었는가? (참여유도)					
	강의 중간 중간에 핵심내용을 재정리하고 이해여부를 확인했는가?					
	강의내용과 관련된 예화나 사실 등을 제시했는가?					
	학습자들의 학습활동에 대한 관리를 잘 하였는가?					
	발표자는 수업내용과 관련하여 전문지식을 갖고 있는가? (내용숙지 포함)					
정리	수업내용의 핵심을 정리하고 행동화를 촉구했는가? (정리 및 결어)					
	강사는 수업내용에 대한 학생들의 수준을 평가했는가?					
자세	강사는 강의중 학생들과 지속적으로 eye contact를 했는가?					
	강의의 속도는 적절했는가?					
	강사 목소리 크기가 적절하고, 발음과 억양이 적절했는가?					
	강사의 복장과 외모는 단정한가?					
	강사의 자세 및 동작은 적절한가?					
매체 및 기타	질문 및 답변 요령 숙지와 적용상태(이해도 체크, 요령 숙지 등)					
	학습자들의 활동이나 반응에 대해 적절한 긍정적인 보상을 주었는가?					
	학습의 흥미유지를 위해 아이스브레이크와 스팟을 사용했는가?					
	영상 및 시각화된 매체나 자료를 사용하고 학습에 도움이 되었는가?					
	강사는 매체 사용에 능숙했는가?					
계	총 점(100점~20점)					
종합 의견	■ 장점 ■ 개선점					

찾아보기

ㄱ

저자소개

고성진 高聖進

건국대학교를 졸업하고, 학군 31기로 임관하여 정훈장교로서 야전 및 정책부서에서 참모를 역임하였다. 특히, 육군훈련소, 육군3사관학교, 종합행정학교, 국방정신전력원 등에서 정훈교육 및 교수법 교관을 담당하며, 군 정신교육과 교수법 발전에 크게 기여해왔다.

영남대학교에서 교육학 박사학위를 취득하고 현재는 국방정신전력원 교육계획담당으로 재직하면서 군 정신전력 및 교육체계 발전에 매진하고 있다. 주요 저술로는 「남북한 군의 정신교육실태 비교」, 「훈육대장의 변혁적 리더십이 사관생도의 생활 및 학습만족에 미치는 영향」, 「정훈장교 전문성 제고 방안」, 「군과 학교 교육의 연계방안」 등이 있으며, 관심분야는 정신전력, 정신교육, 교육행정, 교수법, 군 리더십 등이다.

박효선 朴孝善

성균관대학교 산업공학과를 졸업하고, 학군 21기로 임관하여 전후방에서 주요 지휘관과 참모를 역임했다. 육군본부 교육계획장교, 국방부 인적자원 및 평생학습 정책을 담당하였으며, 그동안 한국군의 인적자원개발 정책수립과 평생학습 정책을 기획해 국가 정책화에 기여했다. 중앙대학교에서 HRD정책학 박사학위를 취득하고, 현재 청주대학교 군사학과 교수로 재직 중이다. 주요 논문으로는 「군 인적자원개발 정책결정과정에 관한 연구」, 「군 복무경험의 평가인정 방안」 등이 있으며, 주요 저서로는 『한국군의 평생교육』, 『한국군의 인적자원개발』 등이 있다. 관심 분야는 군 인적자원개발, 평생교육, 전직지원교육 등이다.

최손환崔孫煥

영남대학교 교육학과에서 교육학 박사학위를 취득하고, 경북대학교 입학사정관과 영남대학교 교육개발센터 선임연구원을 거쳐 현재 대구가톨릭대학교 의과대학 의학교육학교실 Fellow로 재직 중이다. 그동안 「대학 교육역량강화 수요자 만족도 조사 연구」 등 다수의 정책연구를 수행했으며, 주요 논문으로는 「교육프로그램 평가체제 개발」, 「대학정보공시제의 진단과 발전과제」, 「지역의대생의 사회화 과정 고찰」 등이 있으며, 저서로는 『교수학습활동의 이론과 실제』가 있다. 관심 분야는 교육행정, 교육정책, 교수학습방법, 의학교육 등이다.